U0312699

页岩气开采项目全生命周期业财一体化评价与决策

何怀银 周 玉 聂 捷 谢 黎 等/著

西南财经大学出版社
中国·成都

图书在版编目(CIP)数据

页岩气开采项目全生命周期业财一体化评价与决策/何怀银等著.--成都:西南财经大学出版社,2024.12.--ISBN 978-7-5504-6479-7

Ⅰ. P618. 130. 8;F426. 22

中国国家版本馆 CIP 数据核字第 2024LU5884 号

页岩气开采项目全生命周期业财一体化评价与决策

YEYANQI KAICAI XIANGMU QUAN SHENGMING ZHOUQI YECAI YITIHUA PINGJIA YU JUECE

何怀银　周　玉　聂　捷　谢　黎　等著

策划编辑:孙　婧
责任编辑:王　利
助理编辑:余　扬
责任校对:植　苗
封面设计:墨创文化
责任印制:朱曼丽

出版发行	西南财经大学出版社(四川省成都市光华村街 55 号)
网　　址	http://cbs. swufe. edu. cn
电子邮件	bookcj@ swufe. edu. cn
邮政编码	610074
电　　话	028-87353785
照　　排	四川胜翔数码印务设计有限公司
印　　刷	四川五洲彩印有限责任公司
成品尺寸	170 mm×240 mm
印　　张	18
字　　数	315 千字
版　　次	2024 年 12 月第 1 版
印　　次	2024 年 12 月第 1 次印刷
书　　号	ISBN 978-7-5504-6479-7
定　　价	88. 00 元

前言

页岩气作为一种重要的非常规天然气资源，近年来在全球能源格局中崭露头角，成为未来能源转型中不可或缺的一环。特别是在全球气候变化和环境问题日益受到重视的背景下，页岩气因其清洁、高效的特性被广泛视为桥梁能源之一，在促进传统化石能源向可再生能源过渡的过程中扮演着重要角色。近年来，随着技术的不断进步，尤其是水平钻井与压裂技术的突破，页岩气的开发成本逐渐降低，其在能源供应中的地位也日益提升。然而，页岩气开采不仅涉及复杂的地质和工程问题，还伴随着高昂的投资成本和环境风险，这就对页岩气开采的全生命周期管理与评价提出了更高的要求。

本书旨在系统探讨页岩气开采的优化技术，并引入“业财一体化”的概念，全面整合业绩评价与财务管理，以实现对页岩气开采项目的全生命周期进行科学决策与优化管理。所谓“全生命周期”是指从资源勘探、开采到最终生产的全过程，这个过程涉及多个环节，如地质勘探、钻井、压裂、气体采集与处理等。而“业财一体化”则代表了一种综合管理理念，即通过将业绩管理与财务分析相结合，优化资源配置，提升项目经济效益。我们借助这一方法，可以使技术决策、生产优化和财务评价实现统一协调，从而实现页岩气开采的经济效益最大化。

页岩气开采的复杂性在于其面临技术、经济和环境的多重挑战。首先，页岩气的勘探和开采依赖于复杂的地质特征，水平钻井和多级压裂技术的应用需要高度精密的操作和全面的风险评估。其次，页岩气项目的投资成本较高且回收周期较长，市场价格的波动和政策的变化都可能对项目的经济效益产生显著影响。因此，仅靠传统的财务分析手段难以应对项目全生命周期中的复杂决策问题，而需要采用多维度的、基于数据驱动的综合决策方法。最后，页岩气开采还面临着较大的环境压力。例如，压裂过程中的用水量巨大，开采过程可能产生水污染、诱发地震等。这些问题都需要项目方在项目管理中予以高度重视。

为应对这些挑战，本书构建了一套科学的页岩气开采项目全生命周期评价体系。该体系基于多属性决策分析理论，结合净现值法、多属性评价方法、智能优化方法和机器学习方法等对页岩气开采项目全生命周期中的决策和优化问题进行分析。这一体系的核心在于通过集成不同的评价方法和模型，全面评估页岩气开采项目的投资价值、环境影响以及社会效益，进而实现对项目的全局优化。智能优化方法（如遗传算法、粒子群优化算法等）和机器学习方法的应用，使得决策者对项目的预测和优化更为精确，能够在不确定的市场环境中做出更优的决策。此外，基于大数据的分析手段也被广泛应用于页岩气开采的产能预测、投资风险评估等多个方面，帮助决策者从纷繁复杂的数据中挖掘出潜在的规律和价值。

根据业财一体化的全生命周期评价方法，本书提出了一种创新性的页岩气开采管理模式。这一模式不仅关注开采过程中的技术和运营问题，还强调财务与业绩的同步优化，确保项目从经济和社会的双重角度实现可持续发展。在这一过程中，决策者可以通过科学的方法对项目进行动态调整，平衡成本与收益、短期回报与长期价值，最终实现项目的最优效益。

在全球能源转型和碳中和的背景下，页岩气的开发和利用面临着前所未有的机遇与挑战。如何通过科学决策和管理优化，降低页岩气开发的经济成本和环境成本，提升项目的社会价值，是本书探讨的核心问题。笔者希望通过本书对业财一体化管理和全生命周期评价的深入探讨，为页岩气行业的从业者、政策制定者以及学术研究人员提供有价值的理论指导和实践参考。

何怀银

2024 年 9 月

目　录

1 页岩气开采概述

1.1 页岩气开采的范围与概念

2012年国家发展改革委、财政部、国土资源部、国家能源局共同发布的《页岩气发展规划（2011—2015年）》明确指出，页岩气是从页岩层中开采出来的天然气，主体位于暗色泥页岩或高碳泥页岩中，以吸附或游离状态为主要存在方式，是一种非常规天然气。页岩气的主要成分是烷烃，其中甲烷占绝大多数，另有少量的乙烷、丙烷和丁烷。它是一种清洁、高效的能源资源，可广泛应用于发电、燃油和化工生产等领域。

我国页岩气富集规律独特，富有机质页岩发育层系多、类型多、分布广，自下古生界至新生界10个层系中形成了数十个含气页岩层段。寒武系、奥陶系、志留系和泥盆系主要发育海相页岩，其中上扬子地区及滇黔桂地区海相页岩分布面积大，厚度稳定，有机碳含量高，热演化程度高，我国已在川渝、滇黔北获得页岩气工业气流。石炭—二叠系主要发育海陆过渡相富有机质页岩，在鄂尔多斯盆地、华北地区南部和滇黔桂地区发育程度最高，页岩单层厚度较小，但累计厚度大，有机质含量高，热演化程度较高，页岩气储量丰富。中新生界陆相富有机质页岩主要发育在鄂尔多斯盆地、四川盆地、松辽盆地、塔里木盆地、准噶尔盆地等含油气盆地中，分布广，厚度大，有机质含量高，热演化程度偏低，页岩气层位多。按照大地构造格局和页岩气发育背景条件，我国页岩气被划分为南方（包括扬子板块和东南地块）、华北—东北及西北三大页岩气地质区。我国对石油天然气源岩的系统研究已经有几十年，对其分布规律的了解较为深入。近年来，我国通过页岩气资源调查评价和勘探实践，虽然基本确定了含气页岩层段的含义，并对海相、海陆过渡相和陆相含气页岩层段进行了划分，但学界也存在着不同的认识。近年来，我国页岩气行业发展迅速，页岩气产量现已位居世界第二。我国自然资源部在2020年公示，我国首个商业开发的大型页岩气田——中国石化FL页岩气田累计生产页岩气突破300亿立方米。

页岩气开采涉及在地下深层页岩层中进行的一系列工程活动。这些页岩层通常位于地质构造特殊、富含有机质的区域，因此，其开采范围在很大程度上取决于页岩层的深度、厚度和地质特征，主要集中在地下深层的页岩层中。地域上，全球范围内的页岩气开采主要集中在美国、中国、加拿大和澳大利亚等国家，其中美国的阿纳达科盆地和阿巴拉契亚地区是知名的页岩气开采热点区域。页岩气开采范围和方法受到地质条件、技术水平以及环境法规等多种因素的影响。在页岩气开采过程中，探矿和勘探是首要的步骤。这涉及对潜在页岩气层的地质调查、地球物理勘测和实验室分析，以确定地层的含气性和可采性。通常，水平钻井和体积压裂是主要的开采技术。水平钻井通过在地下水平方向打造井筒，能够更充分地开采页岩气。而体积压裂则利用高压液体将岩石裂解，释放出嵌藏的天然气，使其能够流向井筒并被采集输送到地表。开采页岩气不仅牵涉到技术层面，还须综合考虑诸多方面，包括但不限于环境保护、水资源管理、地质地层特征、社区关系和安全。地下水资源管理尤为重要，因为水是开采者在压裂过程中使用的重要介质，需要严格控制以防止水资源污染。增强环境保护意识和规范操作是确保开采过程对周围生态环境影响最小化的重要保障措施。监管机构严格的标准在确保环境安全和社区人员健康方面发挥着至关重要的作用。在页岩气开采的过程中，工程团队需要考虑地质地层特征、水资源管理、环境保护、天然气收集和运输等多个方面，以确保安全有效地开采这种资源，确保在开采过程中不会对环境造成不可逆转的影响，并保障社区人员和工作人员的安全。总体而言，页岩气的开采涵盖了从地质勘探到实际采集天然气的全过程。这一过程需要开采者具备多方面的专业知识和综合技术，以确保安全高效地获取这种清洁高效的能源资源。

1.2　页岩气开采的主要过程与特点

1.2.1　页岩气开采的主要过程

页岩气开采是一个高度复杂、技术密集且需要多方面综合考量的过程，涵盖了勘探、钻井、压裂、生产、运输、环境保护和社会管理等多个关键步骤。页岩气开采过程通常包含六个主要方面。①勘探与开发：主要包括进行勘探、确定储层、设计开采计划三个方面。开采者首先使用地质勘探技术确定潜在的页岩气储藏地点，包括地质地形勘探、地震勘探等；其次通过钻探核实页岩气储藏的位置、厚度和质量；最后根据勘探结果制订开采方案，确定最佳的开采方法和技术。勘探与开发是确定合适的开发区块和开采方式的关键。②水平钻井与压裂：主要包括进行钻井，注入水、沙和化学品，释放天然气三个方面。开采者首先在页岩气储层钻探井眼；其次将水和化学品的混合物注入页岩层中，以在其中形成裂缝；最后通过声波或压力释放天然气，并使其通过裂缝进入井眼。③生产与运输：主要包括气体收集与处理、运输与存储。开采者首先将从井眼中采集到的含气液体分离并处理，去除杂质和水分，提取出天然气；其次将天然气通过管道运输或压缩后贮存，以便运送到市场中。④环境与风险管理：主要涉及环境保护和安全管控。开采者通过监测水源、大气和土壤，确保开采过程对环境的影响最小化；通过实施安全措施，防止发生地质灾害和意外事故。⑤监管与政策：政府监管和政策制定在页岩气开采中有着重要作用。监管机构需要确保开采活动符合法规并使开采者对环境负责。⑥经济与社会影响：页岩气开采对当地经济和社会产生影响。这可能包括就业机会增加、社区发展以及土地使用等方面的影响。

1.2.2　页岩气开采的特点

页岩气开采具有许多特点，涉及技术、成本、产量、市场等方面。这些特点影响着其开采方式、成本结构和对环境社会的影响。这给页岩气开采带来了一些挑战并使其形成了独特的运营模式，致使开采者需要综合考虑技术、经济、环境和社会因素来进行有效管理和运营。

第一，复杂的开采技术。页岩气开采需要运用水平钻井和压裂技术，相比传统的天然气开采更为复杂。水平钻井与压裂技术是页岩气开采的核心技术，需要高度复杂的设备和工艺，包括高精度的水平钻井、大规模的压裂操作，以及对化学品和水的精确控制。开采者使用水平钻井技术时，钻井沿着页岩层水平方向进行；并结合压裂技术，通过高压注入水、沙和化学品，破碎岩石以释放气体。这一过程涉及大量资金投入和高度精密技术的支持，涉及复杂的地质勘探、钻井、压裂等工序，对设备和技术要求极高。第二，高成本与长回报周期。开采页岩气的投资成本高且风险大，包括设备采购成本、技术研发成本、勘探和开发成本等在内的大量资金投入。由于高投入和技术复杂性，回收投资通常需要较长时间，这增加了商业运营的风险。第三，产量衰减迅速。页岩气田产量衰减速度较快，导致需要不断地进行新的钻井和压裂作业来维持产量。第四，环境与社会挑战。开采页岩气会对水资源和地表环境产生较大的影响，可能引发水资源争夺、环境污染、地震风险增加等问题。第五，市场价格敏感。页岩气产量变化可能对市场价格产生明显影响，其产能灵活性较强，能够快速响应市场需求变化。

由于上述特点，页岩气开采需要灵活应对各种问题。首先是开采者需要持续创新，不断改进技术和工艺，寻找更高效、环保和成本可控的方法。其次是开采者需要承担环境和社会责任，实施环保措施、积极参与社区关系维护，以确保可持续经营和提升社会接受度。最后是开采者需要灵活运营和增强市场敏感性，对市场变化快速做出反应，调整产量和投资，以适应市场需求的变化。当然，合规性和监管遵循也是不能忽视的因素，开采者需要严格遵守相关法规和监管要求，确保在合规框架内开展业务。页岩气开采的各种特点导致开采者的运营模式需要平衡技术创新、成本控制、环境保护和市场变化，以确保可持续发展和实现经济效益。

1.3 页岩气开采技术

1.3.1 物探工程技术

物探工程技术，全称为“地球物理勘探工程技术”，是一种利用物质的物理特性（如密度、磁性、电性、弹性等）差异来探测和分析地下结构的方法。它通过观测和研究各种地球物理场（如重力场、磁场、电场、地震波场等）的变化，来解决地质问题或探查地下资源。物探工程技术广泛应用于矿产资源勘探、地下水调查、工程地质调查、环境监测等多个领域。

物探工程技术的主要特点包括：

间接性：物探工程技术是一种间接的勘探方法，它通过对物理场的观测来推断地下地质体的性质和状态，而非直接观察或取样。

高效性：物探工程技术适用于大范围、高效率的地下结构探测，特别是在那些不易直接钻探的地区，物探工程技术能够迅速提供地下结构的大致轮廓。

多样性：物探工程技术方法门类众多，包括地震勘探、电磁法、重力法、磁法、放射性勘探、地热测量等多种技术手段，每种方法都有其特定的适用范围和优势。

依赖性：物探工程技术探测结果的准确性和可靠性高度依赖于观测数据的质量、处理方法的科学性以及解释人员的经验水平。

1.3.2 钻井工程技术

钻井工程技术（drilling engineering technology）是油气勘探开发的主要手段，对于油气勘探开发的成败起着决定性的作用。钻井工程具有资金、技术密集以及高投资、高风险的特点。合理的钻井工艺、钻井技术和完井方法，可以提高油气勘探成功率、发现油气田、提高油气产量和采收率。

随着技术的发展，优快钻井技术、定向井和丛式井钻井技术、水平井钻井技术等已成为常规技术，并在实际生产中得到广泛应用。深井钻井技术、欠平衡压力钻井配套技术、钻井液技术、固井完井技术等也取得了显著进步。中国石化等企业在钻井工程技术方面逐步发展并完善了具有中国特色的一系列钻井工程技术。

1.3.3 录井工程技术

录井工程技术是油气勘探开发活动中最基本的技术，是发现、评估油气藏最及时、最直接的手段。该技术通过观察、收集、分析、记录随钻过程中的固体、液体、气体等返出物信息，以此建立录井剖面，发现油气显示，评价油气层，为石油工程提供钻井信息服务。

录井工程技术包括常规录井（如岩屑录井、岩心录井、气测录井等）

和录井新技术（如轻烃色谱分析录井、核磁共振录井等）。广义录井还包括井位勘测、钻井地质设计、录井工程设计、录井信息传输、油气层综合评价解释、单井地质综合评价等内容。

1.3.4 测井工程技术

测井工程技术是在所钻的井筒中用各种仪器采集、记录与地层和井筒及其中介质的物理性质有关的各种信息，并对测量结果进行分析研究的工程技术。测井工程技术可以为油气藏的勘探和开发带来大量重要的相关资料。

测井工程技术主要包括电法测井、声波测井、核测井以及其他测井方法（如重力测井、磁法测井等）。随着技术的发展，成像测井仪、快速综合测井、随钻测井等新技术得到广泛应用，提高了测井的时效和解释力。

1.3.5 试气、储层改造技术

试气技术是在油气勘探开发过程中，对油气井进行测试以获取地层流体性质、产能等参数的技术。而储层改造技术则是为了提高油气井产量或注水井的注水量而对储层采取的一系列工程技术措施的总称。

储层改造技术主要包括压裂技术和酸化技术。压裂技术通过向储层注入高压流体以产生裂缝，提高储层渗透性；酸化技术则通过注入化学剂溶解储层中的某些物质，恢复和提高近井地带的渗透率。

1.3.6 生产开采技术

生产开采技术涉及油气田从勘探到开采的全过程，包括钻井、完井、采油、注水等多个环节。随着技术的发展，大规模高效采矿技术、遥控技术、智能采矿技术等在生产开采中得到广泛应用。这些技术旨在提高开采效率、降低生产成本、保障生产安全。

在生产开采过程中，开采者还需要对储层进行动态监测和管理，以及时调整开采方案和优化生产参数。同时，随着环保意识的提高，生产开采技术还需要注重环境保护和可持续发展。

2 业财一体化评价与决策理论基础

2.1 净现值法

2.1.1 净现值法的原理和特点

2.1.1.1 原理

净现值法的基本原理是，将矿业权所涉及的矿产资源勘查、开采作为一个现金流量项目系统。从项目系统的角度看，凡是项目系统对外流出、流入的货币都被称为“现金流量”，同一时段（年期）现金流入量和现金流出量的差额被称为“净现金流量”，项目系统的净现金流量现值之和，即矿业权评估价值。净现值法遵循着这样的思想，现金流量的预测应以社会平均生产力水平为基本尺度，且无论谁占有该项矿业权资产，都能获得一定的净现金流量。计算净现金流量现值时采用的折现率中包含了社会平均投资收益率，以此折现率计算的项目净现金流量现值便是项目超出社会投资回报平均水平的“超额收益”，因而矿业权价值也是一种超额收益。

2.1.1.2 特点

矿业权评估净现值法的主要特点：只计算矿产资源勘查、开采系统对外发生的现金收支即现金流入量和现金流出量，而不计算折旧、摊销等只在系统内部循环的非现金流量；只考虑现金，不考虑借款利息。因此，现金流量反映的是现金在某一个时期进入或离开这个独立系统的实际情况。

2.1.2 净现值法计算公式

净现值法计算公式如式（2-1）所示。

$$\mathrm{NPV} = \sum_{i=1}^{n} (\mathrm{CI} - \mathrm{CO})_i \cdot \frac{1}{(1+R)^{i-1}} \tag{2-1}$$

式（2-1）中，NPV 表示矿业权评估价值，CI 表示年现金流入量，CO 表示年现金流出量，R 表示折现率，i 表示年序号（$i=1, 2, \cdots, 3, n$），n 表示评估计算年限。

计算现金流量时，一般会出现两种结果，即正值或负值。一般而言，在后续地质勘查期以及建设期内，由于矿山企业在这两个阶段尚未进行生产，没有销售收入，也没有现金流入量，故净现金流量为负值；进入试生产期时，这个阶段开采的产量尚未达到设计生产能力所对应的产量，矿山企业只能获得一部分销售收入，在大多数情况下，这部分现金流入还不能完全抵偿当年的现金流出，故净现金流量仍为负值；进入正常生产期时，这个阶段开采的产量已完全达到设计生产能力所对应的产量，在不需要支出更新改造投资成本的年份，只需要支出经营成本和税费，故净现金流量值为正值。

2.1.3　参数构成

当使用净现值法评估矿业权价值时，开采者需要科学合理地确定许多参数，主要的参数包括矿产资源储量及可采储量，矿山企业的生产能力及服务年限，评估计算年限，固定资产投资，税金及附加，流动资金，采矿、选矿、冶炼技术指标。以下介绍其中一部分参数：

2.1.3.1　*矿产资源储量及可采储量*

矿产资源储量及可采储量是收益途径矿业权评估的基础，是十分重要的参数，关系到生产规模和服务年限的确定。

固体矿产资源储量可分为储量、基础储量、资源量 3 大类，可细分为 16 种类型。收益途径矿业权评估中计算可采储量的基础是评估基准日保有的基础储量和资源量，包括经济基础储量、边际经济基础储量、次边际经济的资源量、内蕴经济资源量等。其中，用来计算评估利用的资源储量的数据有：经济基础储量，属于技术上和经济上可行的，全部参与评估计算；探明的或控制的内蕴经济资源量不做可信度系数调整，全部参与评估计算；推断的内蕴经济资源量可参考可行性研究、矿山设计或矿产资源开发利用方案取值；可行性研究、矿山设计或矿产资源开发利用方案中未予设计利用，但资源储量在矿业权有效期或评估年限开发范围内的，其可信度系数在 0.5~0.8 范围中取值；预测的资源量不参与评估计算；边际经济基础储量和次边际经济的资源量原则上不参与收益途径矿业权评估。我们通过这些数据就可以计算出评估利用的资源储量。计算表达式如下：

评估利用的资源储量=∑（参与评估计算的基础储量+参与评估计算的资源量×该级别资源量的可信度系数）

可采储量是指评估利用的资源储量扣除各种损失后可采出的储量。在矿床开采过程中，某些原因造成一部分矿产储量不能采出或采下的矿石未能完全运出地表而损失于地下。凡开采过程中的矿石在数量上减少的现象都叫作矿石损失。矿石损失包括非开采损失即设计损失量和开采损失即采矿损失量，其确定应依据矿产资源开发利用方案或可行性研究或矿山设计、地质储量报告或储量核实报告、矿山生产报表以及有关技术规程规范规定等。可采储量的计算表达式如下：

可采储量=评估利用的资源储量-设计损失量-采矿损失量

2.1.3.2 矿山企业的生产能力及服务年限

当可采储量不变时，矿山企业的生产能力与服务年限成反比。无论是确定生产能力，还是确定服务年限，其原则都是矿山企业的生产能力、服务年限与储量规模三者相匹配。

矿山企业的生产能力，是矿山企业在正常生产时期，单位时间内能够采出的矿石量。这一般以年采出矿石量计算，叫作矿山企业年产量。矿山企业的生产能力一般是按照被批准的矿产资源开发利用方案来确定的。

服务年限的计算公式：

$$\text{非金属矿 } T=\frac{Q}{A}\text{，其中煤矿 } T=\frac{Q}{A\cdot \mathrm{K}}\text{，}$$

$$\text{金属矿 } T=\frac{Q}{A(1-\rho)} \tag{2-2}$$

式（2-2）中，A 表示矿山企业的生产能力，Q 表示可采储量，T 表示合理的矿山服务年限，K 表示储量备用系数，ρ 表示矿石贫化率。

要说明的是，采用式（2-2）计算煤矿矿山服务年限、评估计算采矿损失时，采矿回采率采用的是采区回采率而不是矿井回采率，即“可采储量”中尚包括有部分在采矿过程中损失的矿量。因此，考虑到与设计规范的一致性，我们应采用储量备用系数对“可采储量”进行修正。

2.1.3.3 评估计算年限

评估计算年限的计算表达式为

评估计算年限=后续地质勘查期（针对评估基准日后需补充地质勘查的

探矿权评估）+基本建设期（针对新建、改建、扩建的矿山矿业权评估）+矿山服务年限

需要注意的是，在矿业权出让活动中，评估计算年限一般按照后续地质勘查期、基本建设期及采矿有效期来确定。如果国土资源管理部门确定了采矿有效期，此时应以采矿有效期为基础来确定评估计算年限。此时，如果国土资源管理部门规定的采矿有效期比矿山服务年限要长，那么以矿山服务年限为准来计算评估计算年限。如果没有确定采矿有效期，那么一般认为采矿有效期为 30 年。此时，如果矿山服务年限小于 30 年，那么以矿山服务年限为基础计算评估计算年限；如果矿山服务年限大于 30 年，那么以采矿有效期 30 年为基础计算评估计算年限。

2.1.3.4 固定资产投资

根据矿山建设的特点，矿山企业的固定资产投资由工程费用、其他费用和预备费用构成。

工程费用按费用性质可划分为井巷工程费、房屋建筑工程费、机器设备购置费、安装工程费。其他费用是指不能直接形成工程实体，但为整个建设项目全过程所需要的费用，应包括在固定资产总投资中。预备费用一般包括工程基本预备费和价差预备费（一般为涨价预备费）两部分：工程基本预备费是为建设施工中设计变更等因素可能造成的工程量增加、工程费用增加而预留的一笔费用；价差预备费（一般为涨价预备费）是指为建设过程中，人工费、材料费、机械设备费、费率、汇率、税金及其他费用等可能发生变动而预留的一笔费用。

矿业权评估中因只考虑系统对外发生的现金流入与支出情况，故将全部固定资产投资作为自有资金投入，而不考虑固定资产投资借款。矿业权评估中不考虑预备费。对于新建、改建、扩建的矿山项目矿业权评估，一般参考经批准的该矿山项目的矿产资源开发利用方案或可行性研究报告等资料中的固定资产投资额，将该固定资产投资额中的预备费、基本建设期的贷款利息以及征地费用等扣除，剩下的工程费用与其他费用之和即固定资产投资额。工程费用分为井巷工程费、房屋建筑工程费、机械设备购置费、安装工程费，其他费用按其投资金额分配到上述具体工程费用项目分类中。

同时，对不具备上述取值依据的资料或上述作为取值依据的资料设计的固定资产投资明显不合理的，评估人员可以根据矿业权的具体情况重新

估算固定资产投资额。具体估算方法有单位生产能力投资估算法、生产规模指数法。

2.1.3.5 税金及附加

税金及附加包括销售税金及附加、企业所得税，其中，销售税金及附加包括城市维护建设税、教育费附加和资源税。其中，城市维护建设税、教育费附加以应缴增值税税额为计算基础；矿业权评估中的资源税采取从量计额的方式对在我国境内开采应税资源的矿产品或者生产盐的单位和个人征收。企业所得税是国家对在我国境内进行生产、经营的企业的合法所得依法征收的一种税。矿业权评估中，以利润总额为计税基础，税率统一按25%来计算企业所得税，并且不考虑企业所得税减免及弥补亏损状况。

2.2 多属性评价方法

在多属性评价方法的选择与应用中，我们发现不同的方法各有其独特的优势和适用场景。下面会介绍几种主要的多属性评价方法，包括 TOPSIS 法、VIKOR 法、功效系数法以及层次分析法。这些方法在解决复杂决策问题时，通过综合考虑多个评价指标，提供了具有系统性、科学性的决策支持。在实际应用中，决策者可以根据具体问题的特点和自身需求，选择最适合的评价方法；或结合多种方法，以获得更加全面、准确的决策结果。下面将进一步分析这些方法的具体原理、步骤及其在不同领域中的典型应用案例。

2.2.1 TOPSIS 法

TOPSIS 法（technique for order preference by similarity to ideal solution），即“逼近理想解法”，由 C. L. Hwang 和 K. Yoon 于 1981 年首次提出，是一种基于有限评价对象与理想化目标的接近程度进行排序的方法。其基本思路是通过构造多指标问题的理想解和负理想解，并以靠近理想解和远离负理想解两个基准作为评价各对象的判断依据，因此也被称为双基准法。

TOPSIS 法的核心概念是“理想解”和“负理想解”。理想解是所有方案在各属性指标上都达到最优值的虚拟方案，而负理想解则是所有方案在各属性指标上都达到最劣值的虚拟方案。以一个具有两个指标的决策问题为例，若有 m 个可行方案，记第 i 个方案的这两个指标的值为 x_{i1}、x_{i2}，那么每个方案可以在二维平面上表示为点 $A(x_{i1}, x_{i2})$。理想解 x_1^*、x_2^* 和负理想解 x_1^-、x_2^- 分别表示指标值最大和最小的点。

TOPSIS 法的步骤如下：

第一步，进行标准化决策矩阵的构建，将不同量纲的指标转化为无量纲数值。标准化公式为 $x'_{ij} = \frac{x_{ij}}{\sqrt{\sum_{i=1}^{m} x_{ij}^2}}$。加权标准化决策矩阵，将标准化后的指标值乘以各指标的权重，得到加权标准化决策矩阵。设权重向量为 $W = (w_1, w_2, \cdots, w_n)^T$，则加权标准化决策矩阵为 $X = w_j \times x'_{ij}$。

第二步，确定理想解和负理想解。理想解 A^* 和负理想解 A^- 的计算如式（2-3）所示：

$$A^- = \begin{cases} \min v_{ij}, & \text{若 } j \text{ 为效益型指标} \\ \max v_{ij}, & \text{若 } j \text{ 为成本型指标} \end{cases} \tag{2-3}$$

第三步，计算各方案与理想解和负理想解的距离。使用欧几里得距离计算第 i 个方案与理想解和负理想解的距离：

$$\begin{aligned} S_i^* &= \sqrt{\sum_{j+1}^{n} (v_{ij} - A_j^*)^2} \\ S_i^- &= \sqrt{\sum_{j+1}^{n} (v_{ij} - A_j^-)^2} \end{aligned} \tag{2-4}$$

第四步，通过相对贴近度计算各方案的优劣。相对贴近度 C_i 的定义为

$$C_i = \frac{S_i^-}{S_i^* + S_i^-} \tag{2-5}$$

相对贴近度 C_i 介于 0 和 1 之间，C_i 越接近 1，表示该方案越优。

第五步，根据相对贴近度的大小对各方案进行排序。

TOPSIS 法广泛应用于多指标决策分析中，适用于以下几类问题：项目评价与选择，如投资项目、工程项目等的优先级排序；绩效评价，如企业绩效、员工绩效等的综合评价；资源分配，如预算分配、资源调度等问题的决策。刘飞等（2021）基于熵权 TOPSIS 模型对湖北省高质量发展进行了综合评价，构建了包括创新、协调、绿色、开放、共享、发展六个准则的评价指标体系。吕志鹏等（2020）提出了 CRITIC-TOPSIS 综合评价方法，结合 CRITIC 赋权法和相对距离改进 TOPSIS 法，以客观、准确地评估

电能质量。赵书强等（2019）结合改进层次分析法、CRITIC 法和 TOPSIS 法，提出了一种适用于输电网规划的综合评价方法，有效地兼顾了主客观权重，提升了评估的全面性与客观性。陈强等（2007）则引入熵权方法改进 TOPSIS 法，应用于水环境质量评价，显著提高了评价结果的合理性与准确性。刘继斌等（2006）使用属性 AHM 赋权法结合 TOPSIS 法进行医院卫生质量评价，既强调了指标重要性，又充分利用了数据信息，为保障评价结果的可信性与实用性提供了支持。

TOPSIS 法具有操作简单、客观性强等优点，但也存在一些不足之处，如指标权重难以确定，对数据依赖较强以及忽略了指标之间的相关性。尽管如此，通过合理的改进和优化，TOPSIS 法在项目评价、绩效评价和资源分配等领域中，仍具有重要的应用价值和广阔的发展前景。

2.2.2　VIKOR 法

VIKOR 法（vlse kriterijumska optimizacija i kompromisno resenje），即多标准优化与妥协解决方案，是一种由 Serafim Opricovic 在 1998 年提出的多标准决策分析方法。该方法的设计初衷是解决具有冲突和不可通约（不同单位）标准的决策问题。VIKOR 法通过对备选方案进行排名，帮助决策者找到最接近理想的折中解决方案，使其在可接受妥协的前提下做出最佳选择。

VIKOR 法核心思想是确定正理想解和负理想解。正理想解代表各属性指标的最优值，而负理想解则代表最差值。VIKOR 法通过计算每个方案的评价值，能够找出最接近理想解的方案，从而实现多标准决策的最佳折中。

VIKOR 法的计算步骤如下：

第一步，确定正理想解和负理想解。正理想解表示各指标的最佳值，而负理想解表示各指标的最差值。

第二步，计算各方案的评价值。对每个方案 i，计算其在各评价标准 j 下的偏差值 S_{ij}：

$$S_{ij} = \frac{w_j(f_j^* - f_{ij})}{f_j^* - f_j^-} \tag{2-6}$$

其中，w_j 为标准 j 的权重，f_{ij} 为方案 i 在标准 j 下的值。

第三步，计算综合指标。首先，计算最小化偏差最大值（Q 值），Q_i

表示方案 i 在所有评价标准下的最小偏差最大值。

$$Q_i = v\left(\frac{S_i - S^*}{S^- - S^*}\right) + (1 - v)\left(\frac{R_i - R^*}{R^- - R^*}\right) \tag{2-7}$$

其中，$S_i = \sum_{j=1}^{n} w_j S_{ij}$，为方案 i 的综合加权偏差值；$R_i = \max_j S_{ij}$，为方案 j 在所有评价标准下的最大偏差值；v 为权重，通常取 0.5。其次，计算最大化偏差最小值（R 值），R_i 表示方案 i 在所有评价标准下的最大偏差最小值。

第四步，根据 Q 值对各方案进行排序，Q 值越小，方案越优。通过在方案选择上妥协，确保选择的方案不仅在综合指标上表现优异，同时在个别评价标准上也具备较好的表现。

VIKOR 法在多个领域都有广泛应用，包括工程项目评估与选择，如基础设施建设项目的优先级排序与选择；企业绩效评价，如不同业务单元或部门的综合绩效评价；资源分配与优化，如预算分配、生产计划优化等。常娟等（2022）针对毕达哥拉斯犹豫模糊数（PHFN）风险型多属性决策问题，结合累积前景理论（CPT）和 VIKOR 法提出了一种决策方法，通过定义分散率和综合前景值矩阵，有效地确定方案的优选排序。王坚浩等（2023）结合灰色群组聚类（GGC）和改进的标准间冲突性相关性（IC-RITIC）组合赋权方法，扩展了 VIKOR 法在武器装备供应商选择中的应用，验证了方法在决策灵活性和稳定性方面的有效性。赵辉等（2020）基于前景理论，提出了一种适用于犹豫模糊多属性决策的 VIKOR 法，通过前景价值函数和综合前景值矩阵，实现了对方案的合理排序。汪汝根等（2019）引入新的直觉模糊距离测度和 VIKOR 法，针对直觉模糊数的多属性决策问题，提升了方法在信息缺乏和不确定性处理方面的效果。钟登华等（2017）提出了动态 VIKOR 扩展方法，应用于混凝土重力坝施工方案的多属性决策，通过施工进度系统仿真和时段集成评价，为复杂工程项目的决策提供了可靠的支持。

VIKOR 法灵活性强，通过调整权重和妥协参数，可以适应不同类型的决策问题；综合性强，能够同时考虑多个评价标准，提供综合评价结果；注重妥协解决方案，通过对妥协解决方案的选择，能够在多标准冲突的情况下，找到一个相对最优的解决方案。然而，VIKOR 法也存在一些缺点，如权重确定困难，各评价标准的权重确定较为复杂，对评价结果有较大影响；对数据的依赖程度较高，需要准确的评价标准数据的支持；复杂性较强，计算过程相对复杂，尤其是综合指标的计算。

2.2.3 功效系数法

功效系数法是一种用于多指标综合评价的决策方法，通过将各决策指标的相异度量转化为相应的无量纲功效系数，再进行综合评价。

该方法的基本操作步骤如下：

第一步，确定决策指标体系。设决策矩阵为 $X=(x_{ij})_{m\times n}$ ，其中 x_{ij} 表示第 i 个方案在第 j 个指标下的取值。用适当方法确定指标的权重向量 $W=(w_1, w_2, \cdots, w_n)^T$ 。

第二步，计算各指标的功效系数。设第 j 个指标的满意值为 $x_j^{(h)}$ ，不允许值为 $x_j^{(l)}$ 。功效系数的计算分为两种情况：

对于正向指标，功效系数为：

$$d_{ij}=\frac{x_{ij}-x_j^{(l)}}{x_j^{(h)}-x_j^{(l)}}\times 40+60 \tag{2-8}$$

其中，$x_{ij}\geqslant x_j^{(l)}$ 。显然，满意值 $x_j^{(h)}$ 对应的功效系数为 100，不允许值 $x_j^{(l)}$ 对应的功效系数为 60。因此，功效系数的范围是 $d_{ij}\in[60, 100]$ 。

对于逆向指标，功效系数为：

$$d_{ij}=\frac{x_j^{(h)}-x_{ij}}{x_j^{(h)}-x_j^{(l)}}\times 40+60 \tag{2-9}$$

其中，$x_{ij}\leqslant x_j^{(h)}$ 。其他含义与上述正向指标相同。

第三步，计算各方案的总功效系数。总功效系数的计算有两种方法：

算术加权平均，即

$$d_i=\sum_{j=1}^{n}w_j d_{ij} \tag{2-10}$$

另一种方法是几何加权平均，即

$$d_i=\left(\prod_{j=1}^{n}d_{ij}^{w_j}\right)^{\frac{1}{\sum_{j=1}^{n}w_j}} \tag{2-11}$$

第四步，根据总功效系数对各方案进行排序，功效系数越大，方案越优。

功效系数法可以用于财务风险预警和作为评估工具，在不同领域和类型的研究中得到了广泛应用。侯旭华和彭娟（2019）基于功效系数法和熵值法，研究了互联网保险公司的财务风险预警，指出安心财险在资产流动性、保费收入和综合费用率方面的挑战，并提出了相应的改进策略。李海东和张少阳（2018）针对A零部件制造企业，应用改进的功效系数法建立了财务风险预警系统，通过综合评估各项财务指标，揭示了企业在不同能力方面存在的风险，为企业管理层提供了改进和优化的建议。李凯风和丁宁（2017）从低碳经济视角出发，利用功效系数法评估了W企业的财务风险，强调了在低碳经济模式下企业通过优化能耗和资源结构来提升财务风险预警能力的重要性。李霞和干胜道（2016）则运用功效系数法评估了教育类公募基金会的财务风险，为非营利组织的财务管理提供了新的评估方法和实务指导。洪燕平（2010）针对层次分析法在财务预警模型中的局限性提出批判性见解，并探讨了功效系数法在解决不同变量类型转化问题上的优势，提出了改进模型以提高财务预警模型的准确性和实用性。

2.2.4 层次分析法

层次分析法（analytic hierarchy process，AHP）是一种将复杂决策问题分解成多个层次，并通过对各层次元素进行成对比较，计算出各元素相对重要性权重的方法。该方法由美国运筹学家托马斯·萨蒂（Thomas L. Saaty）于20世纪70年代提出，AHP广泛应用于各种决策问题，包括项目评估、资源分配、政策制定等。

AHP的核心思想是将复杂决策问题分解为目标、准则和备选方案三个层次，通过构建判断矩阵进行成对比较，计算各层次的相对权重，从而得出综合评价结果。AHP的具体步骤如下：

第一步，构建层次结构模型。将决策问题分解为三个层次：目标层（决策的最终目标）、准则层（影响决策的主要因素或标准）和方案层（可供选择的备选方案）。

例如，选择一个最佳项目投资方案，目标层为“选择最佳项目”，准则层可能包括“投资回报率”“风险”“市场前景”等，方案层则是具体的项目A、项目B、项目C等。

第二步，构建判断矩阵。对同一层次中的每两个元素，依据决策者的判断进行成对比较，构建判断矩阵。判断矩阵中的元素表示两个元素相对重要性的比例，通常采用1到9的标度表示，具体含义见表2-1。

表 2-1 1 到 9 的标度

标度	具体含义
1	两个元素同样重要
3	一个元素比另一个元素稍微重要
5	一个元素比另一个元素明显重要
7	一个元素比另一个元素强烈重要
9	一个元素比另一个元素绝对重要
2、4、6、8	上述判断的中间值

第三步，计算权重向量并通过判断矩阵计算各元素的相对权重。具体步骤如下：

对判断矩阵 A 进行归一化处理，即将矩阵每列的元素除以该列元素之和，得到归一化矩阵：

$$A' = \begin{pmatrix} \frac{a_{11}}{\sum_{i=1}^{n} a_{i1}} & \frac{a_{12}}{\sum_{i=1}^{n} a_{i2}} & \cdots & \frac{a_{1n}}{\sum_{i=1}^{n} a_{in}} \\ \frac{a_{21}}{\sum_{i=1}^{n} a_{i1}} & \frac{a_{22}}{\sum_{i=1}^{n} a_{i2}} & \cdots & \frac{a_{2n}}{\sum_{i=1}^{n} a_{in}} \\ \vdots & \vdots & \ddots & \vdots \\ \frac{a_{n1}}{\sum_{i=1}^{n} a_{i1}} & \frac{a_{n2}}{\sum_{i=1}^{n} a_{i2}} & \cdots & \frac{a_{nn}}{\sum_{i=1}^{n} a_{in}} \end{pmatrix} W = \begin{pmatrix} \frac{\sum_{j=1}^{n} A'_{1j}}{n} \\ \frac{\sum_{j=1}^{n} A'_{2j}}{n} \\ \vdots \\ \frac{\sum_{j=1}^{n} A'_{nj}}{n} \end{pmatrix} \tag{2-12}$$

计算归一化矩阵的行平均值，得到权重向量：

$$W = \frac{1}{n}\left(\sum_{j=1}^{n} \frac{a_{1j}}{\sum_{i=1}^{n} a_{ij}}, \sum_{j=1}^{n} \frac{a_{2j}}{\sum_{i=1}^{n} a_{ij}}, \cdots, \sum_{j=1}^{n} \frac{a_{nj}}{\sum_{i=1}^{n} a_{ij}}\right) \tag{2-13}$$

第四步，一致性检验。

为了确保判断矩阵的合理性，需要进行一致性检验。判断矩阵的一致性比例（consistency ratio，CR）通过式（2-14）计算：

计算一致性指标（consistency index，CI）：

$$\mathrm{CI} = \frac{\lambda_{\max} - n}{n - 1} \tag{2-14}$$

其中，$\lambda_{\max}$ 是判断矩阵的最大特征值，n 为矩阵的阶数。

查表得到随机一致性指标(random index, RI),然后计算一致性比例(CR):

$$CR = \frac{CI}{RI} \tag{2-15}$$

通常，当 CR<0.1 时，判断矩阵具有满意的一致性，否则需要重新调整判断矩阵。

第五步，计算综合权重。根据各层次元素的权重和层次结构，计算备选方案的综合权重。

第六步，根据各备选方案的综合权重进行排序，选择权重最大的方案作为最佳选择。

AHP 被广泛应用于项目评估与选择、资源分配、政策制定和供应链管理中。尽管 AHP 具有结构清晰、操作简便、综合考虑多因素等优点，但也存在依赖主观判断、一致性检验复杂、难以处理大规模决策问题和权重计算敏感等缺点。因此，在实际应用中，应结合其他方法优化 AHP，以提高决策的客观性和准确性。赵书强和汤善发（2019）针对输电网规划提出了一种综合评价方法，结合了改进层次分析法、CRITIC 法和逼近理想解排序法（TOPSIS）。他们通过将主观权重和客观权重结合，有效地评估了不同输电网规划方案的优劣，为电网规划决策提供了科学支持和决策依据。王钦等（2009）提出了一种基于模糊集理论和层次分析法的电力市场综合评价方法。他们利用模糊集确定各指标对不同评价结果的隶属度，并通过层次分析法计算各级指标的权重，有效结合了客观性和主观性，为电力市场的综合评价提供了一种通用且有效的方法。刘亚臣等（2008）针对城镇化水平提出了基于层次分析法的模糊综合评价方法。他们通过建立评价指标体系和确定权重，结合最大-最小值法确定了各指标对城镇化评价的隶属度函数，对辽宁等地区的城镇化发展水平进行了综合评价，为城镇化水平评估提供了科学依据和实证支持。章海波等（2006）应用改进的层次分析法评估了我国香港地区的土壤肥力质量。他们通过分析多个土壤指标的综合评价，揭示了我国香港地区土壤肥力质量普遍较低的状况，并提出了改善土壤肥力的策略建议，为环境保护和土地利用管理提供了重要的参考依据。舒卫萍和崔远来（2005）在灌区综合评价中应用层次分析法，通过确定各评价指标的权重，对灌区运行状况进行了系统、科学的评估。他们通过对实例的验证，证明所建立的评价模型能够客观地反映灌区的状况和问题，为灌区管理和优化提供了科学依据。

2.3 智能优化方法

2.3.1 智能优化方法概述

在现代科学和工程领域，解决复杂的优化问题是一项极具挑战性的任务。传统优化方法，如线性规划和动态规划，虽然在某些特定情况下表现优异，但在面对高维度、多模态和非线性的问题时，常常力不从心（Feng et al., 2018）。尤其是在实际应用中，许多问题具有高度复杂性，包含大量的不确定性和约束条件，这使得求解过程变得异常困难（Desale et al., 2015）。

智能优化方法（intelligent optimization methods, IOMs）作为一种新兴的优化工具，近年来受到了广泛关注（Wang et al., 2023）。智能优化方法通过模拟自然界中的生物行为、物理现象和进化过程，借鉴了生物进化、动物觅食、社会行为等自然界的现象及其原理，以一种启发式的方式进行搜索和优化（Salhi, 2017）。这些方法不仅能够有效地处理高维度和复杂的优化问题，还具有较强的适应性和鲁棒性（Zhang et al., 2018）。

智能优化方法的种类繁多，主要包括遗传算法（genetic algorithm, GA）、粒子群优化算法（particle swarm optimization, PSO）、蚁群优化算法（ant colony optimization, ACO）等（Li et al., 2021）。每种算法都有其独特的机制和优势，适用于不同类型的问题（Gong et al., 2021）。

在实际应用中，智能优化方法已经成功应用于工业设计、交通运输、能源管理、生物信息学、金融投资等众多领域（Gen et al., 2023; Feng et al., 2021）。例如，遗传算法凭借其强大的全局搜索能力，被广泛应用于组合优化和参数估计问题（Katoch et al., 2021）；粒子群优化算法则因其简洁易行、收敛速度快，常用于函数优化和神经网络训练（Shi et al., 2022）；蚁群优化算法在路径规划和调度问题中表现出色，成为解决此类问题的有效工具（Miao et al., 2021）。

综上所述，智能优化方法作为一种强大的优化工具，为解决复杂的优化问题提供了新的思路和方法。本节将详细介绍常见的智能优化方法，探讨算法的基本原理、算法步骤以及在实际应用中的表现和优势。通过对这些方法的深入了解，我们可以根据页岩气领域的具体问题，选择适合的智能算法，从而更有效地解决页岩气生产与运营中的优化问题（Zhou et al., 2023）。

2.3.2 遗传算法

遗传算法是一种基于自然选择和遗传机制的全局优化算法，由 John Holland 在 20 世纪 70 年代提出。遗传算法通过模拟生物进化过程，通过选择、交叉和变异等操作在解空间中搜索最优解。其基本思想是“生存竞争”和“优胜劣汰”，即通过不断地保留优秀个体来改进种群的适应度（Wang et al., 2020）。

遗传算法的运行流程包括初始化种群、适应度评估、选择、交叉、变异和替换（Sharma et al., 2022），其算法执行步骤如下：

（1）随机生成初始种群，每个个体用一个二进制串表示，称为染色体。然后，根据适应度函数评估每个个体的适应度，适应度函数通常是优化问题的目标函数。

（2）根据个体的适应度，选择优秀个体进行繁殖。常用的选择方法有轮盘赌选择方法和锦标赛选择方法。轮盘赌选择方法根据个体适应度的比例随机选择个体，而锦标赛选择方法则从种群中随机抽取几个个体，选择其中适应度最高的个体进行繁殖（Albadr et al., 2020）。

（3）将选择出的个体进行交叉操作，生成新的个体。常用的交叉方法有单点交叉和多点交叉。单点交叉在染色体的随机位置切割，并交换两个染色体的部分基因，而多点交叉则在多个位置进行类似的操作。之后对新个体进行变异操作，以引入新的基因。变异通常是随机地改变染色体中的某些点位，这有助于防止算法陷入局部最优。

（4）用新生成的个体替换旧种群中的个体，逐渐形成新一代种群。这个过程反复进行，直到满足终止条件，如达到最大代数或适应度不再显著提升。通过不断迭代，遗传算法逐渐逼近最优解。遗传算法的伪代码如表 2-2 所示。

表 2-2　遗传算法伪代码

Initialization：随机生成初始种群 $P(0)$ ，共包含 N 个个体，交叉次数上限 N_c ，基因数量 N_g ，变异概率 m ，迭代次数 t While $t < T$ ：

表2-2(续)

```
步骤1：For i = 1 to N :
    评估适应度f(x_i)
  步骤2：根据适应度选择个体进行繁殖，选择概率 P(x_i) = f(x_i) / Σ_{j=1}^{N} f(x_j)
步骤3：For i = 1 to N_c :
    选取 X_{p_1} 与 X_{p_2} 作为父体与母体；
    For j = 1 to N_g :
      x_new[j] = a x_{p1}[j] + (1 - a) x_{p2}[j]
    End
  End
步骤4：For i = 1 to N
        For j = 1 to N_g
            生成随机数 r ,
            If (r < m) :
                进行变异更新 x_i[j] = x_i[j] + δ
            End
        End
步骤5：得到更新后的种群 P(t) , t = t + 1
Output：输出最优解 x_best 和其适应度 f(x_best)
End
```

近年来，遗传算法因其强大的全局搜索能力和适应性，被广泛应用于各种优化问题中。例如，在函数优化中，遗传算法可用于求解复杂函数的全局最优值。在多峰函数优化中，遗传算法通过其全局搜索能力，能够有效地找到全局最优解，避免陷入局部最优（Braik et al., 2021）。

在组合优化中，遗传算法被广泛应用于解决旅行商问题（TSP）等。TSP是一个经典的组合优化问题，目标是找到一条经过所有城市且路径总长度最短的路线。遗传算法通过对路径进行编码，并通过选择、交叉和变异操作优化路径，能够找到近似最优的旅行路径（Ha et al., 2020）。这一过程通过不断迭代，逐步逼近最优解，因此这种方法特别适用于处理复杂的多维度优化问题。

在参数优化中，遗传算法被广泛应用于优化机器学习和神经网络模型的超参数。例如，在神经网络训练中，遗传算法可用于选择最佳的网络结构和学习参数，以提高模型的性能。遗传算法通过优化神经网络的层数、每层的节点数以及学习率等超参数，能够显著提高模型的预测准确性和泛化能力（Abdolrasol et al.，2021）。

在工业生产的调度问题中，遗传算法展现了其强大的应用潜力。例如，在车间作业调度问题（job shop scheduling，JSS）中，遗传算法通过对作业顺序和资源分配进行优化，提高了生产效率并减少了生产成本（Zhang et al.，2020）。这种优化方法对于现代制造业中的复杂调度问题尤其重要，因为它通过合理分配资源和优化作业顺序，能够有效地满足多任务、多资源的调度需求。

近年来，遗传算法在页岩气开发领域也得到了应用。页岩气开发涉及多个复杂的变量和约束条件，如井位布局、压裂参数和生产策略等。遗传算法适用性广泛，可以在高维度、多约束的空间中找到最优解，从而有效地提高页岩气井的生产效率和经济效益。例如，遗传算法被用于优化页岩气井的布置和压裂设计，通过对多个参数进行优化，显著提高了气井的产量和经济效益（Zhou et al.，2023）。此外，遗传算法还被应用于页岩气产能预测问题，通过优化预测模型参数，提高了生产预测的准确性和可靠性（Liu et al.，2017）。

遗传算法具有全局搜索能力强、适应性强和并行性好等优点。通过模拟自然进化过程，遗传算法能够实现大范围内的搜索，避免陷入局部最优。遗传算法在使用中不需要使用者掌握特定问题的先验知识，适用于各种类型的优化问题，并且遗传算法天然适合并行计算，可利用现代计算资源提高计算效率（Wang et al.，2021）。

然而，遗传算法也存在一些缺点，如计算开销大、参数敏感和收敛速度慢。遗传算法需要大量的适应度评估，计算成本较高，其性能受参数设置影响较大，如种群规模、交叉概率和变异概率等。在某些情况下，遗传算法的收敛速度较慢，可能需要进行较多的代数计算才能找到满意的解（Albadr et al.，2020）。

2.3.3 粒子群优化算法

粒子群优化算法（PSO 算法）是一种基于群体智能的优化算法，由 Kennedy 和 Eberhart 于 1995 年提出。PSO 算法模拟了鸟群、鱼群等社会群体在觅食时的行为，通过个体之间的信息共享来寻找最优解。PSO 算法具有简单易行、参数少、易于实现等特点，被广泛应用于函数优化、神经网络训练、模糊系统控制等领域（Wang et al., 2018）。

在PSO算法中，解空间中的每个可能解都被视为一个“粒子”。这些粒子在搜索空间中移动，每个粒子的位置表示一个潜在的解。粒子的移动受两个主要因素的影响：其历史最佳位置（个体最优，pBest）和整个群体的历史最佳位置（全局最优，gBest）。PSO算法通过不断调整粒子的速度和位置，逐步逼近最优解（Shami et al., 2022）。粒子的速度和位置更新公式见式（2-16）：

$$v_i(t+1) = wv_i(t) + c_1r_1[\mathrm{pBest}_i - x_i(t)] + c_2r_2[\mathrm{gBest} - x_i(t)] \tag{2-16}$$

其中，$v_i(t)$ 是粒子 i 在时间 t 的速度；$x_i(t)$ 为粒子 i 在时间 t 的位置；w 为惯性权重，控制粒子前一阶段速度对现阶段的影响；c_1、c_2 为学习因子；r_1、r_2 为0和1之间的随机数；pBest_i 为粒子 i 的历史最佳位置，gBest为整个群体的历史最佳位置。

PSO算法自提出以来，已在多个领域中得到了广泛应用。在神经网络训练中，PSO算法被用于优化神经网络的权重和结构，显著提高了模型的精度和训练速度（Houssein et al., 2021）。在图像处理领域，PSO算法被用于多阈值图像分割方法，提升了图像分割的质量和效率（Farshi et al., 2020）。此外，PSO算法在工业优化问题中也表现出色，如在工厂生产调度中，通过优化作业顺序和资源分配，提高了生产效率并降低了成本（Marichelvam et al., 2020）。

PSO算法的主要优点在于实现简单、收敛速度快和全局搜索能力强。PSO算法通过个体间的信息共享，能够有效避免陷入局部最优，并且其参数设置较少，易于实现和调试。此外，PSO算法适合并行计算，能够充分利用现代计算资源，提高计算效率。这些特性使得PSO算法在处理大规模和复杂的优化问题时具有显著优势（Sheng et al., 2022）。

然而，PSO算法也存在一些缺点，如在处理多峰函数优化时容易出现早熟收敛的问题，可能导致解的多样性不足。此外，PSO算法的性能在很大程度上依赖于参数设置，如惯性权重和学习因子的选择，对不同问题需要进行调整优化。尽管如此，通过结合其他优化算法和改进策略，如混合算法和自适应参数调整，PSO算法的这些缺点可以得到一定程度的改善（Belhocine et al., 2021）。

2.3.4 蚁群优化算法

蚁群优化算法（ACO 算法）是一种基于自然界中蚂蚁觅食行为的启发式优化算法，由 Marco Dorigo 等在 20 世纪 90 年代提出（Zhou et al.，2022）。该算法通过模拟蚂蚁在觅食过程中发现最短路径的行为来解决组合优化问题，特别是在路径规划和调度问题中表现出色（Dorigo et al.，1997）。蚁群优化算法的核心思想是利用蚂蚁个体之间的间接相互作用，通过信息素（pheromone）的积累和挥发来逐步逼近最优解（Rokbani et al.，2021）。

在自然界中，蚂蚁通过释放和感知信息素进行通信和导航。当蚂蚁找到食物源后，它会在返回巢穴的路上留下信息素。其他蚂蚁能够感知到这些信息素，并倾向于沿着信息素浓度较高的路径行进。随着时间的推移，信息素浓度高的路径会吸引更多的蚂蚁，从而进一步增强信息素浓度，逐渐形成一条最优路径，ACO 算法的执行流程如下：

（1）初始化所有路径上的信息素浓度 $\tau_{ij} = \tau_0$。将固定数量的蚂蚁随机放置在各个节点上，设定迭代次数上限 $T_{\max}$。

（2）每只蚂蚁从起始节点出发，逐步构建解。在每一步中，蚂蚁根据信息素浓度和启发式信息（例如路径长度）选择下一个节点。选择概率 $P_{ij}(t)$ 由式（2-17）确定：

$$P_{ij}(t) = \frac{[\tau_{ij}(t)]^{\alpha} \cdot [\eta_{ij}]^{\beta}}{\sum_{k \in \text{allowed}} [\tau_{ik}(t)]^{\alpha} \cdot [\eta_{ik}]^{\beta}} \tag{2-17}$$

其中，α 和 β 分别是信息素重要性因子和启发式信息重要性因子，η_{ij} 通常是路径长度的倒数。

（3）蚂蚁完成路径后，评估路径质量，并更新路径上的信息素浓度。信息素更新公式为

$$\tau_{ij}(t+1) = (1-\rho) \cdot \tau_{ij}(t) + \Delta\tau_{ij}^{k} \tag{2-18}$$

其中，ρ 是信息素挥发系数，$\Delta\tau_{ij}^{k}$ 是第 k 只蚂蚁在路径 i 到 j 上留下的信息素量，其计算公式为

$$\Delta\tau_{ij}^{k} = \frac{Q}{L_k} \tag{2-19}$$

其中，Q 是信息素增加量，L_k 是第 k 只蚂蚁所走路径的长度。

（4）重复构建解和更新信息素的过程，直到达到预设的迭代次数 $T_{\max}$

或者满足终止条件。最终，算法输出最优路径 T_{best} 及其长度 L_{best} 。

ACO 算法在解决复杂的组合优化问题方面表现出了显著的优势，尤其是在旅行商问题（TSP）、物流配送、通信网络路由以及页岩气开发等领域的实际应用中取得了广泛的成功。旅行商问题是 ACO 算法最早应用的领域之一，通过模拟蚂蚁在城市间行走并找到最短路径的过程。ACO 算法能够有效解决 TSP，并且在多个研究中展示出其优于传统优化方法的性能（Zhang et al., 2020）。在物流配送问题中，ACO 算法被用于优化车辆路径规划，以最小化配送时间和成本。研究表明，ACO 算法在处理大规模配送问题时表现出色，能够提供高质量的解决方案（Zhang et al., 2019）。此外，ACO 算法还被用于优化通信网络的路由问题，通过动态调整路由路径以提高网络效率和可靠性。与传统路由算法相比，ACO 算法能够更快地适应网络状态的变化，提高数据传输的稳定性（Mohajerani et al., 2020）。

近年来，ACO 算法也在页岩气开发领域得到了应用，主要用于优化页岩气井的布置和生产参数。页岩气开发是一个复杂的多变量优化问题，需要考虑地质条件、井位布局、压裂参数等多个因素。ACO 算法通过模拟蚂蚁觅食路径的过程，能够在高维空间中寻找最优解，从而有效地提高页岩气井的生产效率，并减少开发成本。例如，Wu 等（2019）利用改进的蚁群优化算法（IACO）优化了半潜式生产平台的管道布局设计，取得了良好的结果。Patino-Ramirez 等（2020）应用 ACO 算法优化水平定向钻井（HDD）的对齐问题，显著提高了钻井效率。Lin 等（2023）利用数据驱动的 ACO 算法优化了裂缝化页岩气藏的井性能预测，提高了生产预测的准确性和可靠性。这些研究表明，ACO 算法在页岩气开发领域具有广阔的应用前景，能够为提高能源开发效率和降低生产成本提供有效的技术支持。

2.4 机器学习方法

机器学习（machine learning, ML）作为人工智能（artificial intelligence, AI）的一个重要分支，近年来在多个领域展现了其强大的数据处理与模式识别能力。在页岩气开采业财一体化评价与决策中，机器学习尤其是神经网络（neural networks, NNs）的应用日益广泛，为复杂的地质数据分析和产量预测提供了新思路和新方法。

2.4.1 机器学习概述

机器学习致力于让计算机具有类似人类的学习能力，能够从数据中自动分析和获取知识，进而对新数据进行预测或做出决策。机器学习不限于简单的规则匹配，而是通过复杂的算法和模型，从海量数据中挖掘出潜在的模式和规律，从而实现对未知数据的准确预测。

2.4.1.1 机器学习的定义

机器学习是一门专门研究计算机怎样模拟或实现人类学习行为的学科。它通过使用算法统计模型，使计算机系统能够自动地从数据中学习和改进，而不用进行编程。机器学习通过构建和分析模型，能够处理大量数据，识别模式，并做出基于这些模式的决策或预测。

2.4.1.2 机器学习的历史与发展

机器学习的发展可以追溯到 20 世纪 50 年代，但受限于当时的计算能力和数据资源，其发展相对缓慢。随着计算机技术的飞速发展和数据量的爆炸式增长，机器学习在 20 世纪 80 年代开始蓬勃发展，并诞生了一大批与数学统计相关的模型。特别是进入 21 世纪后，随着深度学习的兴起，机器学习在各个领域的应用取得了显著成果。

2.4.2 机器学习的基本原理

2.4.2.1 机器学习三要素

机器学习系统通常由数据、算法和模型三个核心要素组成。

（1）数据：机器学习的基础是数据。这些数据可以是结构化的（如数据库中的表格），也可以是非结构化的（如文本、图像或音频文件）。数据的质量和数量对机器学习模型的性能有着至关重要的影响。

（2）算法：算法是机器学习的核心部分，它决定了如何从数据中提取有用信息。常见的机器学习算法包括线性回归、决策树、支持向量机、神经网络等。每种算法都有其适用的场景和优缺点。

（3）模型：模型是算法在数据上训练得到的结果，它代表了数据的内在规律和模式。模型可以用于对新数据进行预测或分类。

2.4.2.2 机器学习的工作流程

机器学习的工作流程通常包括数据预处理、模型学习、模型评估和新样本预测等步骤。

（1）数据预处理：包括数据的清洗、特征选择、特征缩放等，以确保数据的质量并适合后续模型的训练。

（2）模型学习：选择合适的机器学习模型，利用训练数据集进行训练，通过算法优化模型参数。

（3）模型评估：使用测试数据集评估模型的性能，如准确率、召回率等指标。

（4）新样本预测：利用训练好的模型对新的未知样本进行预测或做出决策。

2.4.3 机器学习的主要类别

机器学习可以根据不同的标准进行分类，以下是几种主要的类别：

2.4.3.1 监督学习

在监督学习中，模型被提供一组包含输入特征 X 和对应目标（或输出）y 的训练样本集合。目标是学习一个映射函数 f：$X \to y$，该函数能够准确预测未见过的输入数据的输出。

1. 监督学习通常涉及的步骤

（1）数据准备：收集并清洗训练数据，确保数据的质量和一致性。

（2）模型选择：根据问题类型（分类、回归等）选择合适的模型架构。

（3）训练：使用训练数据调整模型参数（如权重和偏置），以最小化损失函数（如均方误差、交叉熵等）。

（4）评估：使用测试集评估模型的性能，通常通过准确率、召回率、F1 分数等指标来衡量。

（5）预测：使用训练好的模型对新数据进行预测。

2. 常见的算法

（1）线性回归：通过最小化预测值与实际值之间的平方误差来训练模型。目标函数（损失函数）通常为

$$L(w, b) = \frac{1}{n}\sum_{i=1}^{n}\left[y_i - (w^T x_i + b)\right]^2 \tag{2-20}$$

其中，w 是权重向量，b 是偏置项，n 是样本数量。

（2）逻辑回归：虽然用于分类，但内部机制仍基于线性回归。通过 S 型函数（如 sigmoid 函数）将线性回归的输出转换为概率值：

$$P(y = 1 \mid x) = \frac{1}{1 + e^{-(w^T x + b)}} \tag{2-21}$$

目标函数通常使用交叉熵损失函数。

2.4.3.2 无监督学习

无监督学习旨在从未标记的数据中发现隐藏的结构或模式。由于没有明确的目标输出，无监督学习通常关注数据的内部表示或数据点之间的关系。无监督学习的重点是聚类分析和降维技术。

1. 聚类分析

（1）将数据点分组为多个簇，使同一簇内的点相似度较高，而不同簇之间的点相似度较低。

（2）常见的聚类算法包括 K-means、层次聚类、DBSCAN 等。

K-means 是较为常见的算法，它通过迭代方式将数据点分配到最近的聚类中心，并更新聚类中心的位置。它的目标是最小化所有点到其聚类中心的距离之和（平方误差和）：

$$J = \sum_{k=1}^{K} \sum_{x_i \in C_k} \| x_i - \mu_k \|^2 \tag{2-22}$$

其中，K 是聚类数，C_k 是第 k 个聚类，μ_k 是第 k 个聚类的中心。

2. 降维技术

（1）通过减少数据的特征数量来降低数据的复杂性，同时尽可能保留原始数据的重要信息。

（2）常见的降维技术包括 PCA（主成分分析）、t-SNE（t-distributed stochastic neighbor embedding）等。

2.4.3.3 半监督学习

半监督学习结合了监督学习和无监督学习的特点，它利用少量的标注数据和大量的未标注数据进行训练。这种学习方式在处理标注数据稀缺的情况时非常有用。半监督学习的重点是自训练和协同训练。

（1）自训练：首先使用标注数据训练模型，然后用该模型预测未标注数据的标签，并将高置信度的预测结果添加到训练集中。自训练方法的基本思路是首先使用少量的标注数据训练一个初始模型，然后利用该模型对未标注数据进行预测，并将预测结果中置信度较高的部分作为伪标签添加到训练集中，从而扩大标注数据集的大小。这个过程可以迭代进行，以进一步提高模型的性能。其具体操作如下：

设初始标注数据集为 $D_l = \{(x_i, y_i)\}_{i=1}^{N_l}$，未标注数据集为 $D_u = \{x_j\}_{j=1}^{N_u}$，其中 N_l 和 N_u 分别是标注数据集和未标注数据集的大小。

步骤1——初始训练：使用 D_l 训练初始模型 M_0。

步骤2——预测与筛选：使用 M_0 对 D_u 进行预测，得到预测结果 $\hat{y}_j = M_0(x_j)$，并根据某个置信度阈值 τ 筛选出高置信度的预测结果，形成新的标注数据集 $D'_u = \{(x_k, \hat{y}_k) \mid \text{confidence}[M_0(x_k)] > \tau\}$。

步骤3——扩充训练集：将 D'_u 添加到 D_l 中，形成新的训练集 $D_{l+u} = D_l \cup D'_u$。

步骤4——迭代训练：使用 D_{l+u} 重新训练模型 M_1，并重复步骤2至步骤4，直到满足某个终止条件（如模型性能不再显著提升或达到预设的迭代次数）。

（2）协同训练：基本思路是使用两个或多个不同的模型分别训练，并利用它们之间的多样性来相互提升。每个模型都会利用自己的预测结果来扩充对方的训练集，从而逐步提高双方的性能。其具体操作如下：

设有两个不同的模型 M_A 和 M_B，初始标注数据集仍为 D_l，未标注数据集为 D_u。

步骤1——初始训练：分别使用 D_l 训练 M_A 和 M_B。

步骤2——预测与交换：

①用 M_A 对 D_u 进行预测，得到预测结果 $\hat{y}_j^A = M_A(x_j)$，并筛选出高置信度的预测结果。

②用 M_B 对 D_u 进行预测，得到 $\hat{y}_j^B = M_B(x_j)$，并同样筛选。

③将 M_A 的高置信度预测结果作为伪标签添加到 M_B 的训练集中，反之亦然。

步骤3——扩充训练集并迭代：

①使用扩充后的训练集重新训练 M_A 和 M_B。

②重复步骤2和步骤3，直到满足某个终止条件。

2.4.3.4　强化学习

强化学习是一种通过试错来学习最优行为策略的方法。它通过与环境的交互来获取信息，并根据这些信息来调整自身的行为，以最大化某种奖励信号。强化学习在游戏AI、机器人控制等领域有着广泛的应用。强化学习通过最大化累积奖励来学习最优策略。智能体（agent）在环境中执行动作，并根据环境的反馈（奖励或惩罚）来调整其策略。核心概念包括状态

(S) 、动作 (A) 、奖励 (R) 和转移概率［$P(s' \mid s, a)$］。目标函数是最大化长期累积奖励，常用贝尔曼方程表示：

$$V(s) = \max_{a}[R(s, a) + \gamma \sum_{s' \in S} P(s' \mid s, a) V(s')] \tag{2-23}$$

其中，$V(s)$ 是状态 s 的价值函数，γ 是折扣因子。

2.4.4 神经网络

神经网络是机器学习中的一种重要模型，灵感来源于人脑中的神经元网络。神经网络是由大量相互连接的神经元（或称“节点”）组成的计算模型，这些神经元通过权重和偏置进行连接，以模拟生物神经系统的信息处理过程。神经网络的学习过程是通过调整这些权重和偏置来完成的，以最小化某个损失函数，从而改进模型对数据的预测能力。

2.4.4.1 人工神经网络

1. 结构

（1）输入层：接收原始数据输入，不进行任何计算，仅将数据传递给隐藏层。

（2）隐藏层：一个或多个隐藏层，每个隐藏层包含多个神经元。神经元接收前一层神经元的输出作为输入，通过加权求和并应用激活函数（如 Sigmoid、ReLU 等）产生输出。

（3）输出层：最后一层，其输出的是模型的预测结果。对于分类问题，输出层神经元通常使用 Softmax 函数将输出转换为概率分布；对于回归问题，则直接输出预测值。

2. 学习过程

（1）前向传播：输入数据通过神经网络从输入层传播到输出层，计算预测值。

（2）损失计算：计算预测值与实际值之间的误差（损失）。

（3）反向传播：将误差反向传播到每一层，计算每个权重的梯度（误差对权重的偏导数）。

（4）权重更新：使用优化算法（如梯度下降），根据梯度更新权重，以减少损失。

2.4.4.2 深度学习

1. 深度学习的特点

（1）多层结构：深度学习模型通常包含多个隐藏层，能够学习数据的更高级别、更抽象的特征表示。

(2) 非线性变换：通过激活函数引入非线性，使得模型能够捕获复杂的非线性关系。

(3) 大数据量：深度学习模型通常需要大量的训练数据来避免过拟合，并充分利用其强大的表示学习能力。

2. 常见模型

(1) 深度神经网络（DNN）：多层全连接神经网络，适用于处理非结构化数据（如文本、图像等）。

(2) 卷积神经网络（CNN）：专为处理图像数据而设计，通过卷积层和池化层提取图像特征，广泛应用于图像识别、图像分类等领域。

(3) 循环神经网络（RNN）：适用于处理序列数据（如文本、时间序列等），通过循环连接捕获数据中的时间依赖性。然而，传统 RNN 在处理长序列时容易出现梯度消失或梯度爆炸问题。

(4) 长短期记忆网络（LSTM）：是 RNN 的一种变体，通过引入门控机制（遗忘门、输入门、输出门）解决了传统 RNN 的梯度问题，能够处理更长的序列数据。

3. 优化算法

在深度学习中，除了梯度下降外，还常使用动量法、RMSprop、Adam 等优化算法来加速训练过程并提高模型性能。这些算法通过调整学习率、累积梯度动量等方式来改进传统的梯度下降算法。

2.4.5 核心算法

(1) 线性回归：线性回归试图找到最佳拟合线（在多维空间中为超平面），以最小化预测值与实际值之间的平方误差。其模型可以表示为

$$\hat{y} = \beta_0 + \beta_1 x_1 + \beta_2 x_2 + \cdots + \beta_n x_n \tag{2-24}$$

其中，$\hat{y}$ 是预测值，x_1，x_2，…，x_n 是特征，β_0，β_1，…，β_n 是模型参数（包括截距和斜率）。损失函数（如均方误差，MSE）一般被描述为

$$J(\beta) = \frac{1}{m}\sum_{i=1}^{m} [\hat{y}^{(i)} - y^{(i)}]^2 \tag{2-25}$$

其中，m 是样本数量，$y^{(i)}$ 是第 i 个样本的实际值。

(2) 逻辑回归：虽然名为“回归”，但这实际上是一种用于分类问题的算法，通过 S 型逻辑函数将线性回归的输出映射到 0 和 1 之间，表示属

于某个类别的概率。Sigmoid 函数表示为 $\frac{1}{1+e^{-Z}}$ ，其中 $Z=\beta_0+\beta_1x_1+\beta_2x_2+\cdots+\beta_nx_n$ ，从而进一步得到预测概率 $\hat{p}=\sigma(z)$ 。

（3）决策树：决策树通过递归地选择最佳特征来分割数据集，直到满足某个停止条件（如达到最大深度、节点中样本数过少等）。决策树的关键在于如何选择最佳分割点，这通常通过信息增益、增益率或基尼不纯度等指标来衡量。信息增益一般表述为

$$\mathrm{IG}(T,\ a)=\mathrm{Entropy}(T)-\sum_{v\in \mathrm{values}(a)}\frac{|T_v|}{|T|}\mathrm{Entropy}(T_v) \tag{2-26}$$

其中，T 是父节点数据集，a 是特征，T_v 是根据特征 a 的值 v 分割后的子节点数据集。

（4）支持向量机（SVM）：是一种强大的分类器，通过找到一个超平面来最大化不同类别之间的间隔。对于线性可分的数据集，这个超平面能够完美地将不同类别的数据分开，并且使得间隔最大。

SVM 的优化目标是最小化 $\frac{1}{2}\|w\|^2$ ，同时满足所有样本点到超平面的间隔至少为 1 的约束条件。间隔定义为

$$\mathrm{margin}=\frac{2}{\|w\|} \tag{2-27}$$

（5）神经网络：包括深度学习，由多个层组成，每层包含多个神经元，通过非线性激活函数连接。这些网络能够学习复杂的模式，并用于各种预测和分类任务。

神经网络通过前向传播计算预测值，并通过反向传播算法调整权重以最小化损失函数。权重更新通常依赖于损失函数对权重的梯度：

$$w'=w-\alpha\frac{\partial J}{\partial w} \tag{2-28}$$

其中，α 是学习率，用于控制权重更新的步长。

2.4.6 集成学习

集成学习是一种强大的机器学习策略，它通过结合多个学习器的预测结果来提高单个学习器的泛化能力。集成学习通常包括构建多个基础学习器（如决策树、神经网络等），并通过某种策略（如平均、投票、堆叠等）将这些基础学习器的预测结果整合起来，以产生最终的预测。

2.4.6.1 集成学习的定义

集成学习本身不是一个单独的机器学习算法，而是通过构建并结合多个机器学习器来完成学习任务的一种元算法。集成学习通过训练若干个个体学习器，并采用一定的结合策略，形成一个强学习器，以达到群体决策提高决策准确率的目的（见图 2-1）。

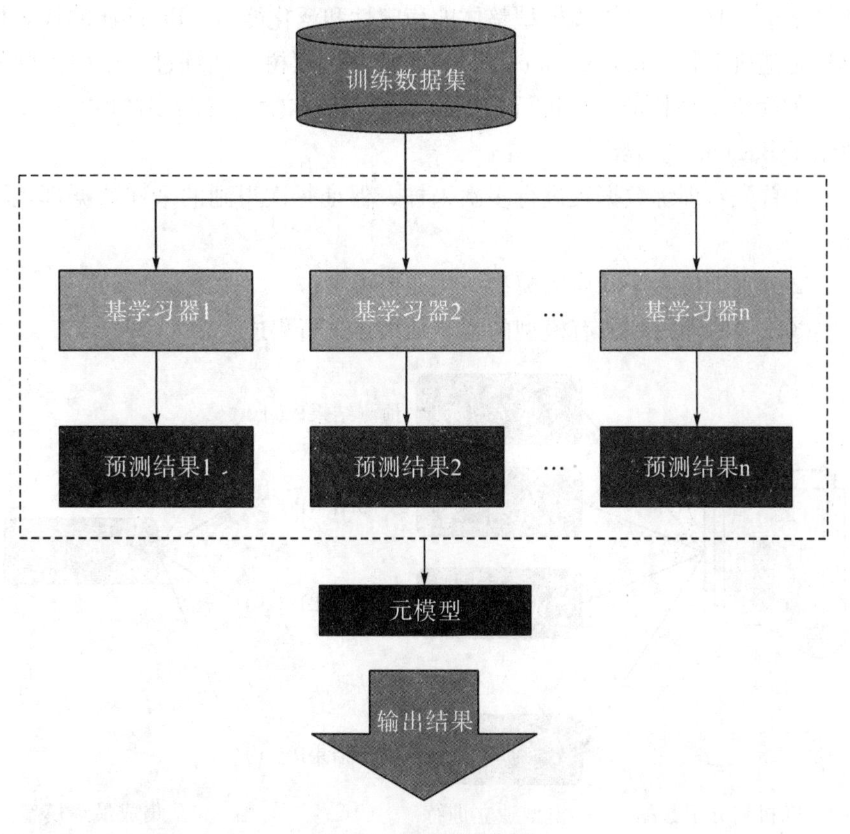

图 2-1 集成学习框架

2.4.6.2 集成学习的特点

（1）多样性：集成学习中的个体学习器应具有多样性，即它们之间的预测结果应存在差异。这种差异有助于减少整体模型的偏差和方差。

（2）结合策略：集成学习需要采用一定的结合策略来将个体学习器的预测结果进行整合。常见的结合策略包括平均法、投票法和学习法等。

2.4.6.3 集成学习的分类

集成学习根据个体学习器的生成方式和结合策略的不同，可以分为多种类型。其中，最具代表性的两种类型是 Bagging 和 Boosting。

（1）Bagging（bootstrap aggregating）：Bagging 是一种并行化的集成学习方法，它通过从原始数据集中有放回地随机抽取多个样本集来训练多个个体学习器。每个个体学习器都是独立训练的，并且可以使用不同的算法。最后，Bagging 通过平均法或投票法等结合策略将多个个体学习器的预测结果进行整合，以提高模型整体的稳定性和泛化能力。Bagging 的代表性算法是随机森林（random forest），它通过在决策树的训练过程中引入随机性（如随机选择特征子集进行分裂）来提升个体学习器的多样性。图 2-2 总结了 Bagging 的步骤：

①首先对训练数据集进行多次采样，保证每次得到的采样数据都是不同的；

②分别训练多个同质的模型，例如树模型；

③预测时须得到所有模型的预测结果再进行集成。

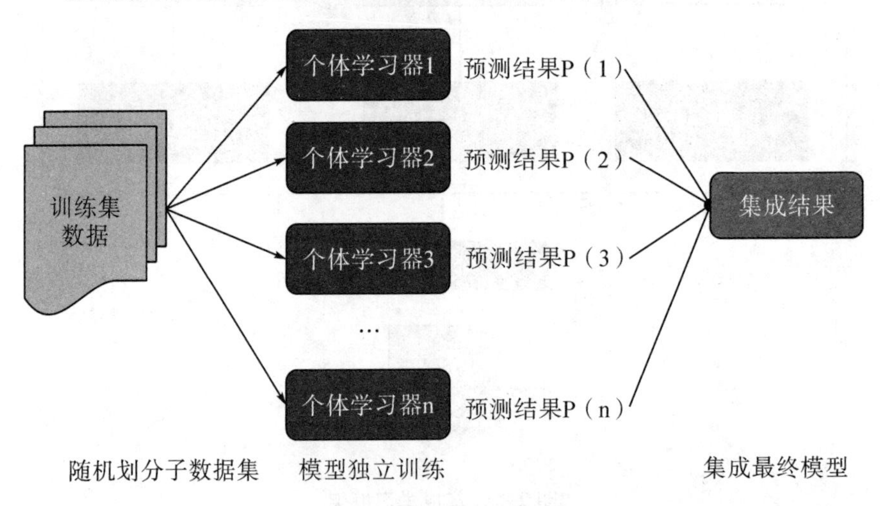

图 2-2　Bagging 集成学习策略

（2）Boosting：与 Bagging 不同，Boosting 是一种串行化的集成学习方法。它通过迭代地训练多个个体学习器，并在每次迭代中根据前一个学习器的表现来调整训练数据的分布，使后续的学习器能够更多地关注被前一个学习器误分类的样本。最后，Boosting 通过加权求和的方式将多个个体学习器的预测结果进行整合。Boosting 的代表性算法包括 AdaBoost、Gradient Boosting Machine（GBM）和 XGBoost 等。这些算法在迭代过程中通过调整样本权重或梯度来优化模型，以逐步减少模型的偏差和方差（见图 2-3）。

（3）Boosting 和 Bagging 的工作思路相同：构建一系列模型，将它们聚合起来得到一个性能更好的强学习器。然而，与重点在于减小方差的 Bagging 不同，Boosting 着眼于以一种适应性很强的方式顺序拟合多个弱学习器；序列中每个模型在拟合的过程中，会更加重视那些“序列之前的模型处理很糟糕的观测数据”。直观地说，每个模型都把注意力集中在目前最难拟合的观测数据上。这样一来，在该过程的最后，就能获得一个具有较低偏置的强学习器（显然，方差也会降低）。

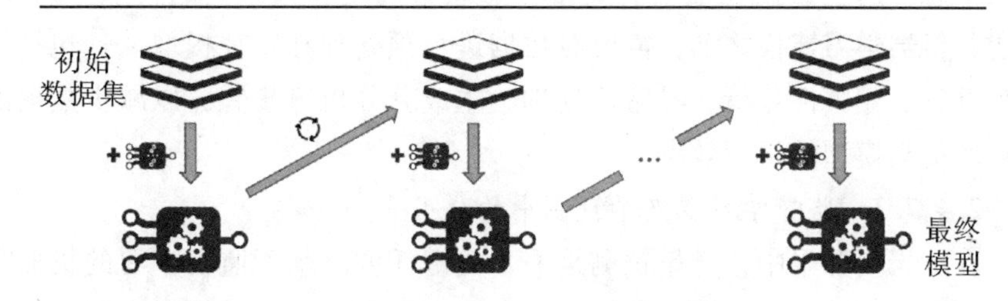

图 2-3　Boosting 集成学习策略

2.4.6.4　集成学习的优势

集成学习之所以强大，主要得益于以下几个方面的优势：

（1）提高模型的稳定性和泛化能力：通过结合多个个体学习器的预测结果，集成学习可以减少单一学习器因过拟合或欠拟合而导致的偏差和方差，从而提高模型整体的稳定性和泛化能力。

（2）降低模型对参数和初始化的敏感性：由于集成学习结合了多个学习器的预测结果，因此它对单个学习器的参数选择和初始化过程不那么敏感。这有助于降低模型对特定参数设置的依赖，提高模型的鲁棒性。

（3）利用不同学习器的优势：集成学习可以灵活地结合不同类型的学习器，如决策树、神经网络、支持向量机等。集成学习通过利用不同学习器在特定任务上的优势，可以构建出更加全面和强大的模型。

（4）增强模型的解释性：虽然集成学习本身并不直接提高模型的解释性，但通过分析个体学习器的预测结果和贡献度，我们可以获得对模型决策过程的深入理解。这有助于我们更好地解释模型的预测结果，并发现潜在的规律和模式。

2.4.7 机器学习在页岩气开采中的应用

2.4.7.1 页岩气开采中的挑战

页岩气开采面临诸多挑战，包括地质条件复杂、数据量大且类型多样、预测精度要求高等。传统方法往往难以处理这些复杂问题，而机器学习方法的引入为解决这些问题提供了新的途径。

2.4.7.2 数据预处理与特征提取

在页岩气开采中，原始数据通常包含地质、钻井、压裂、生产等多方面的信息。这些数据往往具有高维性、非结构化和噪声大的特点。因此，在进行机器学习建模之前，需要对数据进行预处理和特征提取。这包括缺失值插补、相关性分析、异常值处理、主成分分析等步骤，以减少数据的噪声和提高模型的学习效率。

2.4.7.3 监督学习在产量预测中的应用

在页岩气开采中，产量预测是一个关键任务。基于监督学习的机器学习模型可以利用历史数据中的地质、工程和生产信息，预测未来页岩气井的产量。常见的监督学习算法包括线性回归、随机森林、梯度提升树（GBDT）等。这些算法通过学习输入特征与产量之间的复杂关系，建立预测模型，并对新井进行产量预测。

2.4.7.4 无监督学习在地质特征分析中的应用

无监督学习在页岩气开采中主要用于地质特征分析。无监督学习通过聚类分析等方法，可以将地质数据划分为不同的类别或群组，揭示地质条件的分布规律和相似性。这有助于识别有利的地质条件区域，为钻井和压裂提供指导。

2.4.7.5 神经网络在复杂模式识别中的应用

神经网络特别是深度学习模型在处理复杂非线性关系和模式识别方面具有显著优势。在页岩气开采中，神经网络被广泛应用于以下几个关键领域：

1. 地质建模与模拟

地质建模是页岩气勘探开发的重要基础，它涉及对地下岩石结构、孔隙度、渗透率等地质参数的预测和表征。传统的地质建模方法往往依赖于地质学家的经验和地质统计模型，难以全面捕捉地质条件的复杂性和非线性特征。神经网络，特别是卷积神经网络（CNN）和生成对抗网络

(GAN)，能够自动从大量地质数据中学习地质特征的空间分布和相关性，构建高精度的三维地质模型。这些模型不仅提高了地质预测的精度，还为后续的钻井、压裂和生产优化提供了重要的地质依据。

2. 裂缝预测与表征

裂缝是页岩气储层中气体运移和聚集的重要通道，其分布和形态对页岩气开采效果具有重要影响。裂缝预测和表征是页岩气勘探开发中的难点之一。神经网络，特别是循环神经网络（RNN）和长短期记忆网络(LSTM)，能够处理时间序列数据和空间序列数据，捕捉裂缝发育的时空规律。通过训练神经网络模型，可以实现对裂缝分布、裂缝密度、裂缝走向等参数的精确预测和表征，为压裂方案设计和产能评估提供有力支持。

3. 生产优化与动态调控

在页岩气开采过程中，生产优化和动态调控是提高采收率和经济效益的关键。传统的生产优化方法往往依赖于经验公式和试错法，难以适应复杂多变的地下环境和生产条件。神经网络模型可以通过学习历史生产数据中的规律，建立生产参数（如井底压力、注水量、采气量等）与产量之间的非线性关系模型。基于这些模型，可以对生产参数进行智能优化和动态调控，实现生产过程的智能化和自动化。

4. 风险评估与决策支持

页岩气开采涉及多个环节和多个风险因素，如地质风险、工程风险、市场风险等。传统的风险评估方法往往依赖于专家经验和统计模型，难以全面考虑各种因素之间的复杂关系和不确定性。神经网络模型可以通过学习大量历史数据和专家知识，建立风险评估模型，对页岩气开采过程中的各种风险进行定量评估和预测。同时，我们将神经网络模型与决策树、随机森林等集成学习方法相结合，可以构建综合风险评估和决策支持系统，为页岩气开采的决策制定提供科学依据和有力支持。

2.4.7.6 集成学习在页岩气开采中的应用

在页岩气开采中，集成学习作为一种强大的机器学习范式，通过结合多个学习器的预测结果，能够显著提高模型的稳定性和泛化能力，从而在处理复杂多变的页岩气开采问题上展现出独特的优势。以下是集成学习在页岩气开采中的具体应用：

1. 提高产量预测的准确性

页岩气开采中的产量预测是一个关键任务，其准确性直接影响到生产决策和经济效益。集成学习可以通过结合多个监督学习算法的预测结果，如线性回归、随机森林、梯度提升树（GBDT）等，来提高产量预测的准确性。这些算法各自具有不同的优势和局限性，而集成学习能够充分利用它们的优点，通过加权平均、投票等方式整合预测结果，减少单一算法可能带来的偏差和误差。

2. 增强地质特征分析的鲁棒性

无监督学习在地质特征分析中的应用，如聚类分析，虽然能够揭示地质条件的分布规律和相似性，但其结果可能受到初始条件和参数选择的影响。集成学习可以通过引入多个无监督学习模型，并对它们的分析结果进行综合评估，来增强地质特征分析的鲁棒性。例如，可以使用不同的聚类算法对地质数据进行多次聚类，然后通过集成学习的方法将多个聚类结果进行融合，得到更加稳定和可靠的地质特征分析结果。

3. 优化裂缝预测与表征模型

在裂缝预测与表征中，神经网络特别是深度学习模型虽然能够捕捉裂缝发育的时空规律，但其性能往往受到训练数据、模型结构和参数设置等因素的影响。集成学习可以通过结合多个神经网络模型的预测结果，来优化裂缝预测与表征模型的性能。这包括使用不同的神经网络架构（如CNN、RNN、LSTM等）和不同的训练策略来构建多个模型，并通过集成学习的方法将它们的预测结果进行整合，从而提高裂缝预测与表征的准确性和可靠性。

4. 实现生产优化与动态调控的智能化

在生产优化与动态调控中，集成学习可以通过结合多个学习器的预测结果和决策策略，来实现生产过程的智能化和自动化。例如，可以构建基于集成学习的生产优化模型，该模型能够综合考虑地质条件、工程参数、生产数据等多个因素，通过学习历史生产数据中的规律和趋势，来预测未来生产过程中的变化，并据此制定最优的生产参数调整方案。同时，集成学习还可以与实时监控系统相结合，实现对生产过程的动态调控和实时优化。

5. 提升风险评估与决策支持的科学性

在风险评估与决策支持中，集成学习可以通过结合多个风险评估模型和决策支持系统的预测结果和评估指标，来提升风险评估的准确性和决策支持的科学性。这包括使用不同的风险评估模型（如神经网络、决策树、支持向量机等）对页岩气开采过程中的各种风险进行定量评估和预测，并通过集成学习的方法将多个模型的评估结果进行融合和比较，从而得到更加全面和准确的风险评估结果。同时，集成学习还可以与决策支持系统相结合，为决策者提供多种可行的决策方案和风险评估报告，帮助决策者做出更加科学和合理的决策。

2.5　项目投资优选方法

项目投资优选也被称为“项目组合选择”，这是一个迭代的进程，管理人员须从现存的建议以及当下的项目中拣选项目，以契合组织目标。这一进程对公司维持竞争优势极为关键，能使公司专注于最具相关性和战略性的项目。

2.5.1　传统的项目投资优选方法

传统的项目投资优选方法按是否考虑时间价值，可分为静态分析法和动态分析法。

2.5.1.1　静态分析法

静态分析法是一种不考虑资金时间价值的投资效益计算方法，它只考虑资金数量，不考虑时间因素，即等量的资金在任何条件下、任何时间都被认为是等值的。静态分析法简单、直观、易于掌握，但由于它没有考虑资金投入和回收的时间因素，无法测算项目整个存在期内的投资经济效益，所以一般只用于项目的预选，即将一些差的项目排除在外。静态分析法主要有静态投资回收期法和投资收益率法。

1. 静态投资回收期法

静态投资回收期法又被称为“投资返本年限法”，是计算项目投产后在正常生产经营条件下的收益额、计提的折旧额、无形资产摊销额用以判断收回项目总投资所需的时间，再与行业基准投资回收期对比来分析项目投资财务效益的一种静态分析法。投资回收期是指在不考虑时间价值的情况下，收回全部原始投资额所需要的时间，即投资项目在经营期间内预计净现金流量的累加数恰巧抵偿其在建设期内预计现金流出量所需要的时间，也就是使投资项目累计净现金流量恰巧等于零所对应的期间。投资回收期指标所衡量的是收回初始投资的速度。其基本的选择标准是：若只有一个项目可供选择，该项目的投资回收期要小于决策者规定的最高标准；如果有多个项目可供选择，在项目的投资回收期小于决策者要求的最高标准的前提下，还要从中选择回收期最短的项目。静态投资回收期通常以年为单位，它是衡量收回初始投资额速度的指标，该指标越小，回收年限越短，则方案越有利。投资回收期指标的特点是计算简单，易于理解，且在一定程度上考虑了投资的风险状况（投资回收期越长，投资风险越高；反之，投资风险越低）。只要算出的投资回收期短于行业基准投资回收期，就可考虑接受这个项目。故这一指标在很长时间内被投资决策者广为运用，目前也仍然是一个在进行投资决策时需要参考的重要指标。但是，投资回收期指标也存在着一些致命的弱点。首先，投资回收期指标将各期现金流量给予同等的权重，没有考虑资金的时间价值。其次，投资回收期指标的标准确定，主观性较强。最后，最重要的是投资回收期指标只考虑了回收期之前的现金流量对投资收益的贡献，没有考虑回收期之后的现金流量对投资收益的贡献，有可能把后期效益好、整体效益也不错的项目舍弃掉，进而导致错误的决策。事实上，有战略意义的长期投资往往早期收益较低，而中后期收益较高。静态投资回收期法会优先考虑急功近利的项目，可能导致项目方放弃长期坚持能获得成功的方案，所以一般只在项目初选时使用。

2. 投资收益率法

投资收益率法是将项目典型年度的收益额与总投资进行比较从而得出投资收益率与行业基准投资收益率的对比结果，来评价投资财务效益的静态分析法。在实际工作中，常以年税前利润和年税后利润作为年收益额来计算投资收益率，并把按年税前利润计算的投资收益率叫作投资利税率，按年税后利润计算的投资收益率叫作投资利润率。把项目的预期投资收益率计算出来以后，就可与一个可以接受的行业基准投资收益率相比较，如前者大于后者，可考虑接受，否则不应该接受。投资收益率法的优点是计算简便，易于理解。其缺点是没有考虑资金时间价值因素，不能正确反映建设期时长及投资方式的不同和回收额对项目的影响，分子、分母计算口径的可比性较差，无法直接利用净现金流量信息。因为同样的收益，早期获得的要比后期取得的更有价值。但在初选项目排除一些较差项目时，该方法还是经常被使用的。投资收益率反映投资的收益能力。当该比率明显低于公司净资产收益率时，说明其对外投资是失败的，应改善对外投资结构和投资项目；而当该比率远高于一般企业净资产收益率时，则存在人为操纵利润的可能，应进一步分析各项收益的合理性。

2.5.1.2 动态分析法

动态分析法又被称为“现金流量贴现法”，是通过预测未来现金流及其相关风险，然后选择合理的贴现率，将未来的现金流贴现为现值，从而评价和分析投资方案的一种方法。现金流量贴现法的原理是，任何资产的价值都等于其预期未来产生的所有现金流的现值总和。现金流量贴现法是资本投资和资本预算的基本模型，因为企业的经济活动是以现金的流入和流出来表示的，所以现金流量贴现法被认为是理论上最富有成果的企业估值和定价模型。现金流量贴现法所得出的结果往往是检验其他模型结果是否有效的基本标准。目前，基于现金流量贴现法的投资优选方法主要有净现值法、内含报酬率法和现值指数法等。

1. 净现值法

净现值法是评价投资方案的一种方法。净现值是指某个投资项目投入使用后各年的净现金流量的现值总和与初始投资额（或投资期内的各年投资额的现值总和）之差，即投资项目未来现金流入量现值与未来现金流出量现值之差，或者说是投资项目在整个期间（包括建设期和经营期）内所产生的各年净现金流量现值之和。

该方法利用净现金效益量的总现值与净现金投资量算出净现值，然后根据净现值来评价投资方案。净现值为正值，投资方案是可以接受的；净现值是负值，从理论上来讲，投资方案是不可接受的，但从实际操作层面来说这也许跟公司的战略性决策有关，比如说是为了支持其他项目，开发新的市场和产品，寻找更多的机会获得更大的利润。此外，回避税收也有可能是另外一个原因。当然净现值越大，投资方案越好。净现值法是一种比较科学也比较简便的投资方案评价方法。

净现值法具有广泛的适应性，在理论上也比其他方法更完善，是最常用的投资决策方法。其优点有三：一是考虑了投资项目现金流量的时间价值，较合理地反映了投资项目真正的经济效益，是一种较好的决策方法；二是考虑了项目整个期间的全部净现金流量，体现了流动性与收益性的统一；三是考虑了投资风险性，因为折现率的高低与风险的大小有关，风险越大，折现率就越高。

净现值法的缺点也是明显的：一是不能从动态的角度直接反映投资项目的实际收益率水平，当各项目投资额不等时，仅用净现值的大小无法确定投资方案的优劣；二是净现金流量的测量和折现率的确定比较困难，而它们的正确性对计算净现值有着重要影响；三是净现值法计算麻烦，且较难理解和掌握；四是净现值是一个贴现的绝对数指标，不便于投资规模相差较大的投资项目的比较。

2. 内含报酬率法

内含报酬率法也被称为“内部收益法”，是用内含报酬率来评价项目投资财务效益的方法。所谓内含报酬率，是指能够使未来现金流入量现值等于未来现金流出量现值的折现率，或者说是使投资方案净现值为零的折现率。它就是指在考虑了时间价值的情况下，使一项投资在未来产生的现金流量现值，刚好等于投资成本时的收益率。内含报酬率本身不受资本市场利息率的影响，完全取决于企业的现金流量，反映了企业内部所固有的特性。

内含报酬率法的优点是考虑了投资方案的真实报酬率水平和资金时间价值；缺点是计算过程比较复杂、烦琐。由于内含报酬率所固有的缺陷(许多情况下内含报酬率并不等于项目投资的实际收益率)，采用这种方法评价投资项目时会出现一些不合理的结果，所以财务相关人员又引入了更为科学的修正后内含报酬率。修正后的内含报酬率是指在用不同的利率计算支出和收入时所得的内部收益率，同时考虑了投资成本和现金再投资收益率。修正后的内含报酬率法的关键在于修正它对项目后期流出资金的现值的低估。实际上，对项目后期资金流出应采用机会成本作为折现率，只有这样才能准确反映项目投资的实际收益率。修正后的内含报酬率是在一定的贴现率条件下，将投资项目未来的现金流入量按照预定的贴现率计算至最后一年的终值，而将投资项目的现金流入量（投资额）折算成现值，并使现金流入量的终值与投资项目的现金流出量达到价值平衡的贴现率。修正后的内含报酬率正确地假设以机会成本作为再投资报酬率，也消除了一个项目多个内含报酬率的情况。管理者总是喜欢使用报酬率进行比较，而运用修正后的内含报酬率比一般的内含报酬率更加科学。

3. 现值指数法

现值指数法是指某一投资方案未来现金流入的现值，同其现金流出的现值之比。具体来说，就是把某投资项目投产后的现金流量，按照预定的投资报酬率折算到该项目开始建设的当年，以确定折现后的现金流入和现金流出的数值，然后相除。现值指数法的优点在于通过现值指数指标的计算，能够知道投资方案的报酬率是高于还是低于所用的折现率。而现值指数法的缺点在于无法确定各方案本身能达到多大的报酬率，因而使管理人员不能明确肯定地指出各个方案的投资利润率的值，以便选取以最小的投资获得最大的投资报酬的方案。现值指数是一个相对指标，反映投资效率，而净现值指标是绝对指标，反映投资效益。净现值法和现值指数法虽然都考虑了货币的时间价值，但没有揭示方案自身可以达到的具体的报酬率。内含报酬率是根据方案的现金流量计算的，是方案本身的投资报酬率。如果两个方案是相互排斥的，那么应根据净现值法来决定取舍；如果两个方案是相互独立的，则应采用现值指数或内含报酬率作为决策指标。

2.5.2 非确定性方法

传统的项目投资优选方法将投资项目看成静态的和一次性的，然而随着世界经济、科技的飞速发展，资本投资的风险和不确定性大大提升，传统的投资优选方法已经不能满足企业的需要。不确定性对企业进行项目投资优选有着至关重要的影响，它主要表现在以下两个方面：首先，确定一个项目是否成功所需的信息是极难被项目方知道的，甚至是项目方不可能知道的；其次，如果项目和环境条件不太稳定，战略目标就可能会发生变化，导致高度的不确定性。目前，在不确定条件下进行项目投资，优选的方法主要有以下几种。

2.5.2.1 随机数学方法

随机数学方法是处理不确定性问题使用较普遍的方法之一，尤其是当不确定性参数的概率分布函数已知时。随机现象在现实生活中是广泛存在的，而随机方法主要是考虑客观事物的随机性。近几十年来，此类方法已被证明是科学、工程、商业、计算机科学和统计学等领域研究中的重要工具。通常，随机性主要通过两种方式被引入问题：一种是成本函数，另一种是约束集。尽管这种方法在各个领域都有很高的适用性，但在项目环境中使用这种方法并不常见。主要原因可能是项目具有独特性，在某些情况下项目方不能得到项目的历史数据。不过，在某些项目中，可以利用过去类似项目的数据来克服这一缺陷。随机数学方法主要分为以下几种：

1. 传递函数法

这种方法根据误差传递理论，从初始变量的不确定性出发，逐步分析计算结果的不确定性，其主要理论基础是随机变量函数方差的计算。例如，赵大萍和房勇（2020）结合风险测度方法 VaR 提出基于在险价值的风险平价投资策略，建立了相应模型，并给出有效的算法；其次使用中国股票、债券和商品期货市场数据给出数值算例，并与多种常用的投资策略进行了对比分析。结果显示，三种风险平价投资策略均优于全局最小方差组合等其他参照投资策略，其中基于在险价值的风险平价投资策略表现最优。盛积良等（2024）以夏普比率、最大回撤和卡玛比率作为业绩评价指标，将基于 CVaR 的风险平价投资策略与常见的投资组合策略进行对比，数值实验结果表明：风险平价投资策略的综合表现相较于等权组合投资策略、最大夏普组合投资策略与全局最小方差组合投资策略具有更高的鲁棒性。而在三种风险平价投资策略中，基于 CVaR 的风险平价投资策略在风险控制方面存在优势，其收益与风险分散效果显著提升。

2. 数值模拟法

数值模拟法又被称为“蒙特卡罗法”或“统计抽样法”，属于计算数学的一个分支。它的基础是使用随机输入参数值模拟相互竞争的模型，并根据参数和数据的统计分布得出测量数据。分析某些复杂模型的不确定性来源极为困难，而使用蒙特卡洛法处理复杂模型的不确定性则较为容易。例如，王学强和庄宇（2007）运用蒙特卡罗模拟模型和程序结合实际工程项目，分析评估了项目的主要风险因素，借助 EXCEL 软件对项目风险进行了模拟和测试，并给出了项目风险模拟的结果。结果表明项目风险评估中的蒙特卡罗模拟方法占用的资源少、操作性强，对于项目风险评估是有用的。他们确定了风险因素，将 Spearman 秩相关系数引入多因素敏感性系数的确定中，并在此基础上建立了敏感性系数的标准化模型，然后结合实例进行了敏感性分析。陈国栋（2012）基于蒙特卡罗模拟对投资项目的风险进行敏感性分析，并快速高效地得到了实验结果。张宏亮和王其文（2004）介绍了蒙特卡罗模拟应用中两种判断模拟样本量的方法——绝对偏差方法和相对偏差方法，并结合一个风险投资项目的事例，通过大量模拟计算，对模拟样本量的判断方法进行了验证。

3. 回归分析法

回归分析法是数理统计的一个分支，它研究两个或多个随机变量之间的关系及其性质：随机变量之间的关系是一种非确定性的关系，不同于通常的函数关系。回归是用条件期望来表达随机变量之间关系的一种形式。使用回归分析方法的目的是有效利用现有信息，减少因信息不足而造成的不确定性，目前使用的方法主要是参数回归分析。例如，高武等（2017）运用非线性回归计量方法，研究大型 PPP（政府和社会资本合作）项目风险受宏观环境、微观环境、主体能力及合作关系等多种因素影响而平稳演化的规律。他们通过研究发现，无突变因素情况下，项目风险与影响变量之间存在稳定均衡的非线性关系，宏观环境对风险变化的影响最为显著。霍伟东等（2018）利用非洲国家 2002—2016 年 552 个 PPP 基础设施项目数据建立回归模型，探讨项目所在地政府的制度质量和多边金融机构支持对 PPP 项目风险结构设计和成效的影响。实证研究结果表明，制度质量和多边金融机构支持会通过影响社会资本对项目风险分担程度的选择而影响 PPP 项目的成效。

4. 非参数回归方法

非参数回归方法是在回归分析中，当分布未知时进行估计的一种方法。该方法可以直接从样本的实际统计特征出发研究问题，避免了模型假设与实际情况差距较大或在模型选择过程中造成的不确定性。

2.5.2.2 模糊集理论

在项目环境中，除了信息不精确和缺乏适当的数据之外，模糊性也是一个不可避免的问题。考虑不确定性的一个适当方法就是模糊集理论。许多研究利用模糊集理论来处理 PPS（项目组合选择）中的不确定性。然而，随着模糊集理论在现实世界问题中的应用越来越多，不少问题也逐渐涌现出来。经典的模糊集理论的一个不足之处是，专家需要给出一个在［0，1］内数字的精确意见。为了克服这一问题，人们提出了几种模糊扩展方法。例如，使用直觉模糊集理论，用隶属度与非隶属度可以同时表示决策者对方案的支持与反对，可以有效处理决策信息不确定的问题。然而，针对出现多名决策者因犹豫和迟疑无法达成统一意见的情况，用直觉模糊集理论就很难将决策模型表示出来。因此，Torra 等于 2010 年提出了犹豫模糊集的概念，使用一组数据表示决策者的犹豫程度，该方法对有多个决策者参与的决策问题十分适用。直觉模糊集还存在一个限制，即隶属度与非隶属度的和等于 1，但现实生活中往往并不存在非黑即白的问题。因此，Yager 在 2013 年提出了毕达哥拉斯模糊集，使其能够描述隶属度与非隶属度之和大于 1，但其平方和不超过 1 的情况。毕达哥拉斯模糊集相较于直觉模糊集来说更加适合于信息错综复杂的实际问题，因此受到了广大学者的普遍关注。在此基础上，不少学者将不同模糊集理论相结合，形成毕达哥拉斯犹豫模糊集、毕达哥拉斯模糊软集等概念，并在项目环境下取得了较好的结果。

2.5.2.3 灰色系统理论

解决项目环境中不确定性的另一种方法是使用灰色系统理论。灰色系统理论以“部分信息已知，部分信息未知”的“小样本”“贫信息”不确定性系统为研究对象，主要通过对“部分”已知信息的生成、开发，提取出有价值的信息，是一种研究不完全信息的有效方法。不少研究者基于灰色系统理论研究不确定条件下投资组合选择问题。例如，Bhattacharyya（2015）开发了一种用于研发项目组合的灰色方法。Balderas 等（2017）提出了一种 TOPSIS-灰色方法来处理项目组合问题，以及应用灰色数学方法来解决项目组合优化问题。Zhao、Wu 和 Wen（2018）采用灰色熵方法来进行绿色建筑项目的评估。

2.5.2.4 粗糙集理论

粗糙集理论由波兰科学家帕夫拉克于 1982 年提出，是一种解决不完备性和不确定性问题的数学方法，可以有效分析各种存在不精确、不一致、不完整等问题的不完备信息，从而揭示基本规律。该理论与其他处理不确定性和不精确问题的理论的最大区别在于，它不需要提供问题所要处理的数据集之外的任何先验信息，因此对问题的不确定性的描述或处理可以说是比较客观的。由于该理论不包含处理不精确或不确定性原始数据的机制，因此该理论与概率论、模糊数学和证明理论等其他处理不确定性的理论具有很强的互补性。

2.5.2.5 各种不确定性方法的耦合

除了当今科学发展的纵向深化外，多学科交叉和融合也是当今科学的重要特征，由此产生了许多交叉学科和边缘学科，不确定性条件下项目投资方法的耦合也是科学发展的必然。并且，虽然不同的方法被应用于不确定条件下的项目投资优选，但鉴于该问题复杂多变，没有一种方法能完美地适用于所有问题。因此，不少学者将各种不确定性方法进行耦合来解决此类问题。概括地说，主要耦合方法有随机模糊耦合、随机灰色耦合、模糊灰色耦合、随机灰色与模糊耦合和模糊粗糙集等。

3 页岩气开采全生命周期数据

3.1 页岩气开采项目中的数据类型

根据中国石油最新资源评价结果，CN 地区下 L 组埋深 4 500 m 以下浅页岩气可工作有利区面积为 1.4×10^4 km^2，页岩气资源量为 7.6×10^{12} m^3，具备建成页岩气年产规模为（750～1 100）$\times10^8$ m^{3}的潜力。CN 地区核心勘探区带扣除不可工作区后总面积为 8 100 km^2，其中 3 500～4 500 m 的区域占比 82%，可部署水平井 1.5×10^4口，可采储量 2×10^{12} m^{3}以上，具备建成 500×10^8 m^{3}页岩气年产规模并稳产 20 年或 1 000×10^8 m^{3}页岩气年产规模并稳产 10 年以上的开发潜力。

L 组包括 L1 段、L2 段，其中 L1 段可分为 L1－1 亚段、L1－2 亚段。L1－1亚段可再细分为 L1－11、L1－12、L1－13、L1－14 共计 4 个小层（马新华 等，2020）。

L1－11 至 L1－13 小层属于鲁丹阶 LM1 至 LM4 的笔石带，厚度为 8～24 米，主要岩石类型为黑色炭质页岩和硅质页岩，具有较高的 TOC（总有机碳含量，超过 2.5%）和硅质含量（超过 65%）。

本节选取 CN 地区 L 组的 242 口气井作为分析对象，分别对气井的分布类型、分区类型、地质数据、工程数据、生产运营数据以及历史生产数据进行介绍，明确待分析对象的数据类型以及含义。

3.1.1 页岩气井分布数据

CN 地区 L 组的页岩气按照地质参数可分为一类区、二类区以及三类区，根据气井生产曲线特点可分为第Ⅰ类气井、第Ⅱ类气井以及第Ⅲ类气井。页岩气的一类区划分所涉及的影响因素较为复杂，且标准不唯一。王社教等（2012）研究认为，页岩气一类区的选区评价标准为：富有机质页岩厚度大于 30 m，有机碳含量大于 2.0%，有机质成熟度 Ro 大于 1.1%，含气量大于 2 m^3/t，埋深小于 4 000~4 500 m；地表相对平坦，改造程度低。马新华等（2020）建立了 CN 地区页岩气储集层统一的分类评价标准：Ⅰ类储集层 TOC 值大于 3%、孔隙度大于 4%、脆性矿物含量大于 55%；Ⅱ类储集层 TOC 值为 2%~3%、孔隙度为 2%~4%、脆性矿物含量为 35%~55%；Ⅲ类储集层 TOC 值为 1%~2%、孔隙度为 1%~2%、脆性矿物含量为 20%~35%。

综上可知，一类区是指在地质和物理属性方面最优的储层区域，通常具有最高的天然气储量和生产潜力；二类区的中等储层厚度与 TOC 值、孔隙度等参数低于一类区，储层条件较一类区稍差，但仍具有较高的开采潜力；三类区指储层条件最差的区域，通常具有较低的天然气储量和生产潜力。本书研究的 CN 地区的 242 口气井的类型分布情况见表 3-1。

表 3-1　CN 地区气井类型分布情况

类型	数量/口
第Ⅰ类气井	74
第Ⅱ类气井	119
第Ⅲ类气井	49

根据对 242 口气井的统计分析，气井类型和分区在数量和分布上呈现出显著差异。第Ⅱ类气井数量最多，占总气井数的 49.2%，主要分布在储层条件中等的区域；第Ⅰ类气井数量其次，占比为 30.6%，集中在储层条件最优的区域，这些区域通常具有高孔隙度、高渗透性和高 TOC 值，产气量最高；第Ⅲ类气井数量最少，仅占 20.2%，分布在储层条件较差的区域（见图 3-1）。

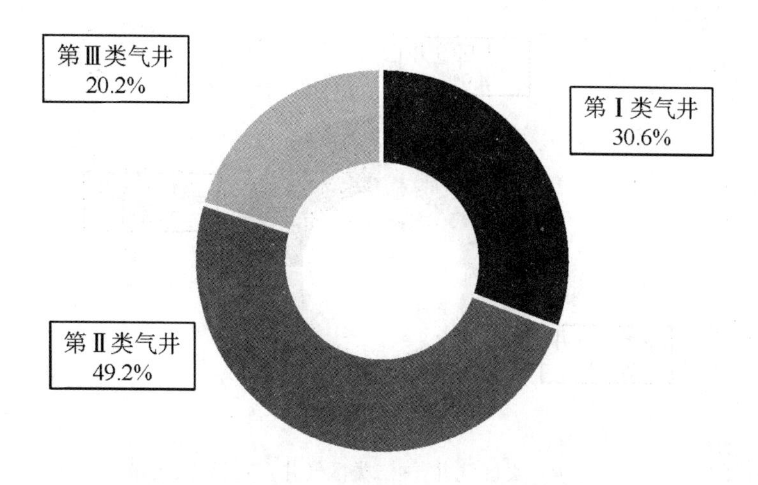

图 3-1　气井类型占比

在气井区域分布方面，一类区气井数量最多，占总气井数的 70.7%，显示出一类区具有最佳的储层条件和最高的开发潜力；二类区气井次之，占 24.4%，表明二类区储层条件和产气潜力介于一类区和三类区之间；三类区气井数量最少，仅占 4.9%，储层条件较差，产气量最低（见表 3-2 和图 3-2）。

表 3-2　气井区域分布情况

区域	数量/口
一类区气井	171
二类区气井	59
三类区气井	12

根据相关研究文献，气井类型和区域分布对产气量具有显著影响。一类区和第Ⅰ类气井由于其优越的储层条件，展现出最高的产气潜力和经济效益；而三类区和第 3 类气井则因其较差的储层条件，产气量较低。CN 地区 L 组的气井类型与区域分布中，第Ⅱ类气井与二类区井占比最高，其次为第Ⅰ类气井与一类区井，最后是第Ⅲ类气井与三类区井。CN 地区展现出较好的开采潜力。

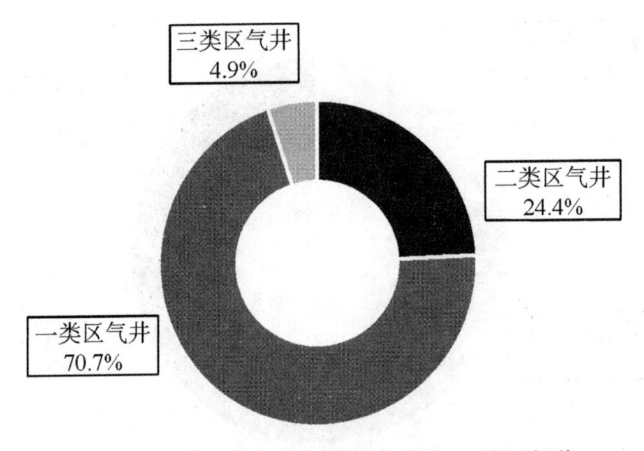

图 3-2　气井区域占比

3.1.2　地质参数数据

在页岩气井的地质评估和开发过程中，地质参数是评估储层质量和预测产能的核心因素。表 3-3 展示了 CN 地区关键地质参数的描述性统计分析结果，包括储层厚度、脆性指数、TOC、孔隙度、含气量、含气饱和度、I 类厚度和压力系数。

表 3-3　地质参数描述性统计分析

指标	储层厚度/米	脆性指数	TOC/%	孔隙度/%	含气量/(m^3/t)	含气饱和度/%	I 类厚度/米	压力系数
均值	5.6	68.0	4.5	6.7	6.2	74.3	4.5	1.6
方差	1.1	4.0	0.4	0.7	0.8	7.1	0.9	0.2
最大值	7.5	74.2	5.5	8.2	7.8	84.7	5.9	1.9
最小值	2.1	54.2	3.2	5.4	4.2	51.8	1.0	0.9

根据表 3-3 的统计结果，该地区页岩气储层表现出良好的地质和物理属性，具有较高的产能潜力。各项核心地质参数的均值和变异性指标揭示了储层的整体情况。CN 地区平均厚度为 5.6 米，脆性指数均值为 68，表明岩层较易破裂，适合进行水力压裂作业。总有机碳含量（TOC）平均为 4.5%，高于页岩气生成的临界值，显示出丰富的有机质含量，具有较高的

生烃潜力。孔隙度和含气量的均值分别为6.7%和6.2 m^3/t，表明岩石具有良好的储存和流动能力。此外，含气饱和度均值为74.3%，说明储层中大部分孔隙空间被天然气占据，有利于提高产量。压力系数平均为1.6，表明储层处于超压状态，有助于天然气的运移和聚集。

综合来看，该地区的页岩气储层具有较高的储存量和产出能力，适合进行进一步的钻探和开发。较高的脆性指数和TOC值，以及适中的孔隙度和含气量，预示着良好的页岩气产能潜力。下面介绍这几项地质参数。

3.1.2.1　储层厚度

储层厚度（thickness）是指具有经济开发价值的特定页岩段垂直厚度，是影响页岩气井产能的关键因素，通常以米为单位，是用于评估油气储层潜力的基本地质参数。储层厚度指标值较大的页岩层可能存储更多的能源，具有更高的开发价值，可以支持更长时间的生产和更高的回收率。

储层厚度信息通常可用于钻井和生产策略的改进，优化资源的提取。此外，储层厚度决定了钻井和完井操作的复杂程度，特别是在选择钻井深度和设计压裂工艺时。Peck等（2018）在研究中详细分析了储层厚度对油气资源评估的影响，特别是在复杂的沉积环境中。研究指出，储层厚度不仅影响估计的资源量，而且对油气可采性的确定、开采技术的选择和最终的经济效益评估起到决定性作用。综合应用地层学、地质建模和现代地球物理技术，可以更精确地测量和解释储层厚度，这对于开发计划的优化、预算分配和风险评估至关重要。

3.1.2.2　脆性指数

脆性指数（brittleness index）是衡量岩石易于破裂程度的指数，通常基于岩石的矿物组成、力学属性和应力响应进行计算。脆性指数高的岩层在水力压裂时更容易裂解，有助于形成高效的裂缝网络，进而提高产气率和经济效益，因此高脆性指数的岩层是水力压裂的优选目标。

脆性指数能够为水力压裂的实施提供参考，高脆性指数的岩层更适合进行水力压裂操作，因为这些岩层能够有效地产生和保持裂缝，从而提高油气的提取效率。此外，脆性指数也被用来优化压裂液的选择和压裂参数的设定，如泵注速率和支撑剂浓度。

Hou等（2022）将脆性指数作为优化水力压裂“甜点”的关键参数进行研究。他们采用数据驱动的方法，评估不同岩石的脆性指数进而预测岩石的裂缝形成情况。他们在试验阶段利用地球物理测量技术和实验室的岩石力学测试结果，综合评估岩石的脆性，基于脆性确定哪些岩石更易于裂解，从而在设计水力压裂时，可以更有针对性地选择和优化压裂参数，以实现最佳的油气提取效果。

3.1.2.3　TOC

TOC（total organic carbon）表示岩石样本中有机碳的总量，通常以重量百分比（%）表示。TOC 是石油地质学中用于评估沉积岩，特别是页岩油气潜力的关键指标。

TOC 指标能够度量岩层有机质来源与成熟度，不仅反映了岩石中有机质的丰度，也间接反映了有机质的类型和成熟度。不同类型的有机质（如Ⅰ型、Ⅱ型和Ⅲ型）在热成熟过程中生成油气的潜力不同。较高的 TOC 值（通常>2%）表明岩石含有足够的有机质，可生成商业用途的石油或天然气，因此 TOC 是评价地质潜力的重要指标（刘忠宝，2024）。

TOC 指标常用于地质评价和资源量评估，辅助决定钻探井位及开发策略。高 TOC 地区通常可以优先考虑进行勘探和开发。

此外，TOC 指标也是压裂与增产效果评估的重要参考。在非常规油气开发工程领域，如页岩气开发中，高 TOC 值的岩层通常是压裂的理想选择。此类岩层具备较大的自然裂缝和有机孔隙，有助于改善压裂效果和增加产量。

3.1.2.4　孔隙度

孔隙度是指岩石体积中空隙部分的比例，以百分比（%）表示，此类空隙是油气及其他地下流体存储和流动的空间。

孔隙度是评估岩石能够储存的油气量的直接指标，高孔隙度意味着岩石具有更大的流体储存潜力。其原因在于孔隙度本身并不生成油气，但它对于油气的运移和聚集至关重要。油气必须通过岩石的孔隙网络移动才能被商业开采。

此外，孔隙度的形成受到多种地质过程的影响，包括沉积环境、成岩作用和后期地质事件。例如，较强的成岩作用可能降低孔隙度，而断层和裂缝的存在可能提高有效孔隙度。

孔隙度信息常用于指导油气井的钻探、完井及后续的增产措施，尤其是在非常规资源如页岩气的开发中。通常情况下，高孔隙度通常预示着良好的流体流动性与生产潜力，这对于确定最佳开采位置和方法至关重要。例如，在孔隙度较高的区域，可能不需要采用密集的水力压裂措施，从而可以降低开发成本。Schön（2015）在其研究中对岩石孔隙度的定量分析方法进行了系统的讨论，特别是在评估油气储层潜力方面的应用。Schön详细阐述了孔隙度如何影响岩石的物理存储能力和流体的渗透行为，这对于预测油气的可提取量至关重要。他在研究中特别强调了不同类型岩石孔隙度的测量技术，例如使用核磁共振成像（NMR）和声波测井技术。这些技术能够提供岩石内部孔隙结构的详细视图，从而帮助油气工程师更准确地评估储层的商业开发潜力。

3.1.2.5　含气量

含气量（gas content）是指特定油气储层或页岩段中单位体积岩石所含有的天然气量，通常以立方米气体每吨岩石或每立方米岩石计算。这一指标是评估储层经济价值的关键参数之一，直接影响资源的开发潜力。高含气量表明储层中天然气丰富，具有较高的开发价值和经济回报潜力（Liu et al.，2020）。

含气量数据是油气勘探和开发中不可或缺的信息，用于评估潜在的商业利益和制定相应的开发策略。它影响钻井位置的选择、生产方法的决定以及开发顺序的安排。此外，含气量对于预测生产数据、规划场地设施布局和评估项目的经济可行性具有决定性作用。准确的含气量测量可以帮助开采方优化开采计划，降低风险，提高资源回收率。

3.1.2.6　含气饱和度

含气饱和度（gas saturation）是描述油气储层中孔隙空间内天然气所占比例的地质参数，通常以百分比表示。这一指标直接反映了储层中天然气的充填程度，是评估储层商业开发价值的重要因素之一。高含气饱和度表明储层中的孔隙大部分被天然气充满，可能预示着较高的产能和经济回报。

含气饱和度的测量对于油气勘探和生产至关重要。它不仅用于评估储层的油气含量，还影响开采策略的制定和生产操作的优化。在实际应用中，含气饱和度数据帮助开采者决定是否进行开采、选择合适的开采方法及计算可采资源量。此外，这一指标对设计水力压裂和其他增产措施的方案有重要影响，尤其是在非常规油气开发中（Zhu et al.，2020）。

高含气饱和度通常意味着更高的初始生产率和更有效的资源回收，从而直接提高项目的经济效益。此外，含气饱和度的评估结果对于油气井的钻探位置、完井技术选择及生产计划的制定具有决定性作用。

3.1.2.7 I类厚度

I类厚度指的是具有最优质地质和物理属性的储层部分的垂直厚度，通常以米为单位。这一指标反映了储层中最具有开采价值的区段，其中高质量的岩石属性包括良好的孔隙度、渗透性和结构完整性，这些区域通常预示着较高的油气存储和回收潜力。张成林等（2019）的研究将I类储层定义为TOC>3%的储层。

I类厚度是确定油气开发经济性和可行性的关键因素。它指导钻探和开发决策，尤其在选择钻探位置、计划压裂作业和设计生产策略时至关重要。在水力压裂和其他增产操作中，具有高I类厚度的区域通常被视为最具开发价值的目标。

准确评估I类厚度对于优化钻探和完井技术选择至关重要，有助于最大化投资回报并降低风险。陈雪等（2020）利用N示范区取芯井地质及测井资料，结合水平井压数据评价建立了储层厚度、I类储层钻遇率与产量之间的关系，发现储层厚度与产量呈高度正相关，I类储层钻遇率的高低直接影响着水平井高产与否。

3.1.2.8 压力系数

压力系数，通常称为地层压力系数，是指储层内部压力与地表大气压力的比值。这一地质参数是衡量储层内部压力状态的关键指标，通常表现为储层压力与水柱压力的比率。压力系数大于1表示储层处于过饱和状态，可能预示着良好的天然气储量或油气自然驱动能力。

压力系数对于油气勘探和开发至关重要，它不仅影响钻井安全和井控措施的设计，还直接关系到油气开采的效率和成本。在实际应用中，压力系数的测定可以帮助开采方确定最佳的钻井窗口、选择合适的钻井液密度和设计有效的增产措施。此外，高压力系数通常需要更精密的技术和安全预防措施，以防止井喷和其他钻井相关的风险。

根据Li等（2020）的研究，准确评估压力系数对于非常规油气藏的高效开发尤为重要。该研究表明，通过利用高级地球物理测量技术和实时监测技术，可以有效预测和管理储层压力，从而优化生产策略并降低开发成本。

3.1.3 工程参数数据

在页岩气的开发过程中，工程参数如压裂段长、簇间距、加砂强度、用液强度等参数对页岩气的产能以及持续性开采起着至关重要的作用。理解参数的定义以及影响因素，合理配置和优化工程参数，不仅能提高页岩气井的初期产量，还能延长产能高峰期，降低开采成本，提升经济效益。这些工程参数的精确控制和优化，是实现页岩气高效开采和经济效益最大化的关键（Fernando et al., 2020）。

3.1.3.1　压裂段长

压裂段长（fracture stage length）是指在水力压裂过程中，单个压裂作业覆盖的水平井段长度。它是设计压裂方案中的关键参数，决定了压裂裂缝的分布和覆盖范围。

压裂段长的确定基于地层的岩石力学特性和油气含量，优化压裂段长可以提高裂缝网络的效率，从而增加油气井的产量和经济效益。合适的压裂段长有助于实现更均匀的裂缝分布和更有效的油气提取。

适当的压裂段长可以最大限度使油气从岩石中释放，优化产量。此外，从经济角度分析，压裂段长并非越大越好，因为超过某一阈值后，压裂段长增长所带来的经济收益很可能难以覆盖施工成本，合理设计的压裂段长能够减少无效的重复压裂，降低开发成本（Liew et al., 2020）。

3.1.3.2　簇间距

簇间距（cluster spacing）是指在水平井段上，两个相邻的压裂簇之间的距离。这一参数直接影响压裂裂缝的分布和井段的覆盖效率。簇间距的优化是提升压裂作业效果和裂缝网络复杂度的关键因素，有助于提高裂缝的连通性和油气的流动性（Lin et al., 2024）。

从产能角度分析，簇间距决定了裂缝的分布密度。适当的簇间距可以优化裂缝网络，提高储层的接触面积和渗透性，进而提高产量。过小的簇间距会增加成本和提高操作难度，而过大的簇间距则可能导致储层利用不足。

3.1.3.3　加砂强度

加砂强度（proppant intensity）是指在水力压裂过程中，单位长度井段中投入的支撑剂（砂粒）的总量，通常以（t/m）计算。支撑剂用于保持裂缝开放，使油气能够通过裂缝流出。加砂强度的选择取决于岩石的物理特性和裂缝宽度的需求，合理的加砂强度能够有效提高裂缝的导流能力，提高油气的生产量（Zheng et al., 2020）。

加砂强度影响裂缝的导流能力和稳定性。合适的加砂强度可以保持裂缝的开放性，提高天然气的流动效率，过低的加砂强度则无法有效支撑裂缝。

3.1.3.4　用液强度

用液强度（fluid intensity）是指单位长度裂缝中使用的压裂液体积，通常以（m^3/m）表示，用于开启和扩展裂缝。

用液强度影响裂缝的生成和扩展。较高的用液强度可以确保裂缝充分发育，提高压裂效果；而较低的用液强度可能导致裂缝生成不充分，影响产气效率。适当的用液强度有助于优化裂缝网络，提高天然气的采收率，进而提升页岩气生产的经济效益（Guo et al.，2023）。

3.1.3.5　钻井深度

钻井深度是指从地表到井底的垂直深度，通常以米（m）为单位。在页岩气开采中，钻井深度不仅指垂直深度，还包括水平井段的长度。

钻井深度是到达目标页岩层位的必要条件。只有达到并穿透特定的页岩层位，才能进行有效的页岩气开采。随着钻井深度的增加，地层压力随之增大，地温随之提高。这要求在钻井过程中对泥浆密度进行精确控制，以平衡地层压力，防止井喷和井漏等事故发生（Liu et al.，2020）。

综上可知，钻井深度不仅决定了能否到达目标页岩层位，还影响地质条件的应对、压力管理、成本控制以及后续的完井和压裂作业。合理设计和优化钻井深度，既能确保页岩气井的高效开采，又能有效控制开采成本，确保经济效益的最大化。

3.1.4　生产运营数据

在页岩气开采过程中，增产措施如增压、泡排和气举，对于提高产气效率和经济效益至关重要。这些措施能够有效改善井筒条件，排除生产中存在的异常问题，从而提高页岩气的产量与经济收益。

3.1.4.1　增压

增压（compression）是一种通过压缩地层气体来提高气体压力和流动速度，从而增加井筒气体流动的增产技术。增压通常使用地面压缩机对气体进行压缩，然后将高压气体注入井筒中。这种方式不仅能够提高气体在井筒中的流动速度，还能增加气体的动能，从而改善气井的生产性能。

增压技术对页岩气井的生产具有显著的积极影响。首先，通过提高地层气体的流动速度，增压可以显著增加井筒的产量。其次，增压技术可以延长气井的经济生产寿命，推迟生产下降的时间点，从而提高整体经济效益。最后，增压技术还能够改善井筒的流动条件，克服地层压力下降带来的生产问题，确保气体在生产过程中的高效流动。

3.1.4.2 泡排

泡排（foam drainage）是一种通过在井筒中注入泡沫剂形成泡沫，从而降低井筒液柱密度和压力，促进地层气体上升的增产技术。泡排主要用于解除气井中的液锁效应，通过在井筒内注入泡沫剂，形成泡沫带走积液，减小液柱压力，改善气井的生产状况。

泡排技术在页岩气井中具有独特的重要性。首先，泡排技术能够有效卸载井筒中的液体，减少液柱压力，提高气体流动效率。其次，泡排可以防止液体积聚在井底，避免液锁效应，从而提高产气的稳定性（Guo et al., 2023）。

3.1.4.3 气举

气举（gas lift）是一种通过向井筒注入压缩气体（通常是天然气、氮气、二氧化碳）来降低井筒液柱密度和压力，从而促进地层流体上升的增产技术。在气举过程中，气体通过注气管道进入井筒的底部，与液体混合后，形成气液混合物。这种混合物的密度低于纯液体的密度，因此可以减小井底压力，促进地层流体（包括天然气和液体）的上升。

气举在页岩气井中具有多重重要性。首先，它能够有效提升井筒中的液体位置，减少液柱压力，促进气体流动，特别适用于液体负荷较大的井（Achkar et al., 2021）。其次，对于产量较低的页岩气井，气举能够提供持续的提升动力，保持稳定的生产水平。最后，气举技术具有较强的适应性，可以在不同深度和压力的气井中应用，并且能够根据实际生产情况灵活调整注气量。这一特点使得气举技术在各种地质条件下都能发挥作用，是一种广泛应用的增产措施（Liu et al., 2022）。

上述增产措施在页岩气开采中具有重要的作用。增压技术通过提高地层气体压力加快流动速度，泡排技术通过形成泡沫卸载井筒液体，气举技术则通过注入压缩气体提升井筒液体位置。这些措施在提高产气效率、延长生产寿命和降低生产成本方面都有显著效果。对这些技术的优化应用，可以显著提升页岩气井的经济效益和生产性能。

3.1.5 产能数据

根据页岩气生产的统计口径，产能数据可以划分为日产气量、年产气量以及 EUR（最终可采储量）。通常日产气量与年产气量能够衡量页岩气井在一段时间内的生产状态，而 EUR 能够评估页岩气井整个生命周期的潜在产能。

3.1.5.1 日产气量

日产气量是指气井在一天内生产的天然气体积，通常以立方米/天为单位。这一指标反映了气井的即时生产能力，是短期生产监测和评估的重要参数。

日产气量是评估气井生产状态和效率的关键指标。通过监测日产气量，可以及时发现生产中的异常情况，如产量下降或设备故障，并采取相应措施进行调整和优化。高日产气量通常表明气井具有良好的生产性能和较高的资源回收效率。此外，日产气量的数据可以用于制订短期生产计划和优化生产工艺，以最大化经济效益。产量数据的实时监测和分析，有助于提高企业生产管理的精度和响应速度（Chen et al., 2020）。

3.1.5.2 年产气量

年产气量是指气井在 330 天内生产的天然气体积，通常以立方米/330 天为单位。该指标综合反映了气井在较长时间内的生产能力。

年产气量是评估气井中长期生产状况的重要指标。它能够揭示气井在不同季节和生产条件下的产量变化趋势，帮助管理者评估气井的稳定性和经济效益。年产气量的数据可以用于制定年度生产目标和预算，评估生产计划的执行效果，并为未来的投资和开发决策提供依据。较高的年产气量表明气井在较长时间内具有良好的生产性能和经济回报，是气井整体生产能力的重要体现（Syed et al., 2022）。

3.1.5.3 最终可采储量

最终可采储量（EUR）是指气井在整个生命周期内可以采出的天然气总量，通常以 m^3 为单位。EUR 用来评估气井的长期产能潜力，是衡量气井经济价值的重要指标。

EUR 是评估气井总体资源回收率和经济效益的关键指标。通过预测 EUR，我们可以估算气井的长期产量和生产生命周期，从而制定合理的开发和投资策略。EUR 的数据可以用于评估气井的商业可行性，确定最优的生产和压裂方案，并最大化资源回收率和经济效益。此外，对 EUR 的预测还可以为储量报告和资源估算提供科学依据，支持企业的战略规划（Liu et al., 2021）。

3.2 数据处理方法

在页岩气开采领域，数据处理是确保数据质量、提高决策效率的重要环节。对于页岩气开采数据，包括财务数据、生产数据、气井详细描述数据等，本节主要从数据清洗方法和数据分类方法两个方面进行介绍。

3.2.1 数据清洗方法

数据清洗是数据处理的第一步，旨在提高数据质量，确保数据的准确性、完整性和一致性。对于页岩气开采数据，数据清洗尤为关键，因为数据的准确性直接影响后续的分析和决策。以下是几种常用的数据清洗方法：

3.2.1.1 处理缺失值

在页岩气开采数据中，缺失值可能出现在各种数据类型中，如生产数据中的产量记录、财务数据中的成本数据等。处理缺失值的方法主要有以下几种：

（1）删除法：如果缺失值较少，且不影响整体数据分析结果，可以直接删除含有缺失值的记录或字段。但这种方法可能会导致信息损失，特别是在缺失值较多的情况下。

（2）填充法：使用统计值（如均值、中位数、众数）或预测值［如通过回归、kNN（K-最近邻分类）等方法］来填充缺失值。这种方法可以保留更多的信息，但需要注意填充值对分析结果的影响。

（3）插值法：对于时间序列数据或具有明显趋势的数据，可以使用插值法（如线性插值、多项式插值等）来估计缺失值。

3.2.1.2 删除重复项

在数据录入或传输过程中，可能会产生重复的记录。这些重复项会干扰数据分析结果，因此需要进行删除。删除重复项的方法包括：

（1）直接删除：删除所有重复的记录，只保留一条。

（2）保留首行/尾行：保留重复记录中的首行或尾行数据，并删除其余行。

（3）自定义删除：根据实际需求，定义一个自定义方法来确定要保留或删除哪些重复项。

3.2.1.3　处理异常值

异常值是指数据集中与其余数据显著不同的极端值。在页岩气开采数据中，异常值可能由于测量误差、设备故障等原因而产生。处理异常值的方法主要有：

（1）移除法：直接移除异常值，但这种方法可能会导致信息损失。

（2）修剪法：只保留指定百分比的数据，丢弃极端值。这种方法可以保留大部分数据，但需要注意修剪范围的选择。

（3）替换法：用更接近其他数据点的指定值替换异常值，如使用均值、中位数等统计值进行替换。

（4）归纳法：将异常值替换为统计值，如平均值或中位数，以减少其对整体数据的影响。

3.2.1.4　转换格式和类型

在数据处理过程中，可能需要将一种数据格式或类型转换为另一种格式或类型。例如，将字符串类型的日期转换为日期类型，或将不同单位的数值统一为同一单位。这种转换有助于后续的数据分析和处理。

3.2.1.5　数据归一化

数据归一化是将数据标准化为具有相同量纲和相对大小关系的数据集的过程。在页岩气开采数据分析中，不同数据可能具有不同的量纲和范围，如产量（立方米/天）和成本（万元/年）。为了消除这种差异对分析结果的影响，需要对数据进行归一化处理。常用的归一化方法包括 Min-Max 归一化和 Z-Score 标准化等。

3.2.2　数据分类方法

数据分类是根据数据的属性和特征，将其按照一定的原则和方法进行区分和分类的过程。在页岩气开采领域，数据分类有助于开采企业更好地管理和使用数据，提高数据分析和决策的效率。下面介绍几种常用的数据分类方法。

3.2.2.1　按数据类型分类

根据数据的类型和特点，页岩气开采数据可以分为以下三类：

（1）财务数据：反映页岩气开采企业的财务状况和经营成果，如收入、成本、利润等。

（2）生产数据：记录页岩气开采过程中的各项生产指标，如产量、能耗、设备状态等。

（3）气井详细描述数据：包括气井的地理位置、地质条件、开采历史、生产现状等详细信息。

3.2.2.2 按数据来源分类

根据数据的来源，页岩气开采数据可以分为以下两类：

（1）企业内部数据：企业自行采集和记录的数据，如生产数据、财务数据等。

（2）外部数据：来自政府、行业协会、研究机构等外部渠道的数据，如市场数据、政策数据等。

3.2.2.3 按数据用途分类

根据数据的用途，页岩气开采数据可以分为以下三类：

（1）决策支持数据：用于支持企业决策的数据，如财务分析数据、生产优化数据等。

（2）监控预警数据：用于实时监控和预警的数据，如设备状态数据、安全环境数据等。

（3）科研分析数据：用于科研分析和学术研究的数据，如地质勘探数据、开采技术数据等。

3.2.2.4 具体的分类方法与案例分析

在页岩气开采数据的具体分类过程中，除了按数据类型、数据来源和数据用途进行分类，还可以根据业务需求、分析目标和数据特性进一步细化分类。以下是一些具体的分类方法与案例分析：

1. 按生产阶段分类

页岩气开采过程可以大致分为勘探、开发、生产和废弃四个主要阶段。每个阶段的数据具有不同的特点和重要性，因此可以按生产阶段进行分类。

（1）勘探阶段数据：包括地质勘探数据、地球物理数据、钻井数据等。这些数据主要用于评估页岩气储层的潜力，确定勘探目标和制订勘探计划。

（2）开发阶段数据：涉及气井的设计、施工和初期生产测试数据。这些数据对于优化开发方案、评估开发效果至关重要。

（3）生产阶段数据：包括日常生产数据（如日产气量、井口压力、温度等）、设备运行状态数据、能耗数据等。这些数据用于监控生产状况、调整生产参数、预测产量趋势和进行成本效益分析。

（4）废弃阶段数据：记录气井废弃过程中的数据，如封井数据、环境影响评估数据等。这些数据对于评估开采活动的环境影响、制订废弃管理计划具有重要意义。

2. 按地理区域分类

页岩气资源分布广泛，不同地理区域的页岩气储层特性、开采条件和市场环境存在差异。因此，可以按地理区域对数据进行分类，以便更好地理解和分析各区域的特点和问题。

（1）区域地质数据：包括各区域的地质构造、岩性特征、储层物性等数据。这些数据有助于评估各区域的页岩气资源潜力和开采难度。

（2）区域生产数据：统计各区域的气井数量、产量分布、开采效率等数据。这些数据可以反映各区域的开采状况和生产能力。

（3）区域市场数据：收集各区域的市场需求、价格走势、竞争态势等数据。这些数据对于制定区域市场策略、优化资源配置具有重要意义。

3. 按技术类型分类

页岩气开采涉及多种技术，包括水平井钻井技术、水力压裂技术、增产技术等。不同技术类型的数据反映了不同的技术特点和效果，因此可以按技术类型进行分类。

（1）水平井钻井技术数据：包括钻井深度、钻井速度、钻井成本等数据。这些数据用于评估水平井钻井技术的效率和成本效益。

（2）水力压裂技术数据：记录压裂液用量、压裂压力、裂缝形态等数据。这些数据对于优化压裂方案、提高压裂效果至关重要。

（3）增产技术数据：涉及增产措施的实施效果、成本投入及收益分析等数据。这些数据对于评估增产技术的可行性和经济效益，以及制定后续增产策略具有重要意义。

4. 案例分析：综合分类在页岩气开采数据管理中的应用

案例背景：某页岩气开采企业拥有多个区块的开采权，随着业务的扩展，数据量急剧增加，包括勘探、开发、生产等各个环节的数据。为了更有效地管理和利用这些数据，企业决定实施一套综合的数据分类体系。

（1）分类实施步骤：

①需求分析：首先，企业组织跨部门团队，明确数据分类的目的和需求。团队成员包括地质工程师、生产管理人员、数据分析师等，以确保分类方案能够覆盖所有关键业务领域。

②数据调研：对现有数据进行全面调研，了解数据的来源、类型、格式、存储位置等基本信息。同时，评估数据的质量和完整性，识别潜在的数据问题。

③分类方案设计：根据需求分析的结果，设计综合的数据分类方案。该方案结合数据类型、生产阶段、地理区域和技术类型等多种分类维度，形成一套多层次、多维度的分类体系。

④分类实施：按照分类方案，对现有数据进行分类和标记。对于新产生的数据，建立自动化的分类机制，确保数据在生成时即被正确分类。

⑤数据管理与应用：分类后的数据被整合到统一的数据管理平台中，实现数据的集中存储、管理和访问。同时，根据业务需求，开发相应的数据分析和挖掘工具，支持决策制定、生产优化、风险预警等应用场景。

⑥持续优化：建立数据分类的反馈机制，定期评估分类效果和应用效果。根据评估结果，对分类方案进行持续优化和调整，以适应业务发展和数据变化的需求。

（2）案例效果：通过实施综合的数据分类体系，该页岩气开采企业实现了四大效果。

①提高数据质量：通过数据清洗和分类，提高了数据的准确性和一致性，降低了数据错误和异常值对分析结果的影响。

②优化数据管理：实现了数据的集中存储和统一管理，提高了数据访问的效率和安全性。同时，通过自动化的分类机制，降低了数据管理的成本和复杂度。

③支持决策制定：分类后的数据为企业提供了更加清晰、全面的信息支持，有助于企业制定更加科学、合理的决策方案。

④促进技术创新：通过对技术类型数据的分类和分析，企业能够更好地了解不同技术的特点和效果，为技术创新和优化提供有力支持。

3.3 页岩气井基础数据统计与分析

本节对 CN 地区的 242 口气井在 6 年内的产能年数据进行描述性统计分析，以年为时间粒度划分，分析各气井产能年递减率变动情况。

3.3.1 气井产能年递减率分析

为评估待开发气井的生命周期产能，需要计算约20年内的气井累计产气量。过长的预测周期会导致模型的精度下降，若采用待开发气井的工程参数与地质参数作为预测变量，直接预测待开发气井的全生命周期产能，难以取得令人满意的效果。

基于以上背景，本节采用气井产量预测模型，对待开发气井的首年日产气量进行预测，之后基于气井生产周期内的产能年递减率预测后续年份的产能。

由于各个平台气井的工程参数、地质参数有显著差异，其产能递减的规律也有所不同。此处基于242口页岩气井的历史生产数据，测算242口气井所对应生产周期内的产能年递减率，计算第2年至第6年的气井产能年递减率，作为后续年份产能估算的经验数据指标。

笔者首先选取补充后的气井历年生产数据集进行分析，数据格式如表3-4所示。

表3-4　气井历年产气量统计　　单位：万方

井号	首年产气量	第二年产气量	第三年产气量	…	第六年产气量
A1-1	1 064	420	213	…	11
A1-2	2 145	1 479	907	…	0
A1-3	2 167	1 229	844	…	321
…	…	…	…	…	…
A208	1 310	2 002	725	…	349

笔者通过历史数据测算得到第2年至第6年的气井产能年递减率，之后采用ARIMA（auto regressive integrated moving average）模型，将产能年递减率时间序列进行延长，从而预估气井在2~20年内的产能年递减率，详情如表3-5和表3-6所示。

表3-5　基于经验数据的平均产能年递减率测算　　单位：%

年份	平均产能年递减率
2	66.10
3	45.10

表3-5(续)

年份	平均产能年递减率
4	31.10
5	23.70
6	19.20

表 3-6 基于 ARIMA 模型的产能年递减率估计 单位:%

年份	估计产能年递减率
7	18.43
8	17.69
9	16.99
10	15.66
11	14.43
12	13.85
13	13.30
14	12.77
15	12.26
16	11.77
17	11.30
18	10.85
19	10.42

ARIMA 模型是一种常用的时间序列预测模型，公式如下：

$$[\Phi(B)(1-B)^d x_t = \theta(B)\varepsilon_t] \quad (3-1)$$

ARIMA 模型中，AR（auto regressive）表示“自回归”，描述了序列值与其自身过去值的依赖关系；I（integrated）表示“积分”，通常通过对数据进行差分来实现，使非平稳序列转化为平稳序列；MA（moving average）表示“滑动平均”，描述了误差项的累加。

后续的气井的生命周期产能建模预测，采用经验产能年递减率方案，对气井在 2~20 年的极限产能进行测算，得到气井的生命周期极限产能。

为进一步验证基于工程参数的产能预测方法是否有效，笔者选取了生产周期大于 6 年的 34 口气井作为分析对象。此处不输入气井的历史生产数据，仅以气井的工程参数作为输入，预测 34 口气井的首年产气量，并以经验产能年递减率计算第 2 年至第 6 年的气井产能，最后与气井的实际产能数据进行对比，详情见表 3-7。

表 3-7　首年预测产能与实际产能对比　　单位：万方

井号	首年实际产能	首年预测产能
A1-3	2 167	2 303
A1-4	1 855	1 995
A1-5	2 411	2 746
A1-6	3 165	3 290
A10-6	2 258	2 532
A3-1	3 410	3 772
A3-2	1 736	1 730
A3-3	1 881	1 901
A3-4	2 700	2 927
A3-5	2 719	3 155
A3-6	3 217	3 402
B1-2	2 006	2 080
B1-3	1 179	1 310
B10-4	2 909	3 177
B10-5	3 273	3 442
B11-2	1 912	1 997
B11-3	3 020	2 753
B4-1	1 702	1 710
B4-2	2 587	2 709
B4-4	1 838	1 818
B4-5	1 031	1 171
B4-6	323	424
B5-1	1 460	1 585
B5-2	1 782	1 883
B5-3	1 691	1 795

表3-7(续)

井号	首年实际产能	首年预测产能
B5-5	2 072	2 097
B6-1	2 088	2 250
B6-2	2 524	2 776
B6-3	2 037	2 325
B6-4	2 498	2 598
B6-5	1 578	1 709
B6-6	1 883	2 004
B9-4	3 661	3 879
B9-6	3 257	3 321

此外，笔者还利用气井的首年产能预测数据，以及表 3-5 中的气井经验产能年递减率数据，计算 34 口气井在 6 年内的预测产能，并与实际产能进行比较，详情如表 3-8 所示。

表 3-8　6 年内预测产能与实际产能对比　　　　单位：万方

井号	6 年内实际产能	6 年内预测产能
A1-3	5 163	4 033
A1-4	4 604	3 494
A1-5	5 840	4 809
A1-6	7 172	5 761
A10-6	5 773	4 435
A3-1	7 817	6 606
A3-2	4 652	3 029
A3-3	3 915	3 328
A3-4	5 738	5 125
A3-5	5 611	5 524
A3-6	7 229	5 957
B1-2	3 800	3 642
B1-3	2 305	2 294
B10-4	4 593	5 564

表3-8(续)

井号	6 年内实际产能	6 年内预测产能
B10-5	5 181	6 027
B11-2	3 083	3 497
B11-3	4 869	4 822
B4-1	3 373	2 995
B4-2	4 375	4 744
B4-4	2 605	3 184
B4-5	2 456	2 051
B4-6	605	743
B5-1	3 526	2 775
B5-2	3 435	3 298
B5-3	2 939	3 143
B5-5	3 159	3 672
B6-1	3 834	3 940
B6-2	4 689	4 861
B6-3	3 518	4 072
B6-4	4 335	4 549
B6-5	2 868	2 993
B6-6	3 225	3 509
B9-4	4 983	6 793
B9-6	5 512	5 816

结果表明，6 年内预测累计产能与实际产能数据较为贴近，预测总产能略低于实际总产能，预测误差率为 3.88%。以上数据说明本节所提出的气井生产周期产能预测方法具有较好的可行性，能够较为有效地通过气井的早期数据以及经验产能年递减率预测生产周期内的产能情况。

3.3.2 关键参数与累产的关系分析

为直观评估关键参数与累产的关系，本节选取 BRMC4-1 小层、POR-1 小层、QALL - 1 小层、SG - 1 小层、TOC - 1 小层、储量丰度（108 m^3/km^2）、簇间距（m）、单段主体孔数、分段段长（m）、厚度-1 小层、加砂强度（t/m）、储层底以上 4 米箱体钻遇率（%）、实际压裂段长

(m)、压力系数预测、用液强度(m^3/m)、主体单段簇数作为自变量，分析不同时间周期(90天和首年)内与累产(万方)之间的关系(见图3-3至图3-18)。

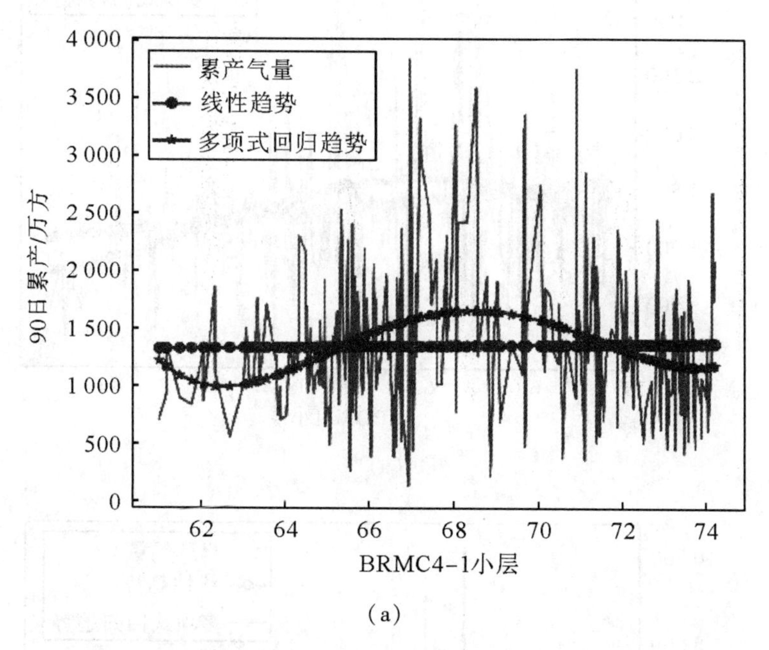

(a)

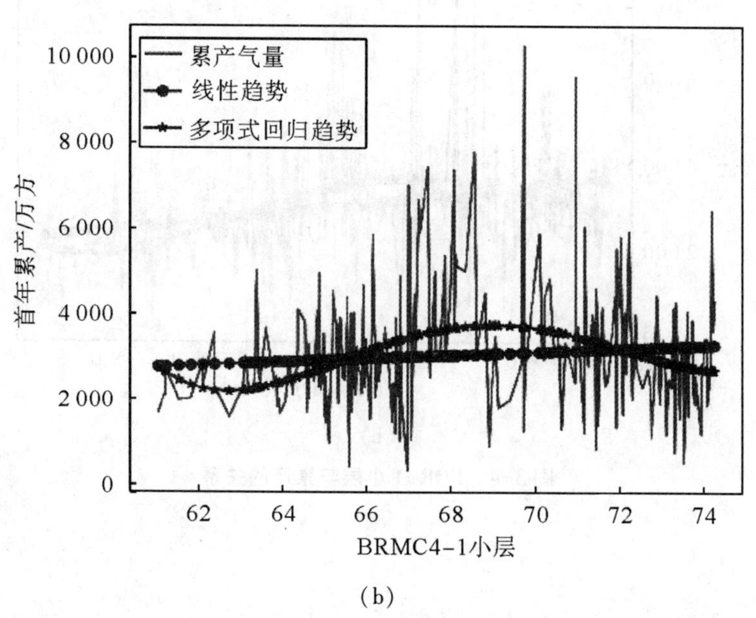

(b)

图3-3 BRMC4-1小层与累产的关系

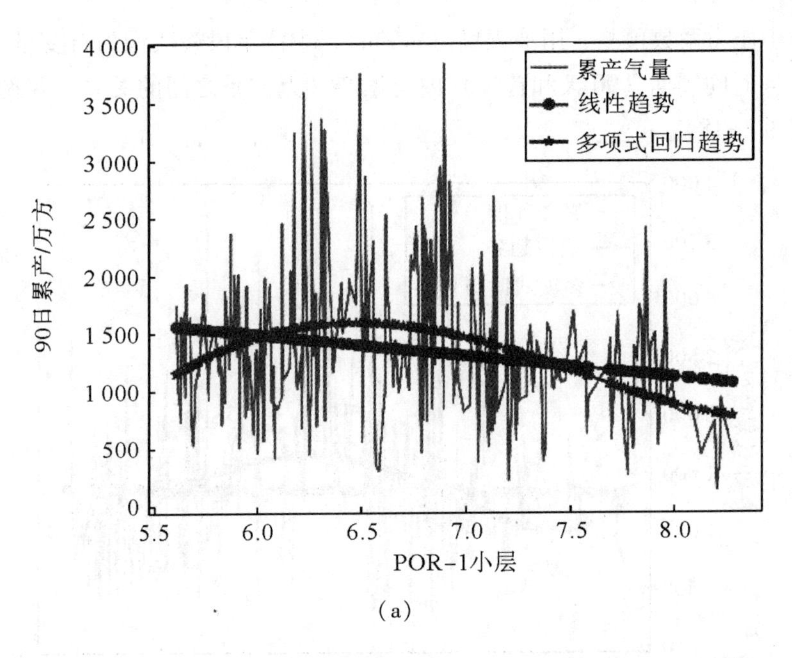

(a)

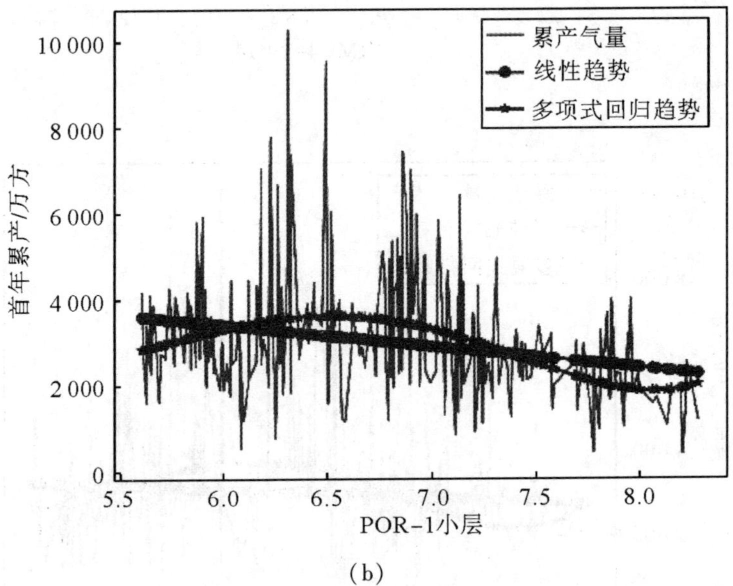

(b)

图 3-4　POR-1 小层与累产的关系

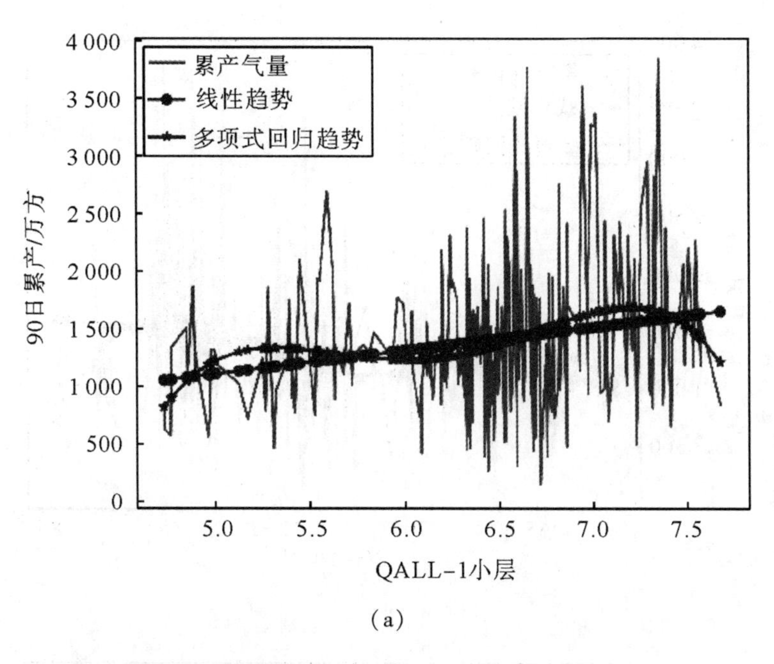

(a)

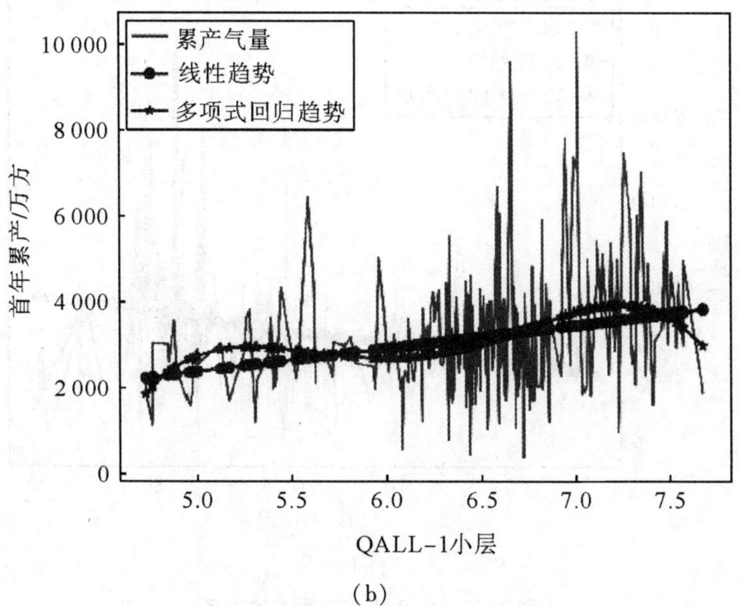

(b)

图 3-5　QALL-1 小层与累产的关系

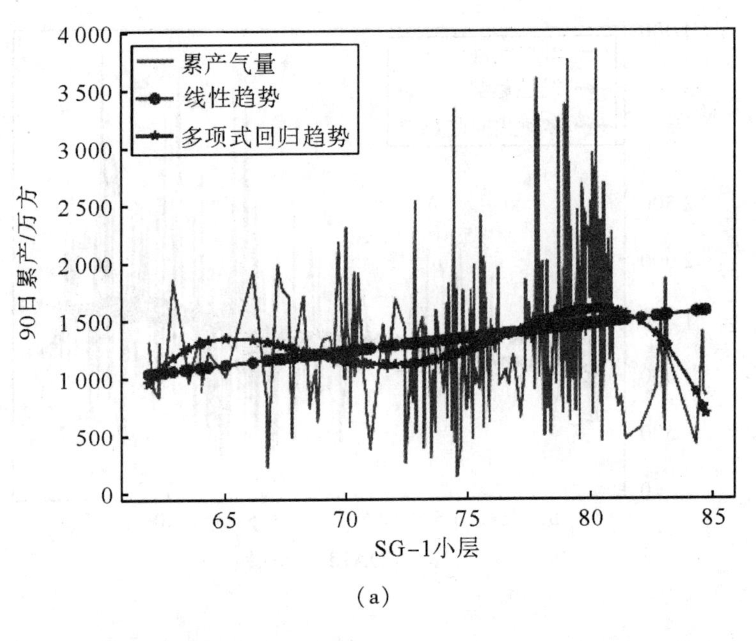

(a)

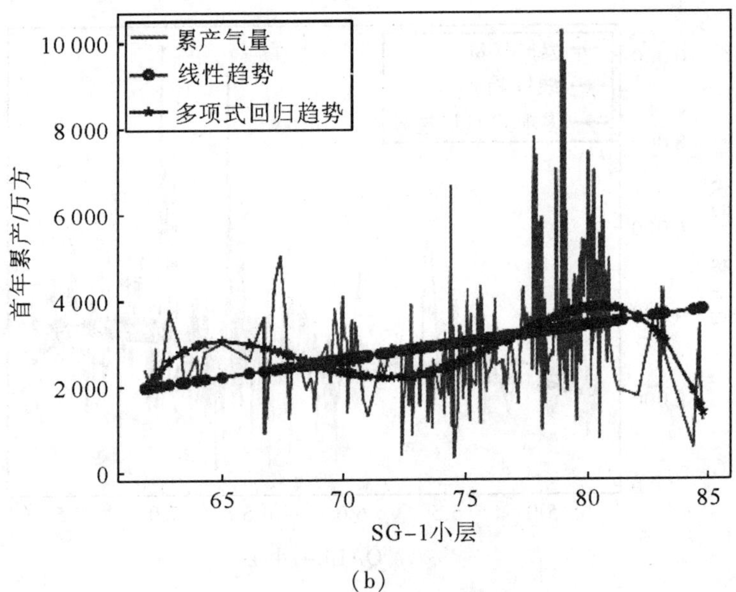

(b)

图 3-6　SG-1 小层与累产的关系

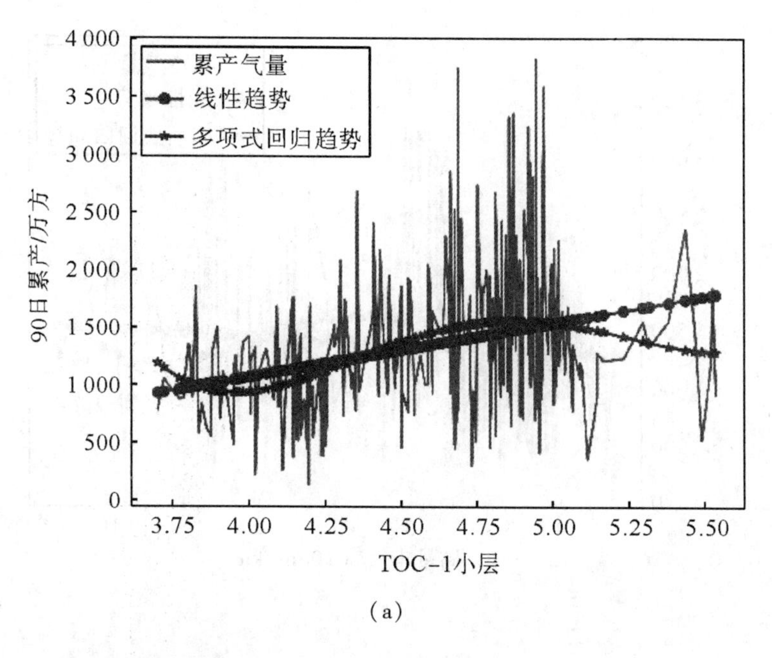

(a)

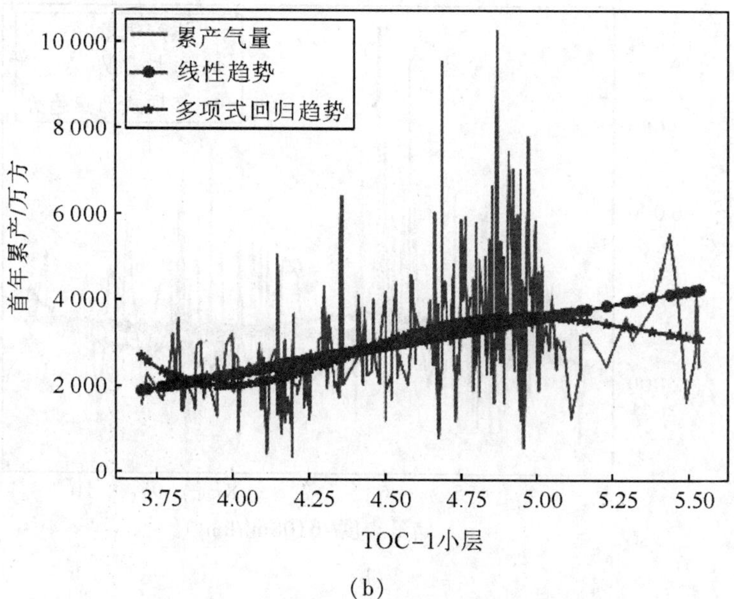

(b)

图 3-7 TOC-1 小层与累产的关系

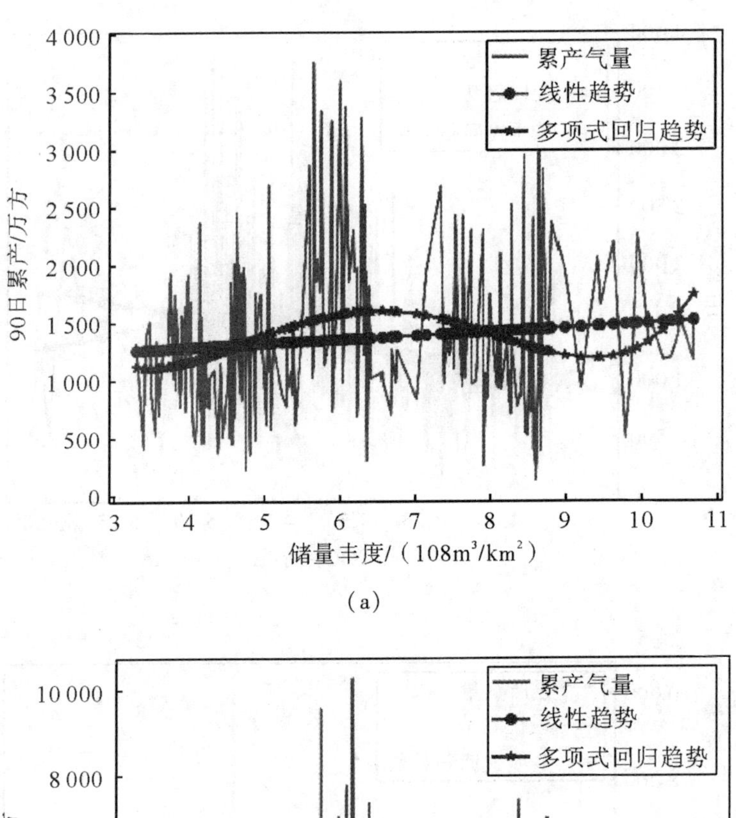

(a)

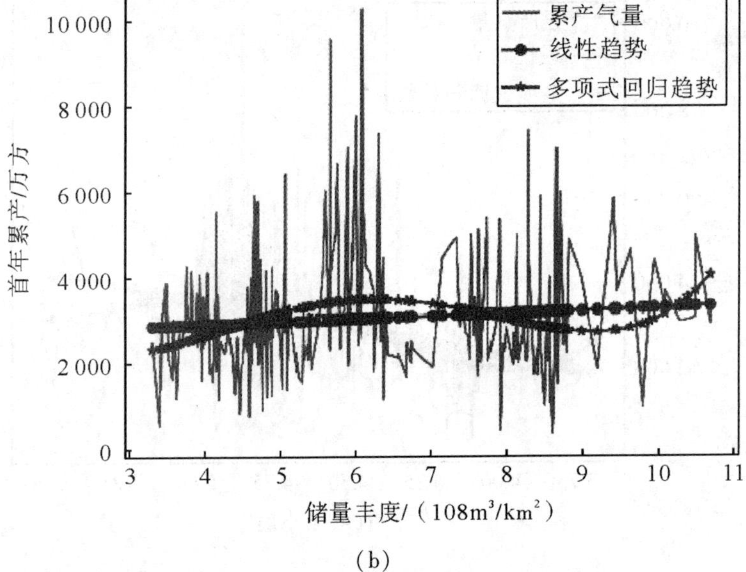

(b)

图 3-8 储量丰度与累产的关系

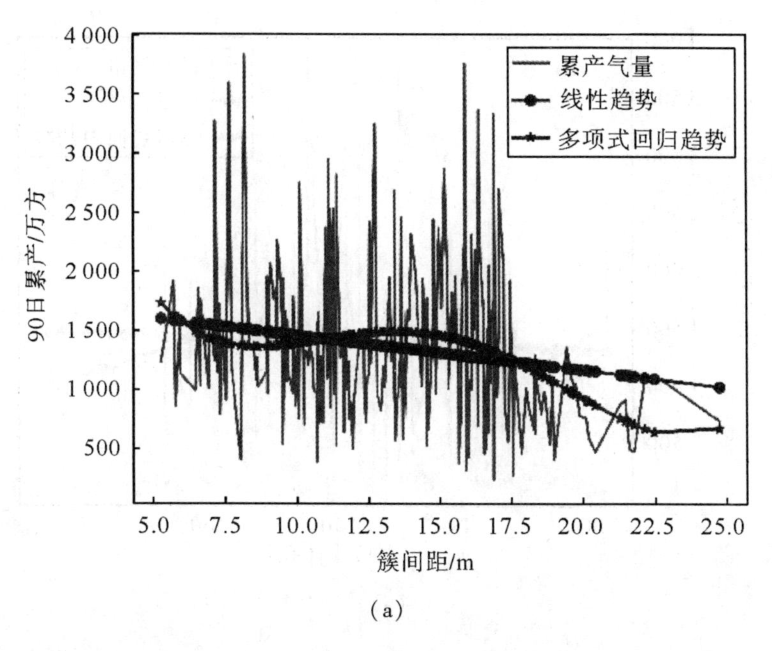

(a)

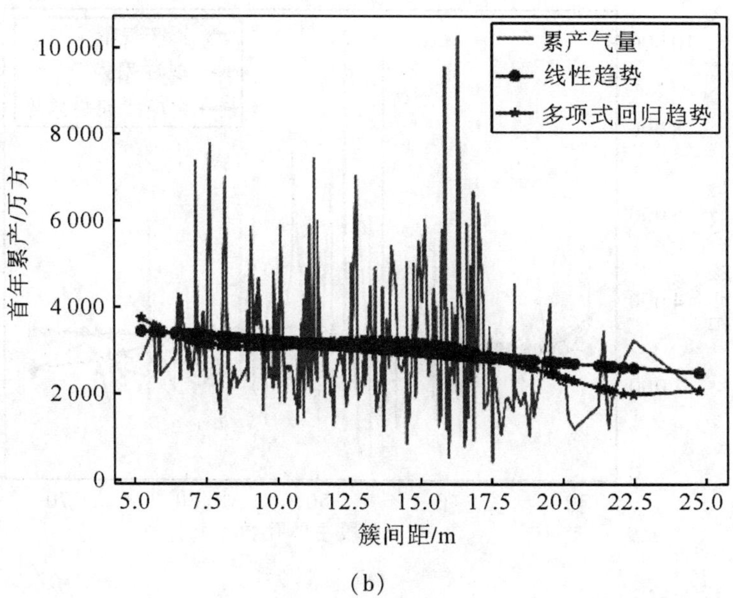

(b)

图 3-9　簇间距与累产的关系

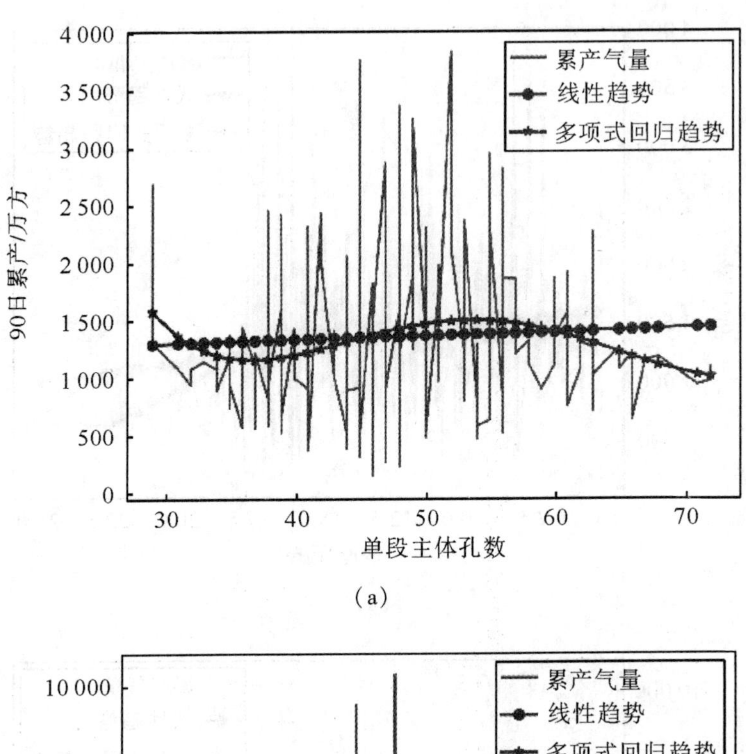

(a)

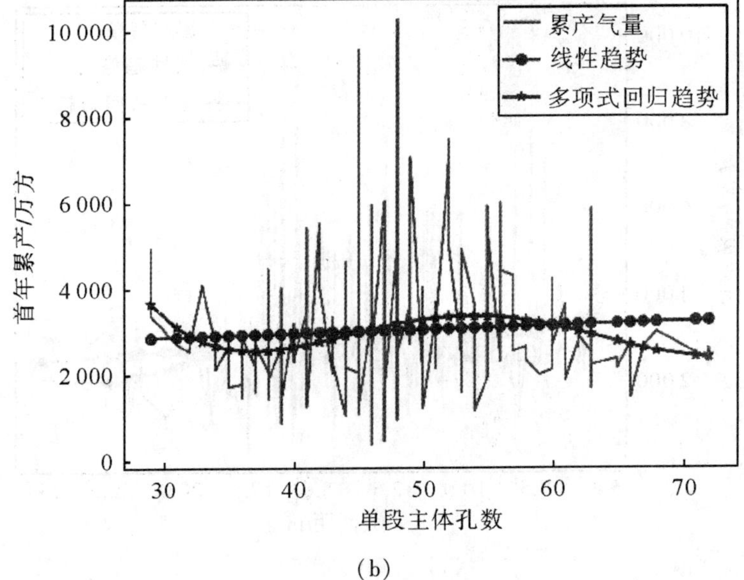

(b)

图 3-10　单段主体孔数与累产的关系

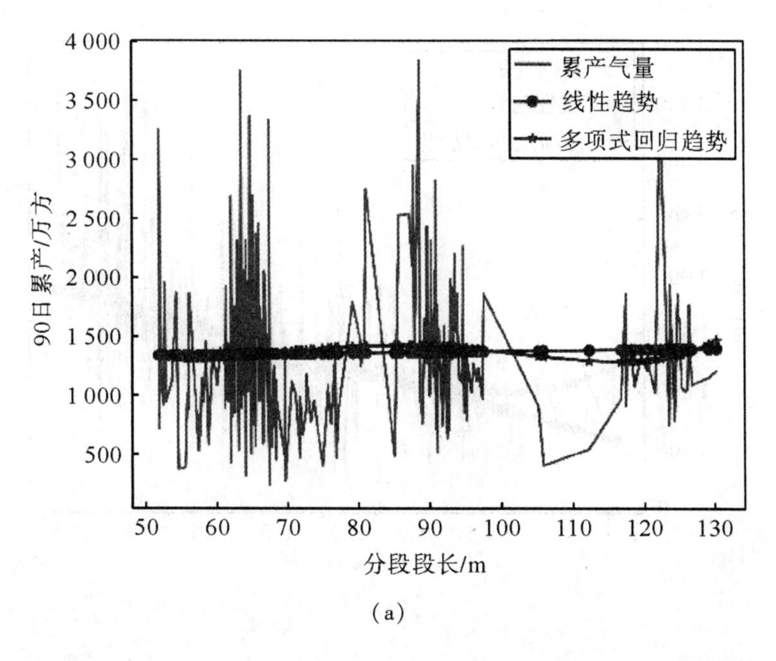

(a)

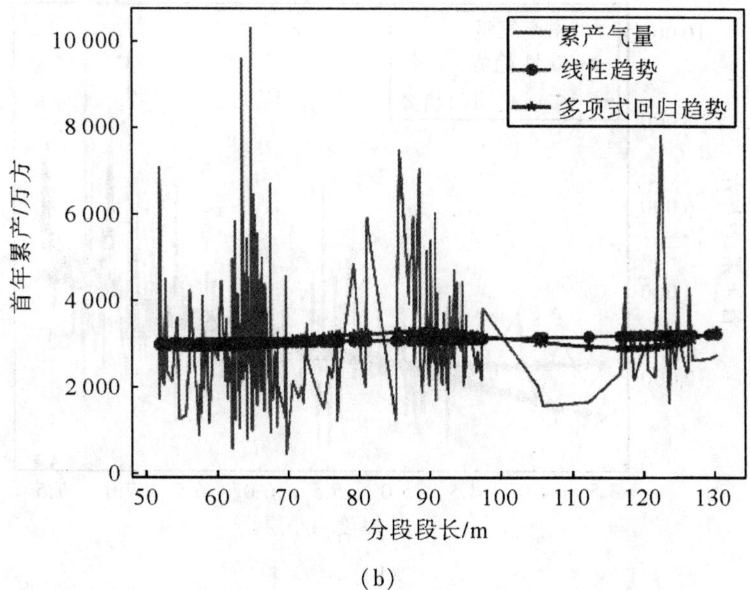

(b)

图 3-11 分段段长与累产的关系

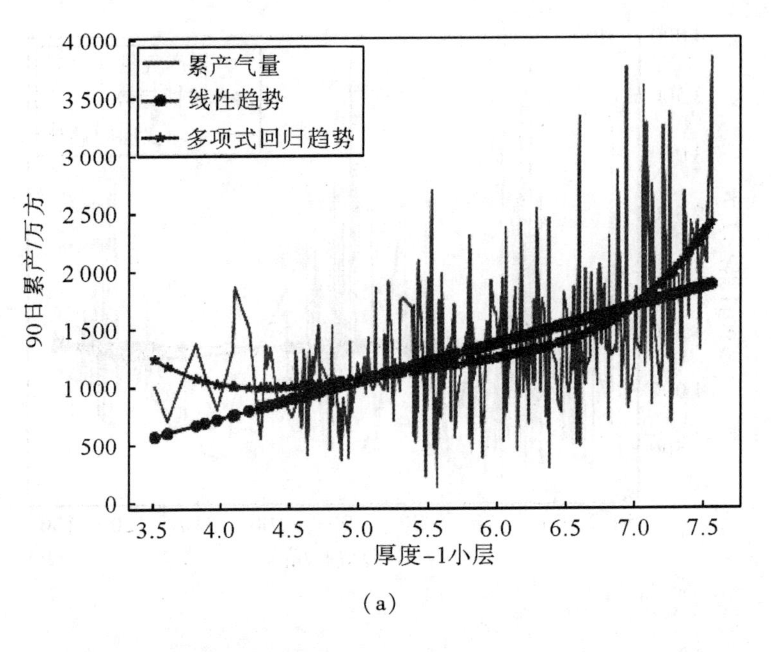

(a)

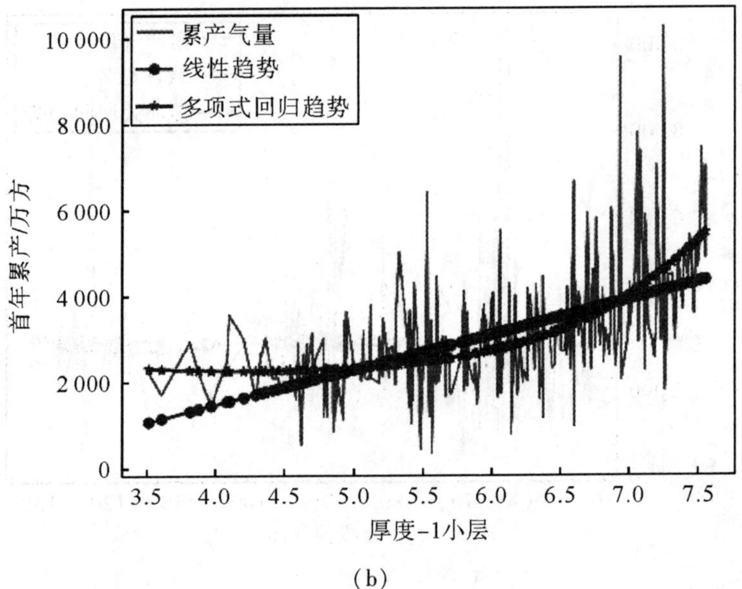

(b)

图 3-12　厚度-1 小层与累产的关系

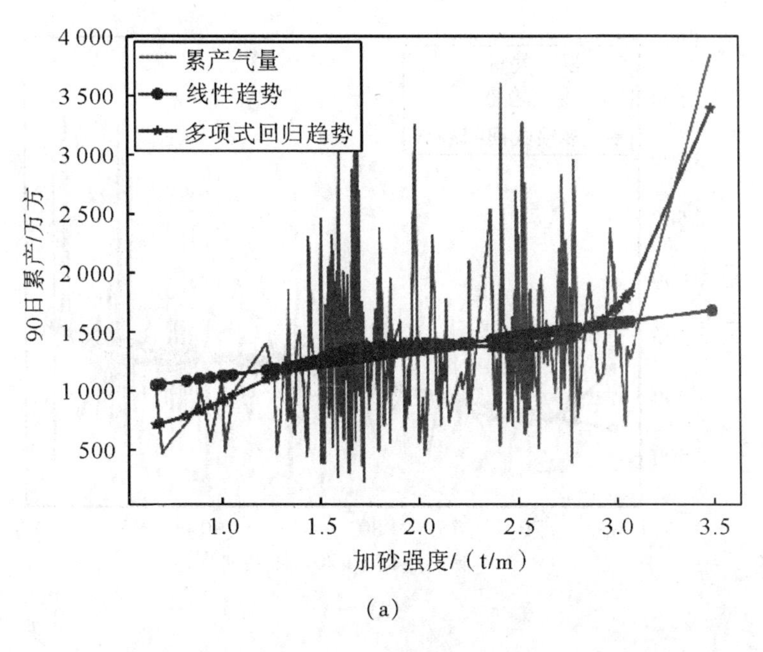

（a）

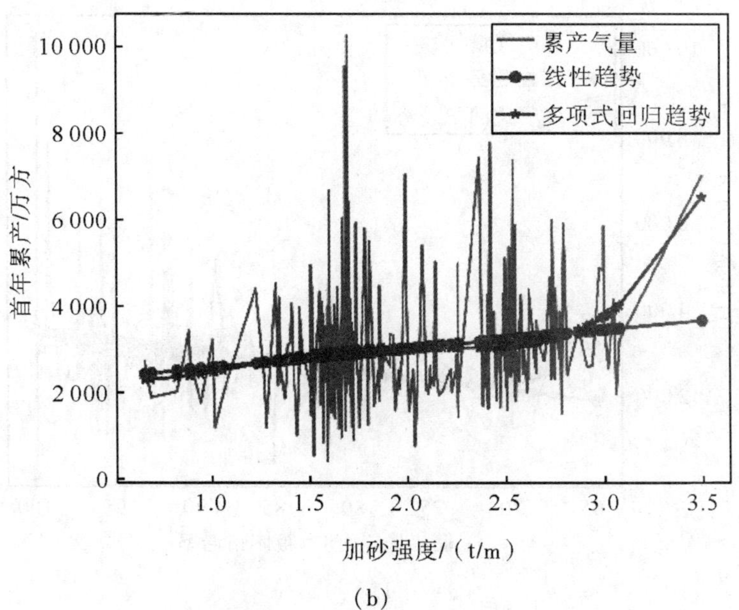

（b）

图 3-13　加砂强度与累产的关系

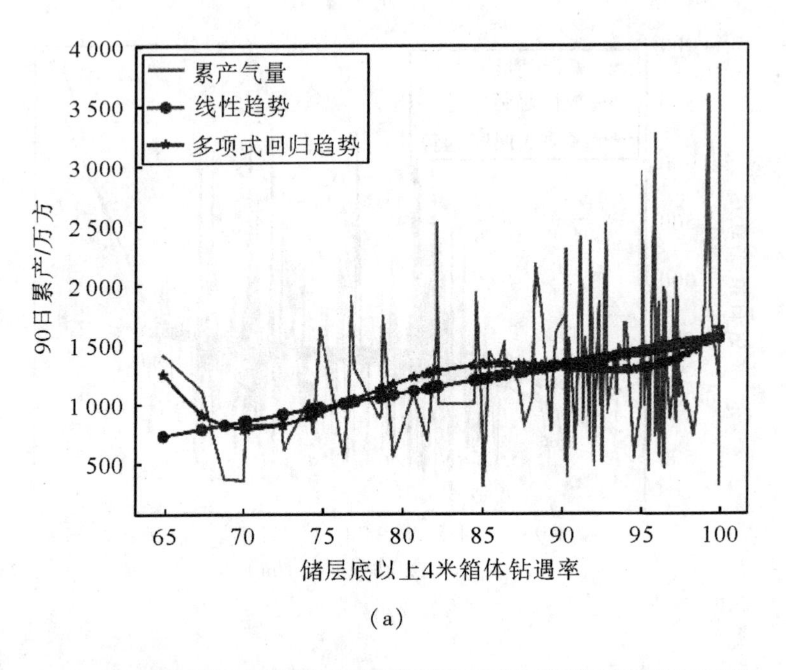

(a)

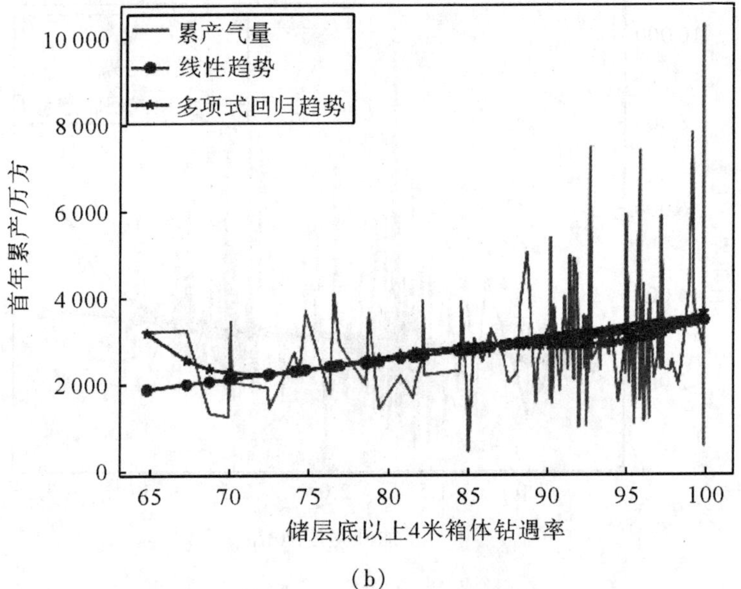

(b)

图 3-14 储层底以上 4 米箱体钻遇率与累产的关系

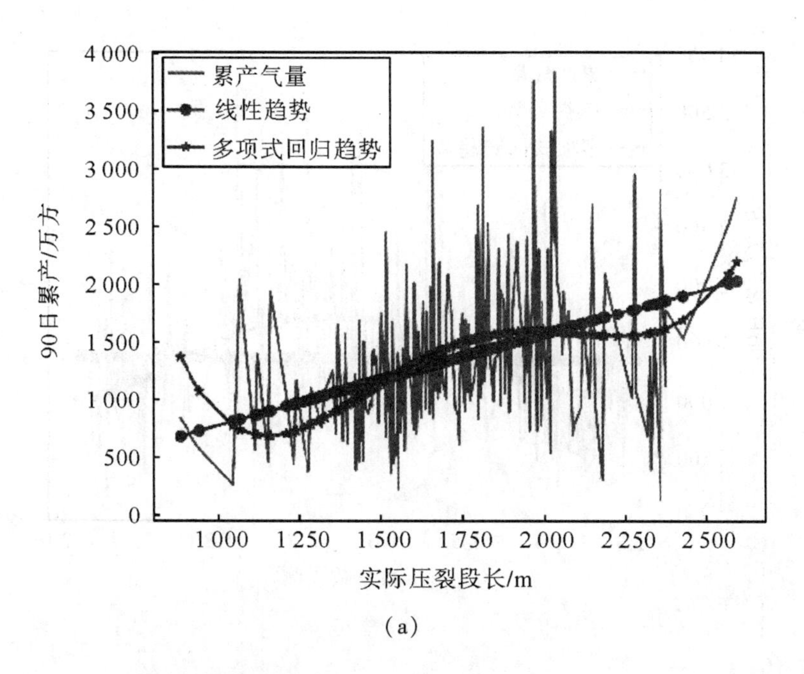

(a)

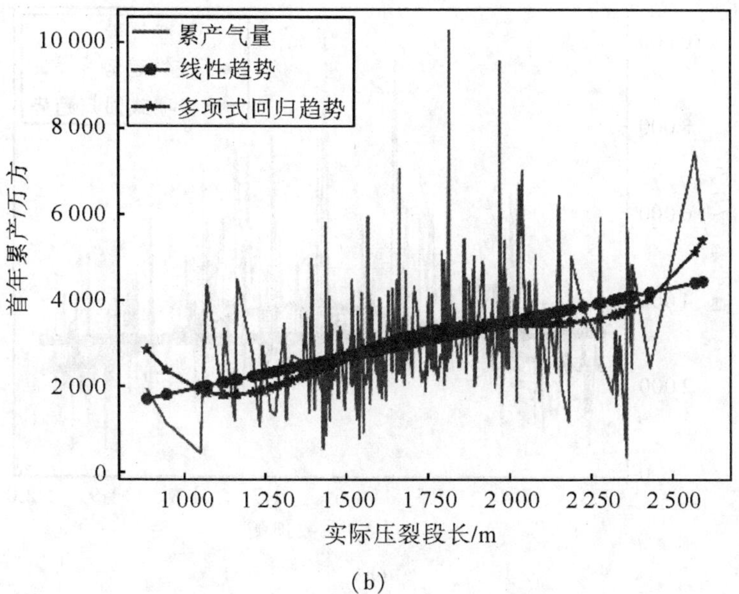

(b)

图 3-15　实际压裂段长与累产的关系

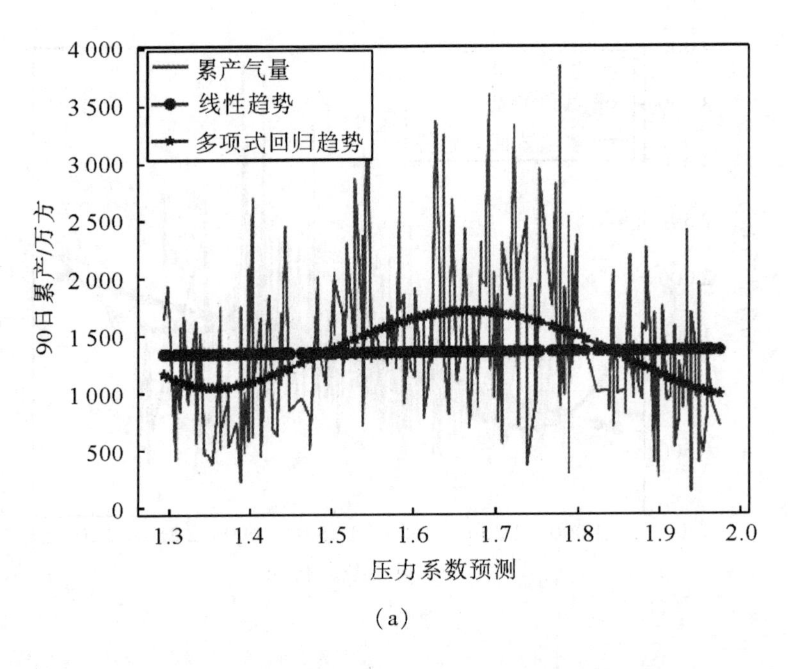

(a)

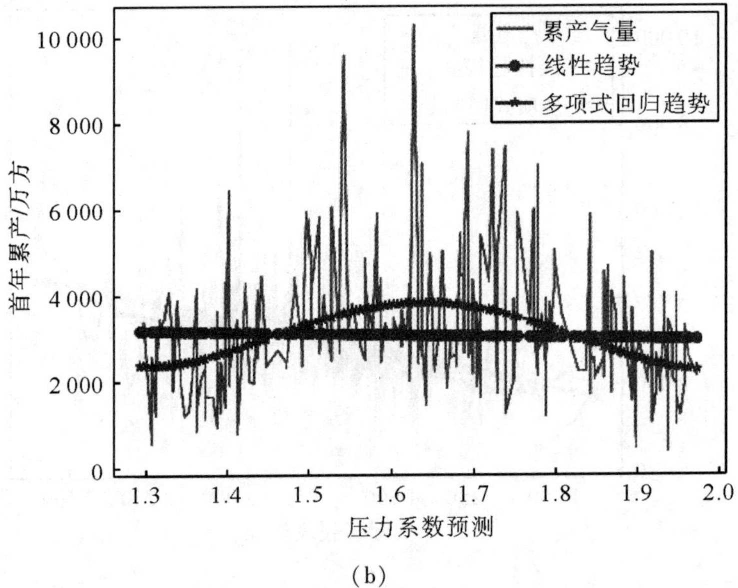

(b)

图 3-16 压力系数预测与累产的关系

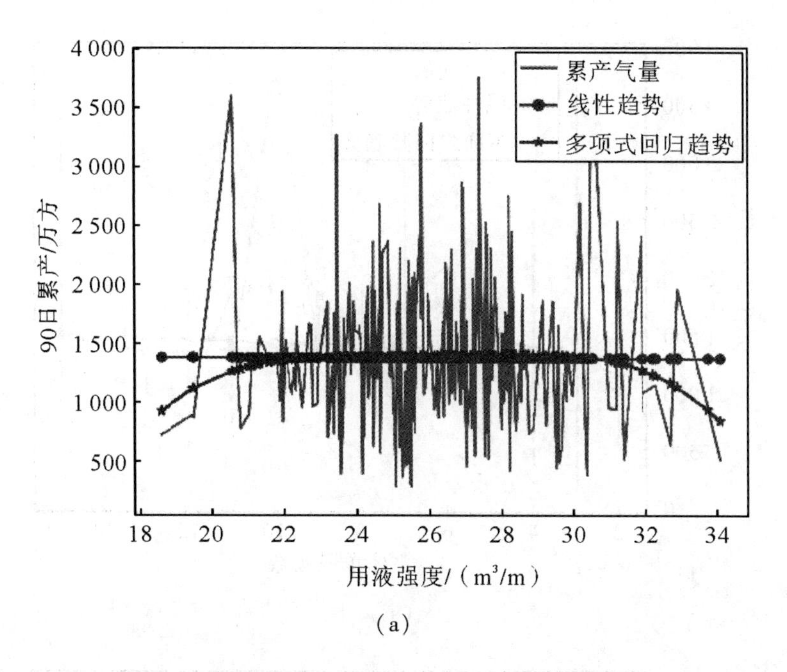

（a）

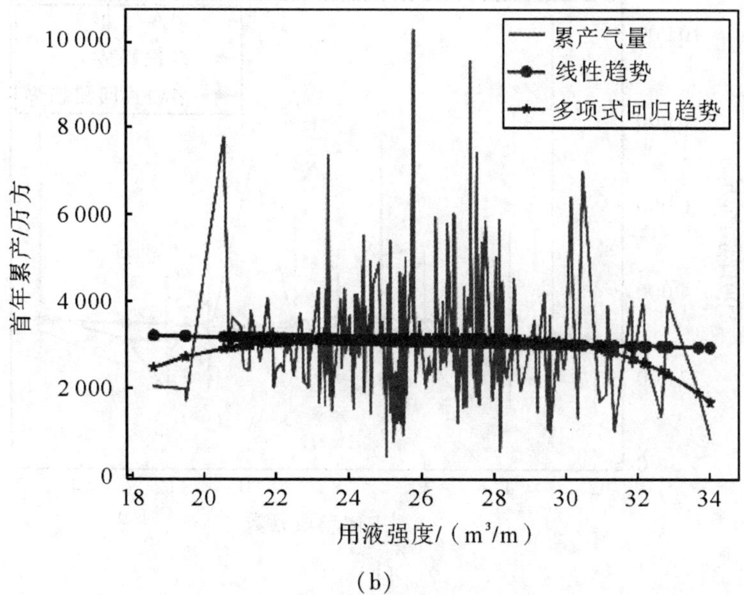

（b）

图 3-17　用液强度与累产的关系

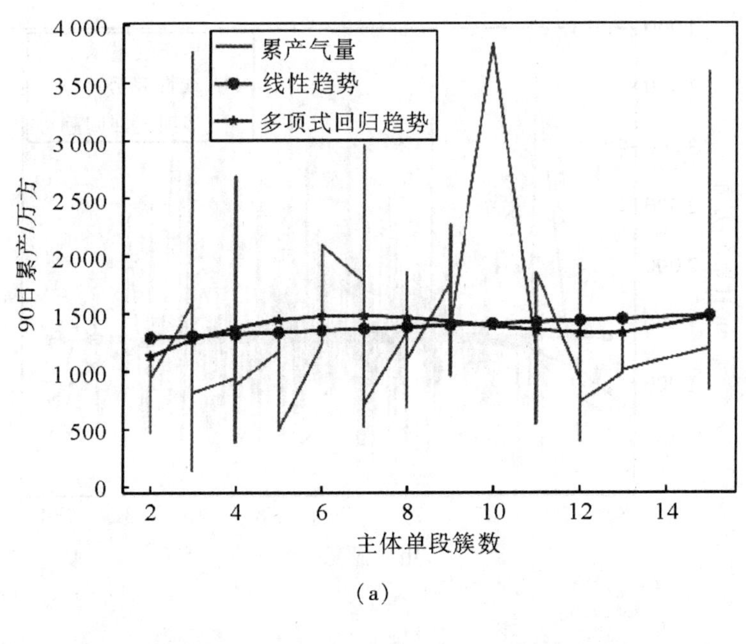

(a)

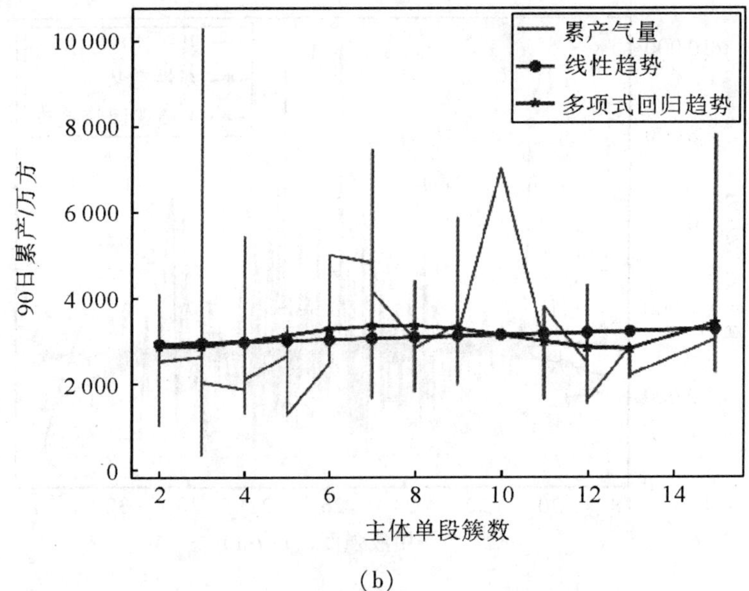

(b)

图 3-18 主体单段簇数与累产的关系

根据上述参数与累产关系的分析，可以看到 QALL-1 小层、SG-1 小层、TOC-1 小层、储量丰度、厚度-1 小层、加砂强度、储层底以上 4 米箱体钻遇率和实际压裂段长对累产有直观的正向影响，POR-1 小层和簇间距对累产有直观的负向影响，其余参数未体现出明显的正向或者负向影响。并且以上参数对 90 日和首年累产的影响程度几乎一致。上述关键参数与累产关系的基础数据分析，也可能受到其他重要地质参数和工程参数的影响。例如，簇间距与累产虽然是负向影响关系，但是簇间距较大的井有可能会比簇间距较小的井有更大的累产。本节的基础数据分析还需与人工经验和气井产能优化模型中的关键参数组合寻优以进行互相佐证，上述分析结果仅代表参数作为单一影响因素下的数据分析结果，最终的影响关系会在后文中给出。

4 页岩气开采评价指标体系构建

4.1 构建完整的评价指标体系方法

4.1.1 指标体系构建方法

页岩气作为一种重要的非常规天然气资源，其开采对能源行业具有重大意义。构建评价指标体系有助于全面评估页岩气开采的效率、经济性、环境影响和社会责任等方面。对于页岩气开采，其评价指标体系的构建涉及技术、经济、环境和社会等多个层面。评估指标体系构建时，应当遵守一些基本原则。一是客观评估和主观评估相结合。页岩气开采的评估，需要在客观上表明“做了什么”，即对开采过程所产生的客观事实做出评价，如工作实施后的经济效益；也需要评估主观感受上“做得如何”，即产生效果的主观感知评价或者期望与实际差距，如满意度、前景感知等。二是目前评价同未来策略的结合。获得效果评估的主要目的是查看开采过程各阶段所取得的成效并发现所出现的问题，系统综合分析各阶段的优缺点，并将评估结果作为下一阶段修改完善的重要依据。为此，评估指标体系不仅要立足现实，也要预留一些开采过程的调整建议，以便进一步提升页岩气开采的效率和收益。三是定量分析和定性分析相结合。评估指标体系一般建议采取“定量+定性”方式，其中“定量”为主，因为定量指标往往更为客观，说服力更强。当定量指标无法适用时，再以定性指标进行评价，以提高评估结果的全面性。综上，评价指标体系的构建可大致包括 7 个步骤：确定评价的目标和范围、划分评价的主要指标类别、确定关键指标和子指标、制定权重和评分方法、评价模型构建和数据收集、评估和分析、完善和调整。

（1）确定评价目标与范围

目标明确：确定评价的目的，比如评估开采效率、资源利用率、环境影响等。

界定评价范围：考虑评价的空间范围（地理位置、地质构造）、时间跨度和所考虑的因素（技术、环境、经济、社会等）。

（2）划分评价的主要指标类别

技术指标：考虑开采技术、生产效率、钻井方法等。

经济指标：投资成本、运营成本、产值、回收期等。

环境和安全指标：水资源利用、地质灾害风险、废水处理等。

社会指标：就业机会、员工健康、当地文化保护等企业社会形象指标。

（3）确定关键指标和子指标

技术指标：技术指标主要包括地质指标、物理指标和化学指标。其中，地质指标包括 TOC、含气量、有效孔隙度及脆性矿物等。物理指标包括孔隙度、渗透率、压缩系数、弹性模量、泊松比等。化学指标包括甲烷含量、C1/C2 比值、稳定碳同位素组成等。

经济指标：经济指标主要包括开发成本、开发效益、投资回收期、产值等。其中，开发成本包括勘探成本、生产成本等。开发效益包括产量、产值、利润等。投资回收期是指从投资开始到回收全部投资所需的时间。产值是指在一定时期内，企业生产和销售产品所创造的总价值。

环境和安全指标：环境指标主要包括水资源、土地资源、大气环境、生态环境等。其中，水资源主要包括地下水、地表水等。土地资源主要包括土地利用、土地覆盖等。大气环境主要包括大气污染、温室气体排放等。生态环境主要包括生物多样性、生态系统服务等。安全是指页岩气开采过程中的安全问题，如地质灾害、环境污染等。

社会指标：社会指标主要包括就业、安全、社会稳定等。其中，就业是指页岩气开采过程中创造的就业机会。社会稳定是指页岩气开采过程中对当地社会的影响，如社会治安、社会和谐等。

（4）制定权重和评分方法

权重赋值：在制定权重时，可以使用类似逐级等权法的方法得到各指标的主观权重，再应用一些权重分析法得到客观权重，最后利用乘法合成归一化法将主观权重和客观权重结合得到综合权重。

评分方法：评分方法是指对评价指标进行同度量处理，消除指标量纲的影响，使不同评价指标之间具有可比性，以便对评价对象作出综合评价。

（5）评价模型构建和数据收集

评价模型：整合各指标、子指标和权重，建立综合评价模型。

数据收集：收集历史数据、实地调查、模拟预测数据，支持评价模型的运行。

（6）评估和分析

运行评估模型：利用收集到的数据进行评估，计算各项指标的得分。

分析评估结果：找出优势和不足之处，为决策提供依据。

（7）完善和调整

根据评估结果和反馈，不断完善和调整评价指标体系，确保其全面客观地反映页岩气开采的实际情况。同时为今后的指标修正提供基本处理方法意见。

4.1.2 不同指标间的关联性与权重分配

在构建页岩气开采评价指标体系时，不同指标间的关联性和权重分配是至关重要的。这些指标之间的相互关系决定了在评估过程中各项指标的重要性，而权重分配则直接影响了最终评价结果的客观性和准确性。

页岩气开采涉及技术、经济、环境和社会等多个方面，这些指标间存在密切的相互影响。技术指标，如水力压裂效率和生产效率，直接影响着生产成本和产量。提高技术效率可以降低成本，提高产量，直接推动经济指标的改善，如投资回收率和产值增长。环境指标，包括水资源利用和废弃物处理，直接关系到当地居民的生活环境和健康状况。良好的环境保护措施会提高社区满意度和居民健康，直接影响社会指标。经济指标的改善往往伴随着社会效益的提升，如增加就业机会、提高居民收入等，直接影响社会指标，提升社会和生活品质。针对这种关联性的影响，我们可以通过相关性、权重耦合度等进行趋势影响探索。

在权重分配中，需要综合考虑指标间的关联性、数据的可靠性、专业性和实用性等因素。目前的指标赋权方式可分为主观赋权、客观赋权、综合赋权三类。主观赋权方法常见于专家决策（专家意见采集、专家会议等）、AHP、环比评分法等，它基于功能驱动。其中专家决策是常见的主要策略，它侧重于专家意见或决策者的主观判断。专家意见采集通过专家访谈、专家问卷调查等方式进行，收集专业领域内专家的看法和评价。专家会议指的是召开专家会议，进行专家讨论和共识达成，确定指标权重。专家决策方法能够充分考虑专业知识和决策者意愿，但可能存在主观性和偏差。客观赋权方法依赖于数据分析和科学原则，通过数据和量化分析来确定指标的权重，它基于差异驱动，常见于熵值法、均方差、灰色关联度、相关系数法、统计分析法（PCA、FA、CA）、数据包络分析法（DEA）、粗糙集理论和方法等。客观赋权虽然较为客观，但其在权重确定时可能忽略了某些专业经验和实践层面的因素。综合赋权方法结合多种方法，例如模糊综合评价、组合权重法等，兼顾专业性和客观性，综合考虑多个因素。这种方法能够充分综合多方因素，但需要合理选择和整合不同方法。这需要根据数据属性、处理方式、数据分布、数据关联度等进行具体抉择。主客观的结合方式一般有线性组合、非线性组合、权重向量集的优化组合、方案向量集的优化组合、赋权方法与数据处理方法的组合等。

4.2 评价指标概述

4.2.1 主要指标类别

4.2.1.1 技术指标

①地质指标：TOC为有机碳总量，用来衡量岩石中的有机物含量。通常在页岩气勘探中，高TOC含量的岩石更可能含有可开采的天然气。含气量指岩石中天然气的含量，一般以体积或质量比例来表示。有效孔隙度指岩石中对气体或液体可渗透的孔隙的百分比或比例，影响气体或液体在岩石中的储存和流动。脆性矿物含量指岩石中易于破碎或断裂的矿物含量，对于水力压裂等开采技术至关重要。

在国土资源部颁布的《页岩气资源/储量计算与评价技术规范》中，页岩气储层评价参数包括有效厚度、总含气量、TOC、Ro、脆性矿物含量五个指标（如表4-1所示），以三种不同条件下厚度的区别，将含气页岩下限定为：TOC≥1%、Ro≥0.7%、脆性矿物含量≥30%。不同厚度条件下，总含气量下限分三种，即总含气量≥1 m^3/t（有效厚度≥50 m）、总含气量≥2 m^3/t（30m≤有效厚度<50 m）、总含气量≥4 m^3/t（有效厚度<30 m）。

由于页岩有效孔隙度对总含气量中的游离气含量影响较大，因此将孔隙度作为页岩储层评价指标之一，综合国内外各大页岩气田对于储层分类标准的判定，确定四川盆地五峰组-L组海相页岩储层判定标准，将储层分为I类、II类和III类（如表4-2所示），选取的地质指标参数有TOC、总含气量、有效孔隙度及脆性矿物含量4个。根据此标准，I类储层必须满足：TOC≥3%，总含气量≥3 m^3/t，有效孔隙度≥5%，脆性矿物含量≥55%；I+II类储层必须满足：TOC≥2%，总含气量≥2 m^3/t，有效孔隙度≥3%，脆性矿物含量≥45%。

表4-1　页岩储层参数下限标准

页岩有效厚度/m	总含气量/$m^3 \cdot t^{-1}$	TOC/%	Ro/%	脆性矿物含量/%
≥50	≥1			
≥30~<50	≥2	≥1	≥0.7	≥30
<30	≥4			

注：依据DZ/T 0254-2014。

表4-2　页岩储层分类标准

参数	页岩储层分类		
	Ⅰ类	Ⅱ类	Ⅲ类
TOC/%	≥3	2~3	1~2
有效孔隙度/%	≥5	3~5	2~3
脆性矿物含量/%	≥55	45~55	30~45
总含气量/$m^3 \cdot t^{-1}$	≥3	2~3	1~2

②物理指标：孔隙度指岩石中空隙或孔洞的比例。高孔隙度有助于气体或液体的储存和运移，一般在5%~15%，但对于页岩气储层可能需要更高的孔隙度。渗透率指岩石对流体渗透的能力，高渗透率意味着天然气更容易流动，视具体地质条件，一般较低，常在0.01至10毫达西（mD）之间。压缩系数指岩石受力时体积变化的程度，对于评估岩石储层的变形特性很重要。弹性模量和泊松比衡量岩石的弹性和变形特性。这些参数对于了解岩石在压裂等过程中的行为非常重要。

③化学指标：甲烷含量指的是页岩天然气中甲烷的百分比或含量，在天然气中通常占70%~95%。C1/C2比值是甲烷和乙烷之间的摩尔比，可

用于识别气体来源或成分，通常在50左右，但不同地区气体成分可能有所不同。稳定碳同位素组成是对气体成分的一种特殊分析，可以用来确定气体的来源和特征。

常规油气藏中油气资源多为游离态；而泥页岩储层中组成复杂，孔隙结构多样，导致油气资源的赋存方式多样。页岩气资源一般是以两种状态赋存于储层中：游离状态、吸附状态。页岩中游离态气体主要赋存于基质孔隙和裂缝中；而吸附态甲烷赋存于有机质内部、表面、黏土矿物表面。岩心实验表明页岩气主要以游离气的形式存贮在裂缝和孔隙中，以吸附气的形式吸附在有机质孔隙表面，运用流体饱和法根据流体在不同孔隙中的赋存状态，可以区分页岩气有机孔隙度、无机孔隙度及含气量。中浅层页岩储层有机孔体积占比35%，吸附体积占比27%；深层页岩储层有机孔体积占比30.4%，吸附气体积占比18.3%。

页岩气含气量计算通常包括吸附气含量、游离气含量、总含气量计算。吸附气含量计算：页岩吸附气含量因储层的埋深、压力、总有机碳含量的变化而变化。一般吸附气含量占总含气量的20%~80%。游离气含量：相对于吸附气而言，游离气含量的计算方法较为简单，其主要与有效孔隙度和含气饱和度有关，与常规储层的评价相似。通过近几年国内外研究成果，在计算游离气含量时，除了进行温压条件的校正，还需要剔除吸附态甲烷所占的孔隙空间（计算结果表明甲烷密度取0.38 g/cm^{3}时，1 m^3/t吸附气量占孔隙度为0.47%）。总含气量计算：应用以上方法计算不同地层压力下页岩气储层吸附气含量和游离气含量，进而计算总含气量，计算的总含气量与岩心总含气量具有较好一致性，整体趋势能够满足计算总含气量的要求。

例如，N页岩气田页岩气烃类组成以甲烷为主，重烃含量低；天然气成熟度高，不含硫化氢，CO_2含量在0.32%~3.03%，如表4-3所示。

表 4-3　N 页岩气田页岩气烃类组成成分

井号		A201	A202	A203	A204	A205	A201-1
分析项目/%	氦	0.05	0.03	0.03	0.05	0.05	0.06
	氢	0.01	0.00	0.00	0.00	0.00	0.00
	氮	0.66	0.46	0.56	0.73	1.16	1.99
	二氧化碳	0.32	1.28	0.89	3.03	1.36	0.68
	硫化氢	0.00	0.00	0.00	0.00	0.00	0.00
	甲烷	98.48	97.59	97.93	95.71	96.98	96.82
	乙烷	0.47	0.60	0.54	0.39	0.41	0.42
	丙烷	0.02	0.02	0.04	0.02	0.03	0.02
	异丁烷	0.00	0.00	0.00	0.00	0.00	0.00
	正丁烷	0.00	0.00	0.00	0.00	0.00	0.00
	异戊烷	0.00	0.00	0.00	0.00	0.00	0.00
	正戊烷	0.00	0.00	0.00	0.00	0.00	0.00
	已烷及以上	0.00	0.00	0.00	0.00	0.00	0.00
相对密度 g/m^3		0.562 9	0.572 1	0.568 6	0.588 7	0.574 7	0.571 6

4.2.1.2　经济指标

开发成本包括勘探、开发和生产过程中的各项成本。开发效益是产量、产值、利润等方面的经济效益。投资回收期是从投资开始到收回全部投资所需的时间。产值是企业在一定时期内创造的总价值，反映了产出的经济效益。

以 N 页岩气开采项目投资与经济效益评价为例。该项目已实施投产井 254 口，2014—2022 年完成开发投资 158.09 亿元，实现产量 115.8 亿方（2021 年年底累产 90.8 亿方，2022 年预计实现 25 亿方）。

通过 7 年建产期，该项目已建产能达到开发方案设计规模，单位操作成本与初步开发方案预测指标基本保持一致，254 口井的内部收益率（税后）为 9.09%，超过了集团公司 6%的收益率要求，财务净现值（税后）124 736万元，投资回收期为 10.9 年，项目具有一定的盈利能力，根据不确定性分析结果，投资、价格以及产量对本项目影响较大。通过对该项目 2023—2025 年预新增工作量的项目投资财务分析的结果可知，本项目的财务内部收益率为 9.20%，净现值为 56 319 万元、静态投资回收期为 6.2 年，在不考虑补贴情况下，项目的预期收益符合公司财务内部收益率的要求。

从该项目整体方案来看，项目建产期 2014—2020 年共 7 年，稳产期 7 年，拟投资 226.08 亿元（不含税），拟投产 364 口井（稳产期备用井 4 口），整个评价期，预测累计商品气量为 37 603.44 m^3，经过对整体方案的经济评价，该项目的静态投资回收期为 13.18 年，计算期内部收益率可达 9.15%，净现值为 160 612 万元，项目整体上具备一定的盈利能力，如果国家继续出台相关的补贴政策，该项目的整体内部收益率会持续向好。

因此，从经济指标来看，对 N 页岩气开采项目已投产井以及整体方案进行不确定性分析后可知，该项目建设投资影响因子最高，其次是销售价格和产量。因此，N 页岩气开采项目在今后生产过程中，应该控制单井投资；进一步加强技术攻关，提高单井页岩气产量，以充分发挥页岩气项目的经济效益。

4.2.1.3 环境和安全指标

水资源和土地资源主要包括地下水、地表水、地利用、土地覆盖等，对于可持续开发，需要确保不会对水源和土地产生永久性损害。大气环境主要包括大气污染、温室气体排放等，控制和减少温室气体排放以及其他大气污染物的排放是重要的环境目标。开采企业需要考虑节能因素，在地面集输工艺设计上以节约能源为设计原则，选择合理的集输和增压工艺，降低输送压力损耗、提高机组负荷率和电能利用效率。生态环境主要包括生物多样性、生态系统服务等，保护当地生物多样性和生态系统服务是重要的环境考量。安全是指页岩气开发过程中的安全问题，确保开采过程安全，减少地质灾害和环境污染。

企业在环境的影响考虑上，一般需要遵循以下措施，我们可以据此进行达标考核：

（1）地面集输采用密闭不停气清管流程，减少天然气放空；

（2）井口设置安全截断阀，在压力超高、超低、火灾情况下能自动关井；

（3）出站管线上设置紧急截断阀，在站场及管线出现紧急事故工况下截断；

（4）集气站设置进出站紧急截断阀，减少天然气排放与事故放空；

(5) 电动机压缩机组采用变频调速，节约压缩机组电能消费；

(6) 集气站与增压站合建，缩短天然气输送路径，降低输送压力损耗；

(7) 平台增压站根据增压气量采用大小搭配压缩机组，有利于提高机组负荷率，提高电能利用效率；

(8) 合理选择变压器容量，有利于变压器的经济运行和降低电能损耗。

页岩气开采的工程设计需要符合国家及行业标准、规范要求，工艺设备的选型要合理，安全可靠，经济适用，节能环保。安全设施、环保设施和水土保持设施等均按照国家法律、法规、标准的要求。页岩气开采的实施需要严格执行《中华人民共和国安全生产法》等相关法律法规及行业标准，健全安全生产制度，定期开展安全培训及安全检查，确保安全生产费用专款专用，让基层单位及各承包商的安全管理水平维持较高水平，让现场设备设施运行维持良好水平，保证安全附件齐全，现场作业人员具备相应资格，保证现场施工作业安全措施满足现场钻井、井下、测井、地面建设、采输等作业的施工安全要求。常见的环保安全生产标准如表4-4所示。

表4-4　执行的环保相关法律法规、标准规范和管理制度

序号	分类	名称	实施时间	发布者
1	法律法规	中华人民共和国安全生产法	2002年11月1日	全国人大
2		中华人民共和国职业病防治法	2002年5月1日	全国人大
3		中华人民共和国突发事件应对法	2007年11月1日	全国人大
4		中华人民共和国劳动法	1995年1月1日	全国人大
5		危险化学品安全管理条例	2002年1月26日	国务院
6		中华人民共和国道路交通安全法	2004年5月1日	全国人大
7		建设项目安全设施“三同时”监督管理办法	2011年2月1日	国家安监局
8		四川省安全生产条例	2007年1月1日	四川省人大

表 4-4（续）

序号	分类	名称	标准代码
9	标准规范和管理制度	安全标志及其使用导则	GB 2894-2008
10		爆炸性气体环境用电气设备 第1部分：通用要求	GB 3836.1-2010
11		危险化学品重大危险源辨识	GB 18218-2018
12		石油化工可燃气体和有毒气体检测报警设计规范	GB 50493-2009
13		石油天然气安全规程	AQ 2012-2007
14		安全评价通则	AQ 8001-2007
15		危险场所电气安全防爆规范	AQ 3009-2007
16		页岩气丛式井组水平井安全钻井及井眼质量控制推荐做法	NB/14010-2016
17		页岩气工厂化作业推荐做法第2部分：钻井	NB/T14012.2-2016
18		页岩气水平井钻井工程设计推荐作法	NB/T14019-2016
19		页岩气井试井技术规范	NB/T14025-2017
20		页岩气水平井地质导向技术要求	NB/T14026-2017
21		页岩气录井技术规范	NB/T14017-2016
22		页岩气固井工程第1部分：技术规范	NB/T14004.1-2015

4.2.1.4 社会指标

页岩开采企业通常受到广泛关注和争论，因为这种开采方式可能对环境、社区和当地居民产生多方面影响。这些影响可能会对企业的社会形象产生重要影响。例如，就业是指页岩气开发通常会创造大量就业机会，但必须确保良好的劳工条件和社会福利。

因此，企业需要统筹外部协调工作，营造良好施工环境，降低阻工影响，如川庆公司近年来在风险勘探开发区块的外部阻工损工率均维持在0.5%以内。社会指标的良好性需要企业成立专门的对外协调办公室，明确分管领导，对外实行统一口径的对外协调，负责与地方各级政府就勘探开发中遇到的各类问题商讨统一的处理办法和标准，统筹管理各施工单位对外行为，保障对外协调井然有序，有效避免了各管各、各顾各的情况发生。建立大协调机制，建设单位、施工单位共同组建成立页岩气协调领导小组，以“分段负责、统一协调、难点攻关”为工作思路，协调效率进一步提高。采取积极有效措施，与各个平台井生产施工密切联系，以出现的问题为导向，第一时间采取措施，确保了解决问题的及时性。采取“提前介入，预防为主，及时化解，全程跟踪”的原则，大大减少了阻工阻路对生产进度的影响。努力推广正面宣传，提升岩气开发单位和建设队伍的社会形象，加大开发业务过程推介，降低地方各类人员对项目开发的疑虑。采取通过捐资助学、地企共建项目的实施，切实做好企业发展，为地方老百姓办好事、办实事，推动企业与地方共同发展。通过捐资助学、敬老活动、地企道路共建等举措，推动地方农业观光产业发展和方便农村居民出行，提升页岩气勘探开发企业在地方的整体社会形象。

此外，员工的职业病也是一大关注点，页岩开采的主要危害为噪音和甲烷，项目在建设和生产过程中需要有效的防护措施，查看相应的标准是否遵守执行。根据《国家安全监管总局关于公布建设项目职业病危害风险分类管理目录（2012 版）的通知》的要求，结合职业病危害因素的毒理学特性、潜在危险性、接触人数、频率、事件、职业病防护措施和发生职业病的危险程度等综合分析。例如，N 页岩气开发项目针对职业病危害制定了如下的防范措施：

①钻井、采输作业均为露天布置（丛式井站为无人值守站），距离生活区域较远；②实行自动化的数控管理，井口、进出站管道均设置了切断阀，有效防止天然气泄漏；③采（集）气管道采用密闭管道输送，通过采取防腐防漏措施，有效防止天然气泄漏；④增压机选用声相相对较小的电动增压机，增压机自带隔音装置，单独设置在采用双层门窗进行隔声的增压机房内；⑤组织开展员工的职业健康体检；⑥按标准给员工配发防噪耳塞、护目镜、工作服等个人防护用品。

4. 2. 2 开发阶段评价指标

开发阶段评价指标具体可分为地质评价、工程评价、经济评价、环境评价。

（1）地质评价指标

地质构造：包括断层分布、岩性、构造应力等，直接影响页岩气储层的开发潜力和水平井布局。储层性质：包括孔隙度、渗透率、孔隙结构等，影响气体储量和释放速度。页岩岩性：考虑页岩岩性对水力压裂效果、气体释放的影响。

（2）工程评价指标

水平井设计参数：涵盖水平段长度、井距、水平井完井质量等，直接影响开采效率和产量。水力压裂参数：压裂液配方、压裂压力、压裂技术效果等，对页岩气释放和产量影响显著。井口管理：包括气体控制、井筒完整性维护等，确保井口运行安全和生产稳定。

（3）经济评价指标

投资成本：包括钻井、井完成、压裂设备和人工等成本，直接影响项目投资决策。预期产量：针对不同阶段制定的预期产量和产能，是经济评价的重要依据。投资回收期：考虑投资成本和预期产量，评估投资回收时间。

（4）环境评价指标

水资源利用：考虑水力压裂过程中对水资源的需求和利用，评估对地下水资源的影响。废水处理与回收：考虑废水处理技术和废水回收利用，减少对环境的影响。

4.2.3 生产阶段评价指标

生产阶段的评估有助于监控生产过程，确保生产的稳定性、经济性和环境友好性。定期评估可以帮助管理团队了解生产情况，并根据评估结果进行必要的调整和改进。

（1）生产效率指标

单井产量：衡量单个水平井的产出效率，是生产阶段的核心指标。生产曲线稳定性：评估生产曲线的稳定性和预测性，反映气体产量的长期稳定性。井底压力管理：确保井底压力控制在合理范围内，维持产量稳定。

（2）经济效益指标

生产成本：运营、维护、人工等成本，直接影响经济效益。产值：衡量页岩气产值对比成本，评估项目的盈利能力。

（3）社会与环境指标

当地就业机会：考虑当地居民融入开采项目的就业机会，反映社会效益。社区满意度：考察当地社区对开采活动的态度和满意度，评估企业的社会责任感。环境保护措施：包括气体排放控制、废水处理、生态恢复等，确保环境友好开采。

4.3 指标权重确定方法

4.3.1 专家赋权法（德尔菲法）

4.3.1.1 算法原理

德尔菲法是一种群体决策行为，具有匿名性、反馈性和统计性的特点，本质上是建立在众多专家的专业知识、经验和主观判断能力基础上的，因此，特别适用于缺少信息资料和历史数据，而又较多地受到其他因素影响的信息分析与预测。德尔菲法通过一个多次与专家交互的循环过程，使分散的意见逐次收敛在协调一致的结果上，充分发挥了信息反馈和信息控制的作用。

4.3.1.2 算法步骤

（1）组成专家小组明确研究目标，根据项目研究所需要的知识范围，确定专家、专业人员。专家人数的多少，可根据研究项目的大小和涉及面的宽窄而定，一般在8~20人为宜。

（2）向所有专家提出要征询的问题及有关要求，并附上有关这个问题的所有背景材料，同时请专家提出还需要什么材料。然后，由专家做书面答复。

（3）各个专家根据他们所收到的材料，结合自己的知识和经验，提出自己的意见，并说明依据和理由。

（4）将各位专家第一次判断意见归纳整理，再分发给各位专家，让专家比较自己同他人的不同意见，修改自己的意见和判断。也可以把各位专家的意见加以整理，或请身份更高的其他专家加以评论，然后把这些意见再分送给各位专家，以便他们参考后修改自己的意见。

（5）专家根据第一轮征询的结果及相关材料，调整、修改自己的意见，并给出修改意见的依据及理由。

（6）按照以上步骤，逐轮收集意见并为专家反馈信息。收集意见和信息反馈一般要经过三四轮。在向专家进行反馈的时候，只给出意见内容，但并不说明发表意见的专家的具体姓名。这一过程重复进行，直到每一个专家不再改变自己的意见为止。

（7）数据统计分析：专家意见集中程度可用均数（M_j）和满分频率（K_j）来表示。

$$M_j = \frac{1}{m_j}\sum_{i=1}^{m} C_{ij}$$

其中，m_j 表示参加第 j 个指标评价的专家数；C_{ij} 表示第 i 个专家对第 j 个指标的评分值。M_j 的取值越大，则对应的 j 指标的重要性越高。

$$K_j = m'_j / m_j$$

其中，m_j 表示参加第 j 个指标评价的专家数；m'_j 表示给满分的专家数。K_j 取值在 0-1 之间，K_j 可作为 M_j 的补充指标，K_j 越大，说明对该指标给满分的专家比例越大，该指标也越重要。

具体的德尔菲法流程如图 4-1 所示。

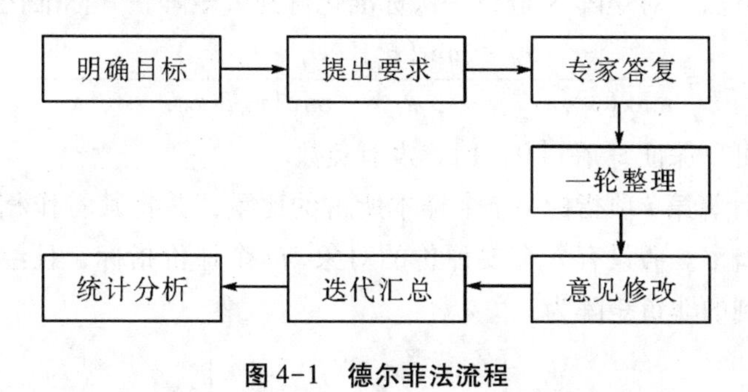

图 4-1 德尔菲法流程

4.3.2 熵权法

4.3.2.1 算法原理

如果某个指标的信息熵越小，就表明其指标值的变异程度越大，提供的信息量越大，在综合评价中所起的作用越大，则其权重也应越大。反之，某指标的信息熵越大，就表明其指标值的变异程度越小，提供的信息量越小，在综合评价中所起的作用越小，则其权重也应越小。所以在具体分析过程中，可根据各个指标值的变异程度，利用熵来计算各指标权重，再对所有指标进行加权，从而得出较为客观的综合评价结果。

4.3.2.2 算法步骤

熵权法的计算步骤大致分为以下三步：

（1）判断输入的矩阵中是否存在负数，如果有则要重新标准化到非负区间（后面计算概率时需要保证每一个元素为非负数）。假设有 n 个要评价的对象，m 个评价指标（已经正向化了）构成的正向化矩阵如下：

$$X=\begin{bmatrix} x_{11} & x_{12} & \cdots & x_{1m} \\ x_{21} & x_{22} & \cdots & x_{2m} \\ \vdots & \vdots & \cdots & \vdots \\ x_{n1} & x_{n2} & \cdots & x_{nm} \end{bmatrix} \tag{4-1}$$

设标准化矩阵为 Z，Z 中元素记为 z_{ij} ：

$$z_{ij}=\frac{x_{ij}}{\sqrt{\sum_{i=1}^{n} x_{ij}}} \tag{4-2}$$

上式中，判断 Z 矩阵中是否存在负数，如果存在的话，需要对 X 使用另一种标准化方法。对矩阵 X 进行一次标准化得到 Z 矩阵，其标准化的公式为

$$z_{ij}=\frac{x_{ij}-\min\{x_{1j},\ x_{2j},\ \cdots,\ x_{nj}\}}{\max\{x_{1j},\ x_{2j},\ \cdots,\ x_{nj}\}-\min\{x_{1j},\ x_{2j},\ \cdots,\ x_{nj}\}} \tag{4-3}$$

这样可以保证 z_{ij} 在［0，1］，没有负数。

（2）计算第 i 项指标下 j 个样本所占的比重，并将其看作相对熵计算中用到的概率。假设有 n 个要评价的对象，m 个评价指标，且经过了上一步处理得到的非负矩阵为

$$Z=\begin{bmatrix} Z_{11} & Z_{12} & \cdots & z_{1m} \\ Z_{21} & Z_{22} & \cdots & z_{2m} \\ \vdots & \vdots & \cdots & \vdots \\ Z_{n1} & Z_{n2} & \cdots & z_{nm} \end{bmatrix} \tag{4-4}$$

计算概率矩阵 P，其中 P 中每一个元素 p_{ij} 的计算公式如下：

$$p_{ij}=\frac{Z_{ij}}{\sum_{i=1}^{n} z_{ij}} \tag{4-5}$$

保证每一列的加和为 1，即每个指标所对应的概率和为 1。

（3）计算每个指标的信息熵，并计算信息效用值，并归一化得到每个指标的熵权。

信息熵的计算：对于第 j 个指标而言，其信息熵的计算公式为

$$e_j = -\frac{1}{\ln n}\sum_{i=1}^{n} p_{ij}\ln(p_{ij}),\ (j=1,\ 2,\ \cdots,\ m) \tag{4-6}$$

若 p_{ij} 为 0，则指定 $\ln(0)=0$。

信息效用值的定义：

$$d_j = 1 - e_j \tag{4-7}$$

信息效用值越大，其对应的信息就越多。将信息效用值进行归一化，可得到每个指标对应的熵权：

$$w_j = \frac{d_j}{\sum_{j=1}^{m} d_j},\ (j=1,\ 2,\ 3,\ \cdots,\ m) \tag{4-8}$$

具体的熵权法流程如图 4-2 所示。

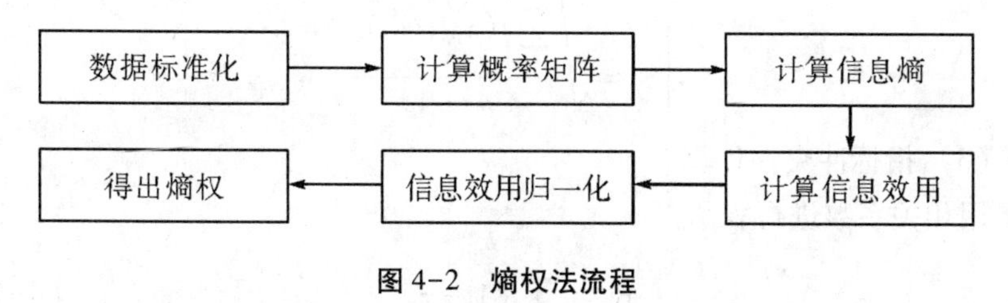

图 4-2　熵权法流程

4.3.3　CRITIC 法

4.3.3.1　*算法原理*

CRITIC 法的基本思路是确定指标的客观权数以两个基本概念为基础。一是对比强度，它表示同一指标各个评价方案取值差距，以标准差的形式来表现，即标准差的值表明了在同一指标内各方案的取值差距，标准差越大各方案的取值差距越大。二是评价指标之间的冲突性，指标之间的冲突性是以指标之间的相关性为基础，如两个指标之间具有较强的正相关，说明两个指标冲突性较低。

CRITIC 法在计算权值时，不仅考虑到了变异对于指标的影响，而且同时还考虑了关联性对于指标的影响，对于多指标多对象的综合评价问题，可以采用 CRITIC 法消除一些相关性较强的指标的影响，减少指标之间信息上的重叠，更有利于得到可信的评价结果。

4.3.3.2　*算法步骤*

（1）数据预处理：为消除因量纲不同对评价结果的影响，需要对各指

标进行无量纲化处理。CRITIC 权重法一般使用正向化或逆向化处理。

若所用指标的值越大越好，则为正向指标处理：

$$x_{ij}' = \frac{x_j - x_{\min}}{x_{\max} - x_{\min}} \tag{4-9}$$

若所用指标的值越小越好，则为逆向指标处理：

$$x_{ij}' = \frac{x_{\max} - x_j}{x_{\max} - x_{\min}} \tag{4-10}$$

（2）指标变异性计算

以标准差的形式来表现：

$$\begin{cases} \bar{x}_j = \dfrac{1}{n}\sum_{i=1}^{n} x_{ij} \\ S_j = \sqrt{\dfrac{\sum_{i=1}^{n}(x_{ij} - \bar{x}_j)^2}{n-1}} \end{cases} \tag{4-11}$$

（3）指标冲突性计算

用相关系数进行表示：

$$R_j = \sum_{i=1}^{p}(1 - r_{ij}) \tag{4-12}$$

式（4-12）中，r_{ij} 表示评价指标 i 和 j 之间的相关系数。使用相关系数来表示指标间的相关性，与其他指标的相关性越强，则该指标就与其他指标的冲突性越小，反映出相同的信息越多，所能体现的评价内容就越有重复之处，在一定程度上也就削弱了该指标的评价强度，应该减少对该指标分配的权重。

（4）信息量计算

$$C_j = S_j \sum_{i=1}^{p}(1 - r_{ij}) = S_j \times R_j \tag{4-13}$$

上式中，C_j 越大，第 j 个评价指标在整个评价指标体系中的作用越大，就应该给其分配更多的权重。

（5）客观权重计算

第 j 个指标的客观权重 W_j 计算公式为

$$W_j = \frac{C_j}{\sum_{j=1}^{p} C_j} \tag{4-14}$$

CRITIC 法的具体流程如图 4-3 所示。

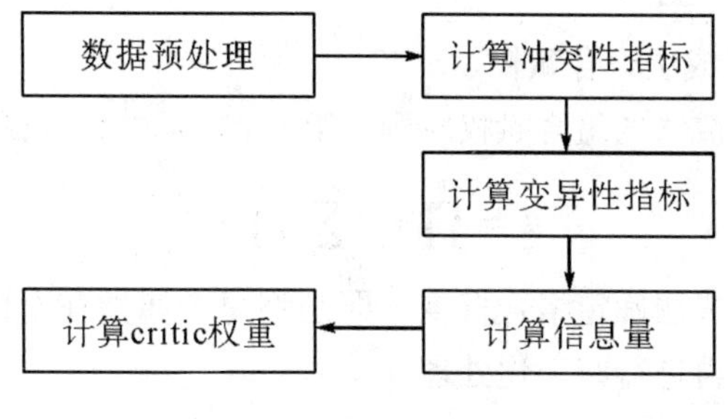

图 4-3　CRITIC 流程

4.3.4　组合赋权法

4.3.4.1　*算法原理*

主观权重和客观权重各有优点，在反映指标自身重要性方面，主观权重是优于客观权重的；在反映指标的数据信息方面，或者说在有效区分评价结果方面，客观赋权法是优于主观赋权法的。综合考虑主观权重和客观权重，计算评价指标的主客观组合权重，更能对被评价对象进行合理的评估和备选方案有效区分。主客观权重的赋权依据是不同的，从兼顾主观权重和客观权重的优点这个角度出发，需要对主客观权重进行组合。从某种意义上讲，评价指标权重的大小应该看实际问题的政策导向。从这一方面讲，评价指标的主观权重就更加符合评价主体的主观意愿，也更加重要一些。但是在某些特殊情况下，评价的一个重要应用就是被评价对象的有效区分。为了突出被评价对象之间的区分度，客观权重是必需的，主客观权重的组合也是必需的。

4.3.4.2　*算法步骤*

（1）加法合成法组合赋权

假设采用 n 种赋权方法对 m 个属性进行赋权，得到 n 个 m 维的权重向量 α_1，α_2，…，α_n。其中，主观赋权方法 n_1 种，客观赋权方法 n_2 种，满足：$n_1 \geqslant 1$；$n_2 \geqslant 1$；$n_1 + n_2 = n$，同一个指标有 n 个权重，n_1 个主观权重，n_2 个客观权重，第 i 种赋权方法下第 j 个属性的权重 α_{ij}，$i = 1$，2，…，n；$j = 1$，2，…，m。人为对每个权重向量 α_i 分配对应的权重为 b_i，则加法合成法确定的组合权重向量 θ 和第 j 个属性的组合权重 θ_j 计算公式为

$$\theta = \sum_{i=1}^{n} b_i a_i,\quad \theta_j = \sum_{i=1}^{n} b_i a_{ij} \tag{4-15}$$

其中，$\sum_{i=1}^{m} a_{ij} = 1$，$\sum_{i=1}^{n} b_i = 1$。

（2）乘法合成法组合赋权

根据乘法合成法的组合赋权原则，第 j 个指标的组合权重为

$$\theta_j = \prod_{i=1}^{n} a_{ij} / \sum_{j=1}^{m} \prod_{i=1}^{n} a_{ij} \tag{4-16}$$

通过乘法合成法确定组合权重，即是将每个属性在不同赋权方法下的对应权重相乘，再进行归一化处理。

（3）基于客观修正主观的组合赋权

主要思想是利用客观赋权方法的优势去修正主观赋权方法的劣势，希望修正后的组合权重能够兼顾主客观权重的优势。如选择 G1 主观赋权和标准离差客观赋权计算组合权重。

①由决策专家根据经验给出属性的重要性排序，通过排序反映主观赋权法在属性排序上的优势；然后，利用客观赋权方法计算属性的客观权重，并将客观权重的值作为指标之间重要性之比的计算依据，通过相邻指标重要性之比的计算反映客观赋权法在数据信息反映上的优势，第 j 个属性的标准差 s_j 和相邻指标 x_{k-1} 与 x_k 重要性程度之比 r_k 为

$$s_j = \sqrt{\frac{1}{m}[(x_{1j} - \bar{x}_j)^2 + \cdots + (x_{mj} - \bar{x}_j)^2]} \tag{4-17}$$

$$\bar{x}_j = \frac{1}{m}(x_{1j} + x_{2j} + \cdots + x_{mj}),$$

$$\bar{x}_j = \frac{1}{m}(x_{1j} + x_{2j} + \cdots + x_{mj}) \tag{4-18}$$

$$r_k = \begin{cases} \min\left\{2, \frac{s_{k-1}}{s_k}\right\} & \text{当 } s_{k-1} \geqslant s_k \\ 1 & \text{当 } s_{k-1} \leqslant s_k \end{cases} \tag{4-19}$$

②利用 G1 赋权法计算主客观组合权重。根据计算的 r_j 值，则第 k 个准则层下第 m 个指标对该准则层的 G1 组合权重 v_m，以及第 $m-1$，$m-2$，…，3，2 个指标的权重如下式所示：

$$v_m = (1 + \sum_{k=2}^{m} \prod_{j=k}^{m} r_j) - 1$$
$$v_{j-1} = r_j v_j, \ j = m, \ m-1, \ \cdots, \ 3, \ 2 \tag{4-20}$$

4.3.5 主成分分析法

4.3.5.1 算法原理

PCA 是一种常用的数据分析方法。PCA 通过线性变换将原始数据变换为一组各维度线性无关的表示，可用于提取数据的主要特征分量，常用于高维数据的降维。

4.3.5.2 算法步骤

（1）对原始数据进行标准化处理

假设进行主成分分析的指标变量有 m 个，分别为 x_1，x_2，…，x_m。共有 n 个评价对象，第 i 个评价对象的第 j 个指标的取值为 x_{ij}。将各指标值 x_{ij} 转换成标准化指标 $\tilde{x}_{ij}$。

$$\tilde{x}_{ij} = \frac{x_{ij} - \bar{x}_j}{s_j}, \ (i = 1, \ 2, \ \cdots, \ n; \ j = 1, \ 2, \ \cdots, \ m) \tag{4-21}$$

其中，$\bar{x}_j = \frac{1}{n}\sum_{i=1}^{n} x_{ij}$，$s_j = \sqrt{\frac{1}{n-1}\sum_{i=1}^{n} (x_{ij} - \bar{x}_j)^2}$，即 $\bar{x}_j$、s_j 为第 j 个指标的样本均值和样本标准差。对应地，称 $\tilde{x}_i = \frac{x_i - \bar{x}_i}{s_i}$，$(i = 1, \ 2, \ \cdots, \ m)$ 为标准化指标变量。

（2）计算相关系数矩阵 R

相关系数矩阵 $R = (r_{ij})_{m \times n}$。

$$r_{ij} = \frac{\sum_{k=1}^{n} \tilde{x}_{ki} \cdot \tilde{x}_{kj}}{n-1}, \ (i, \ j = 1, \ 2, \ \cdots, \ m) \tag{4-22}$$

上式中，$r_{ij} = 1$，$r_{ij} = r_{ji}$，r_{ij} 是第 i 个指标和第 j 个指标的相关系数。

（3）计算特征值和特征向量

计算相关系数矩阵 R 的特征值 $\lambda_1 \geqslant \lambda_2 \geqslant \cdots \geqslant \lambda_m \geqslant 0$，及对应的特征向量 u_1，u_2，…，u_m，其中 $u_j = (u_{1j}, \ u_{2j}, \ \cdots, \ u_{nj})^T$，由特征向量组成 m 个新的指标变量。

$$\begin{cases} y_1 = u_{11}\tilde{x}_1 + u_{21}\tilde{x}_2 + \cdots + u_{n1}\tilde{x}_n \\ y_2 = u_{12}\tilde{x}_1 + u_{22}\tilde{x}_2 + \cdots + u_{n2}\tilde{x}_n \\ \cdots \\ y_m = u_{1m}\tilde{x}_1 + u_{2m}\tilde{x}_2 + \cdots + u_{nm}\tilde{x}_n \end{cases} \tag{4-23}$$

式中，y_1 是第 1 主成分，y_2 是第 2 主成分，…，y_m 是第 m 主成分。

（4）选择 $p(p \leqslant m)$ 个主成分，计算综合评价值

计算特征值 λ_j，（$j-1$，2，…，m）的信息贡献率 b_j 和累积贡献率 a_p 。

$$b_j = \frac{\lambda_j}{\sum_{k=1}^{m} \lambda_k}, \ (j = 1, 2, \cdots, m) \tag{4-24}$$

$$a_p = \frac{\sum_{k=1}^{p} \lambda_k}{\sum_{k=1}^{m} \lambda_k} \tag{4-25}$$

当 a_p 接近于 1 时，则选择前 p 个指标变量 y_1，y_2，…，y_p 作为 p 个主成分，代替原来 m 个指标变量，从而可对 p 个主成分进行综合分析。

（5）计算综合得分

$$Z = \sum_{j=1}^{p} b_j y_j \tag{4-26}$$

其中，b_j 为第 j 个主成分的信息贡献率，根据综合得分值就可进行评价。

主成分分析法的具体流程如图 4-4 所示。

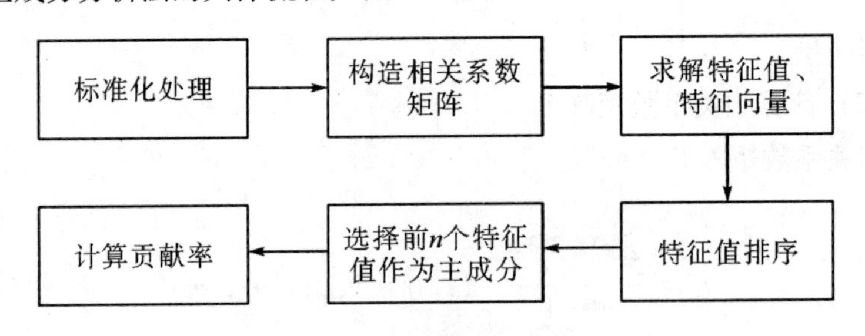

图 4-4　主成分分析流程

4.3.6　因子分析法

4.3.6.1　算法原理

因子分析法是指研究从变量群中提取共性因子的统计技术，共性因子

是不同变量之间内在的隐藏因子。因子分析的过程是寻找共性因子和个性因子并得到最优解释的过程。

因子分析法的基本思想是：依据相关性对变量分组，使得同组内的变量之间相关性较高，但不同组的变量不相关或相关性较低，每组变量代表一个基本结构，即公共因子。

4.3.6.2 算法步骤

（1）相关性检验，一般采用 KMO 检验法和 Bartlett 球形检验法两种方法来对原始变量进行相关性检验；以此确定原有若干变量是否适合于因子分析；因子分析的基本逻辑是从原始变量中构造出少数几个具有代表意义的因子变量，这就要求原有变量之间要具有比较强的相关性，一般来说 KMO 的值越接近于 1 越好，大于 0.7 的话则适合做因子分析。

（2）输入原始数据 $X_n \cdot p$，计算样本均值和方差，对数据样本标准化处理。

（3）计算样本的相关矩阵 R。

（4）求相关矩阵 R 的特征根和特征向量。

（5）根据系统要求的累积贡献率确定公共因子的个数。

（6）计算因子载荷矩阵 A；因子分析中有多种确定载荷矩阵的方法，如基于主成分模型的主成分分析法和基于因子分析模型的主轴因子法、极大似然法、最小二乘法等。

（7）对载荷矩阵进行旋转，以求能更好地解释公共因子；利用旋转使因子变量更具有可解释性；在实际分析工作中，主要是使用因子分析得到因子和原变量的关系，从而对新的因子进行命名和解释。

（8）确定因子模型。

（9）根据上述计算结果，求因子得分，对系统进行分析。因子变量确定以后，对每一样本数据，得到它们在不同因子上的具体数据值，这些数值就是因子得分，它和原变量的得分相对应。

因子分析法的具体流程如图 4-5 所示。

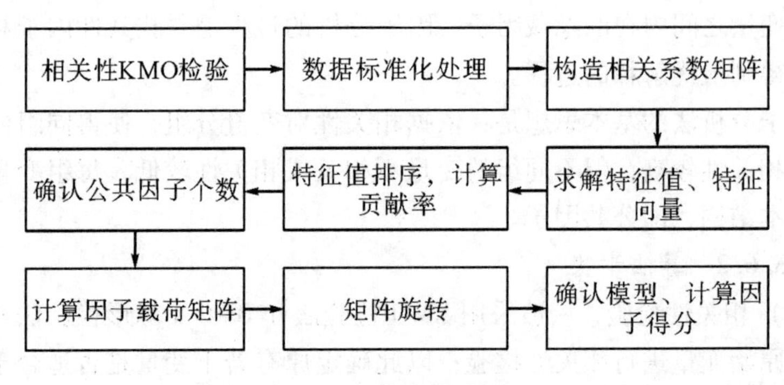
相关性KMO检验
数据标准化处理
构造相关系数矩阵
确认公共因子个数
特征值排序，计算贡献率
求解特征值、特征向量
计算因子载荷矩阵
矩阵旋转
确认模型、计算因子得分

图 4-5　因子分析流程

5　数据驱动的页岩气井全生命周期主控因素分析

5.1　主控因素分析方法

常规的相关性分析方法通常基于计量模型展开，页岩气井所涉及的数据具有高维大样本性质，且变量间具有多重共线性，因此采用常规的线性模型以及多项式模型难以描述变量间复杂的作用机制。树类模型通常对各个特征的数值分布进行研究，能够基于特征的信息熵指标评估其对于响应变量的重要程度，适用于特征数量较多且数据样本较大的研究场景，重要性因素分析的技术路线如图 5-1 所示。

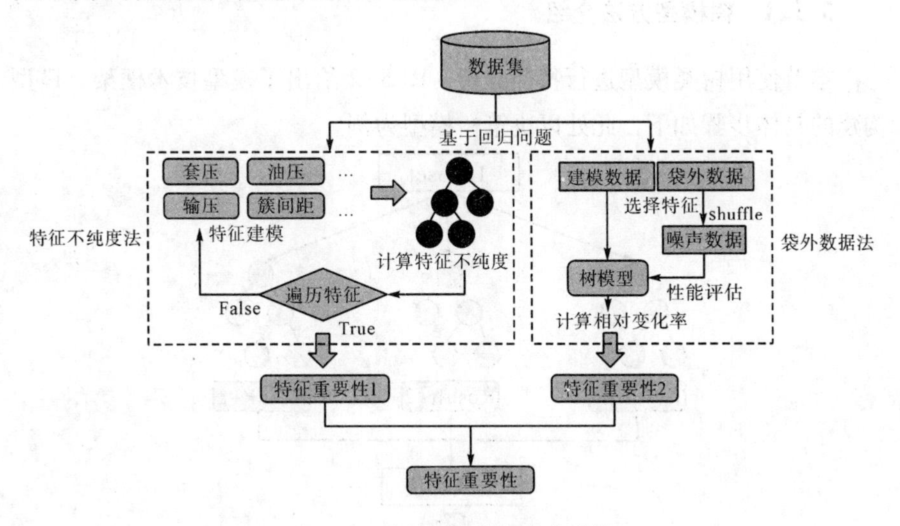

图 5-1　主控因素分析技术路线

根据图 5-1 所示的主控因素分析技术路线，首先将该问题设置为回归问题，将关键特征作为自变量，不同周期的累产作为因变量建立回归树模型。进而采取树模型作为特征重要性分析的基础工具，以特征不纯度法以及袋外数据法两种评估手段对数据集中的各项特征重要程度进行分析。

特征不纯度法将各项特征作为树模型的划分节点，以树模型节点分支前后的不纯度差值，度量对应特征的重要性。不纯度指标用于评估数据集中响应变量的离散程度，数据不纯度越高，说明数据集中的样本差异越大，计算特征 j 在节点 k 的不纯度的公式如下：

$$G(k,\ j) = \frac{1}{N_l}\sum_{y_i \in X_l}(y_i - \bar{y}_l)^2 + \frac{1}{N_r}\sum_{y_i \in X_r}(y_i - \bar{y}_r)^2 \tag{5-1}$$

通过遍历所有的特征，比较各项特征的不纯度得分，进而评估其对响应变量的影响程度。

袋外数据法将数据集进行划分，其中建模数据用于建立树模型，袋外数据用于评估特征重要性。首先测试模型在袋外数据上的预测表现，之后选取单个特征，对袋外数据中的对应特征添加噪声，评估模型在噪声数据上的性能，并计算相对变化率。若该项特征属于重要特征，那么添加噪声后会导致模型的预测性能受到显著影响，反之，非关键特征添加噪声，对于模型的预测性能影响较为微弱。

5.1.1 树模型方法介绍

本节使用树类模型进行特征分析，图 5-2 给出了模型技术框架，模型构建的具体步骤如下，此处以决策树模型为例。

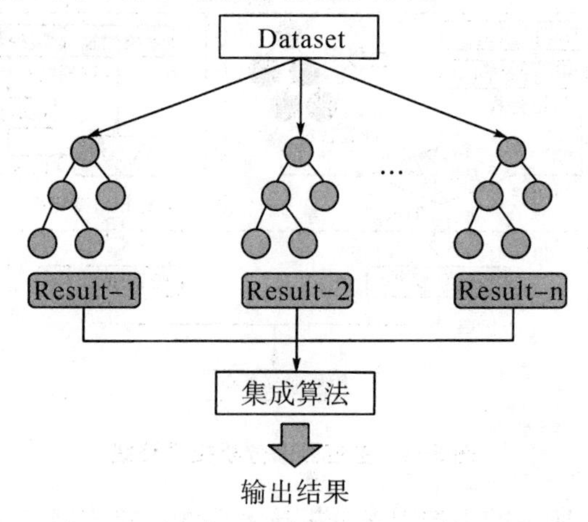

图 5-2 树类模型技术框架

（1）从训练集中，随机有放回地抽取 n 个样本，作为当前回归树的训练子集；

（2）从训练集的 M 个特征中选取 m 个特征作为树节点的划分特征（$m<M$）；

（3）在每个子样本集上使用 CART 算法构建一棵决策树；

（4）将以上过程重复 N 次，构建 N 个决策树模型；

（5）将 N 个决策树的预测结果进行集成，从而得到预测结果。

决策树是一种基本的分类与回归方法。决策树由结点（node）和有向边（directed edge）组成。结点有两种类型：内部结点（internal node）和叶结点（leaf node）。内部结点表示一个特征或属性，叶结点表示一个类别或者某个值。

用决策树做分类或回归任务时，从根节点开始，对样本的某一特征进行测试，根据测试结果，将样本分配到其子结点；这时，每一个子节点对应着该特征的一个取值。如此递归地对样本进行测试并分配，直至到达叶结点。页岩气的产量预测为回归问题，因此选择 CART 算法构建二叉回归树作为基模型。决策树模型算法类型如表 5-1 所示。

表 5-1　决策树模型算法

算法	支持问题	结构	特征选择原理
ID3	分类	多叉树	信息增益
C4.5	分类	多叉树	信息增益
CART	分类、回归	二叉树	基尼系数、均方误差

5.1.2 树模型构造原理

设 X 为变量，Y 为响应变量，在给定数据集 $D=\{(x_1, y_1), (x_1, y_1), \cdots, (x_N, y_N)\}$ 的情况下，回归树通过最小化平方残差，选择分割后数据方差最小的特征和分割点，使得分割后节点内的数据能够有最接近的值，决策树模型构建的过程可分为两个阶段：

（1）选择切分特征与切分点

CART 回归树采用启发式算法对输入空间进行划分，在选择第 j 个变量与取值 s 作为切分特征与切分点时，CART 回归树求解以下优化问题：

$$\min_{j,\ s}[\min_{c_1}\sum_{x_i \in \mathrm{R}_1(j,\ s)}(y_i - c_1)^2 + \min_{c_1}\sum_{x_i \in \mathrm{R}_2(j,\ s)}(y_i - c_2)^2] \tag{5-2}$$

其中，$\mathrm{R}_1(j,\ s)$ 与 $\mathrm{R}_2(j,\ s)$ 分别代表二叉树的两种划分空间，c_1 与 c_2 分别是划分后子集的响应变量均值。

在每一个分裂节点，依次带入全部特征 J 与对应的全部切分点 S，选择最优解作为当前节点的切分特征与切分点，依此将输入空间划分为两个区域。接着，对每个区域重复上述划分过程，直到满足停止条件为止。这样就生成一棵回归树。这样的回归树通常称为最小二乘回归树，如图 5-3 所示。

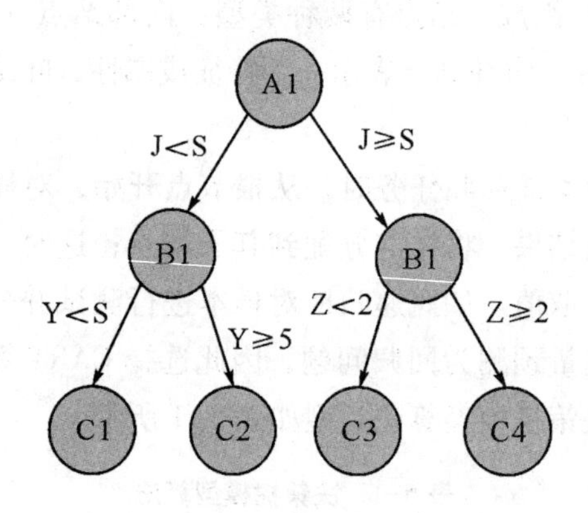

图 5-3　回归树分裂过程

（2）确定叶子节点输出值

经过选择最优切分特征 j 与最优切分点 s 后，决策树能够利用相应的划分空间完成对样本的预测。

对于划分入 R_1 的样本，其预测值为 $\hat{c}_1 = ave(y_i \mid x_i \in \mathrm{R}_1(j,\ s))$，对于划入 R_2 的样本，其预测值为 $\hat{c}_2 = ave(y_i \mid x_i \in \mathrm{R}_2(j,\ s))$

如果已经将输入空间划分为 M 个区域 R_1，R_2，…，R_M，并且在每个区域上有一个对应的输出值 $\hat{c}_m$，回归树的预测可表示为 $f_{\text{predict}}(x) = \hat{c}_m \mathrm{I}(x \in \mathrm{R}_m)$

5.1.3　特征重要性分析

树类模型有两种方法评估特征重要度，分别是特征不纯度法以及袋外数据法（out of bag，OOB）。

5.1.3.1 特征不纯度法

不纯度指标（criterion）能够用于评估特征重要性，其原理是以树模型节点分支前后的不纯度差值，度量对应特征的重要性。其计算步骤如下：

计算特征 j 在节点 k 的不纯度，计算公式如下：

$$G(k,\ j) = \frac{1}{N_l}\sum_{y_i \in X_l}(y_i - \bar{y}_l)^2 + \frac{1}{N_r}\sum_{y_i \in X_r}(y_i - \bar{y}_r)^2 \tag{5-3}$$

计算 k 节点分裂前后的不纯度差值，用于度量特征重要性。

$$VIM(k,\ j) = w_k \cdot G_k - w_{left} \cdot G_{left} - w_{right} \cdot G_{right} \tag{5-4}$$

其中 w_k，w_{left}，w_{right} 分别是节点 k 与左右子节点中样本个数与总样本数目的比值，G_k，G_{left}，G_{right} 分别是节点以及左右子节点的不纯度；

特征 j 出现在节点集合 M 中，则可得特征 j 的在第 i 个树模型中的重要度为

$$VIM_i(j) = \sum_{k \in M} VIM_i(j) \tag{5-5}$$

在随机森林中有 N 棵决策树，则特征 j 的总重要度为

$$VIM_i(j) = \sum_{i=1}^{N} VIM_i(j) \tag{5-6}$$

5.1.3.2 袋外数据法

袋外数据是指，通过重复抽样构建子数据集时，有部分数据没有被用于建模，因此可以用于评估树模型性能，评估指标称为袋外数据误差。表 5-2 和表 5-3 给出了袋外数据法的“shuffle”过程。

（1）对训练完成的随机森林模型，选择相应的袋外数据计算误差，记为 E_0；

（2）对袋外数据的第 j 个特征加入噪声干扰（重新打乱各样本的对应特征取值），再次计算袋外数据误差，记为 E_{ij}；

（3）计算误差相对变化率，记作 $(E_0 - E_j)/E_0$，得到第 j 个特征的重要性指数；

（4）对所有特征进行（1）至（3）的操作，得到全部特征的重要性指数。

如果加入随机噪声后，袋外数据准确率大幅度下降（$E_0 < E_j$），说明该特征对于数据的预测结果有很大影响，具有较高的重要性。

表 5-2　shuffle 处理前的数据

井号	套压	油压	输压	历年产气量/万方
A1-3	43.54	0	3.86	1
A1-2	37.54	0	4.9	3
A1-4	13.22	0	2.2	0
A1-5	23.08	0	2.2	0
A1-3	13.5	0	2.5	1

表 5-3　shuffle 处理后的数据

井号	套压	油压	输压	历年产气量/万方
A1-3	37.54	0	3.86	1
A1-2	13.22	0	4.9	3
A1-4	43.54	0	2.2	0
A1-5	13.5	0	2.2	0
A1-3	23.08	0	2.5	1

5.2　页岩气井全生命周期主控因素分析

5.2.1　基于开发大表数据

本节的主控因素分析遵循图 5-4 中的步骤。首先对开发大表中的原始数据进行数据清洗，其中包含特征选择、空值处理、非数值型数据处理等。标签选择中可将 90 天累产气量、首年累产气量、第二年累产气量、第三年累产气量、第四年累产气量、第五年累产气量、第六年累产气量作为目标。标签不同关注的时间长度不同，因此同一特征可能对长时间累产和短时间累产的敏感度不同。最后，使用 5.1 节中介绍的分析方法进行主控因素分析，并对结果进行可视化和分析。表 5-4 给出了数据清洗后的示例数据。后续内容使用包含 242 口气井的某地区真实生产数据进行分析和展示。

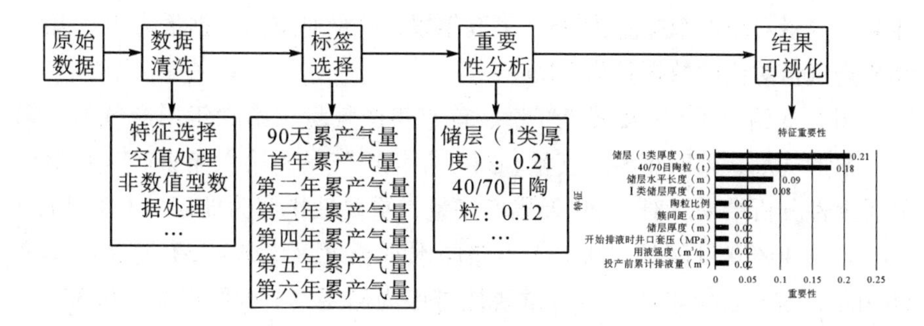

图 5-4　主控因素分析流程

表 5-4　示例数据

井号	90 天累产/万方	I 类储层厚度/m	…	井间距/m
A1-1	454.74	6.69	…	400
A1-2	760.22	6.94	…	400
…	…	…	…	…

示例数据中有较多特征，并且需要剔除一些无用特征，关注的特征有I类储层厚度、I类储层连续厚度、储层厚度、储层（1类厚度）、储层水平长度、储层压力系数、储层钻遇率、储层底以上4米箱体钻遇率、水平段长、主体单段簇数、单段主体孔数、簇间距、主体射孔密度、加砂强度、用液强度、分段段长（m）、是否套变、合压长度、丢段长度、优质页岩钻遇率、实际射孔簇数、折算有效段数、100目石英砂、40/70目石英砂、40/70目陶粒、30/50目陶粒、总砂量、酸液、滑溜水、线性胶、弱凝胶、总液量、平均单段砂量、平均单段液量、陶粒比例、平均停泵压力、排量、压裂结束停泵压力、焖井时间、开始排液时井口套压、投产前累计排液量、投产前返排率、井间距、研究所复核储量丰度。关注的标签有90天累产气量、首年累产气量、第二年累产气量、第三年累产气量、第四年累产气量、第五年累产气量、第六年累产气量。

主控因素重要性分析选择不同的标签对结果进行可视化与分析，使用Scikit-learn中的随机森林模型进行训练。并且由于每口井的建设时间不同会造成累产时间长短不一，因此选择不同的标签时，数据量会变化。90天累产气量对应的数据量为242，首年累产气量对应的数据量为215，第二年累产气量对应的数据量为173，第三年累产气量对应的数据量为102，第四年累产气量对应的数据量为53，第五年累产气量对应的数据量为36，第六年累产气量对应的数据量为22。

图5-5给出了90天累产气量、首年累产气量、第二年累产气量、第三年累产气量、第四年累产气量、第五年累产气量和第六年累产气量对应的重要性分析结果。对于90天累产气量，重要性排序为储层（1类厚度）（0.21）>40/70目陶粒（0.18）>储层水平长度（0.09）>I类储层厚度（0.08）；对于首年累产气量，重要性排序为储层（1类厚度）（0.38）>40/70目陶粒（0.13）>I类储层厚度（0.07）>陶粒比例（0.04）；对于第二年累产气量，重要性排序为储层（1类厚度）（0.36）>I类储层厚度（0.13）>40/70目陶粒（0.08）>陶粒比例（0.05）；对于第三年累产气量，重要性排序为I类储层厚度（0.34）>储层（1类厚度）（0.22）>40/70目陶粒（0.07）>排液量（0.04）；对于第四年累产气量，重要性排序为储层（1类厚度）（0.24）>I类储层厚度（0.23）>40/70目陶粒（0.06）>总液量（0.05）；对于第五年累产气量，重要性排序为储层（1类厚度）（0.40）>I类储层厚度（0.13）>I类储层连续厚度（0.06）>存储丰度（0.05）；对于第六年累产气量，重要性排序为存储丰度（0.44）>储层（1类厚度）（0.12）>I类储层连续厚度（0.09）>停泵压力（0.05）。

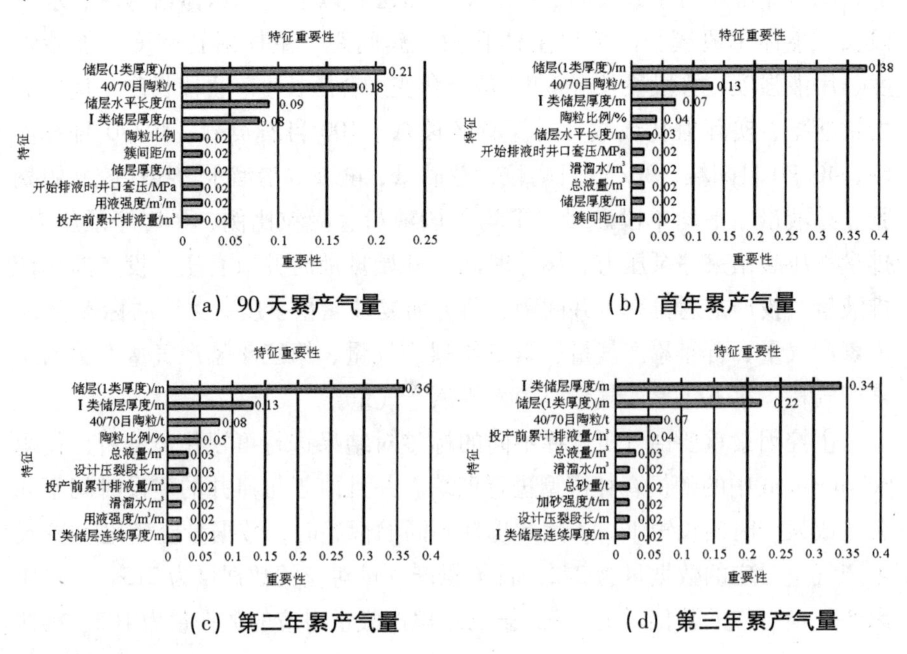

（a）90天累产气量　（b）首年累产气量

（c）第二年累产气量　（d）第三年累产气量

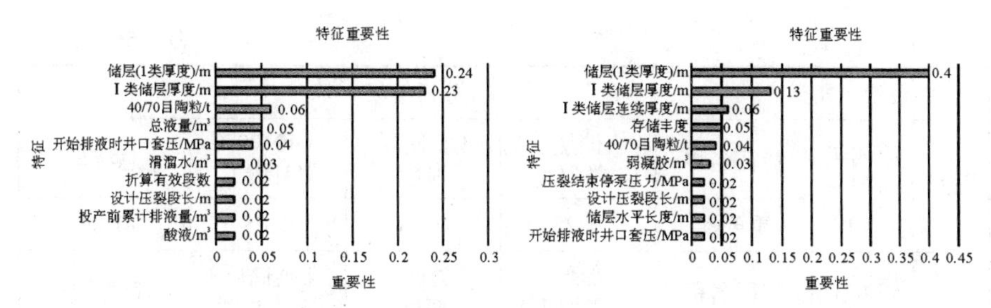

(e) 第四年累产气量　　(f) 第五年累产气量

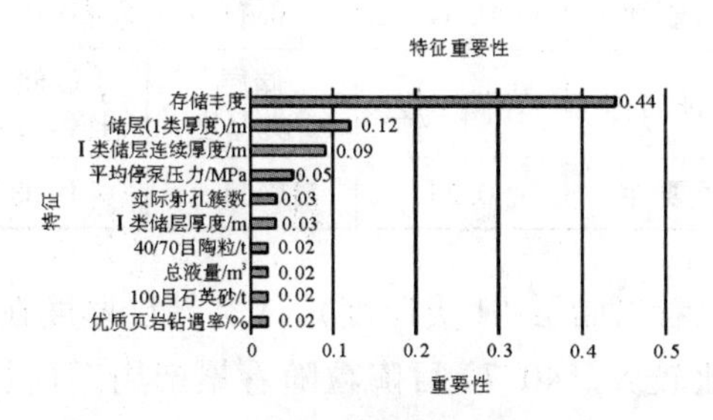

(g) 第六年累产气量

图 5-5 主控因素分析结果

主控因素重要性分析结果如表 5-5 所示。

表 5-5 主控因素重要性分析结果

井数量		分析结果				
242	90天累产气量	特征名称	储层（1类厚度）	40/70目陶粒	储层水平长度	I类储层厚度
		重要性	0.21	0.16	0.1	0.08
215	首年累产气量	特征名称	储层（1类厚度）	40/70目陶粒	I类储层厚度	陶粒比例
		重要性	0.35	0.14	0.06	0.05
173	第二年累产气量	特征名称	储层（1类厚度）	I类储层厚度	40/70目陶粒	陶粒比例
		重要性	0.35	0.14	0.09	0.04
102	第三年累产气量	特征名称	I类储层厚度	储层（1类厚度）	40/70目陶粒	排液量
		重要性	0.31	0.21	0.09	0.04

表5-5(续)

井数量		分析结果				
53	第四年累产气量	特征名称	储层（1类厚度）	I类储层厚度	40/70目陶粒	总液量
		重要性	0.25	0.23	0.05	0.04
36	第五年累产气量	特征名称	储层（1类厚度）	I类储层厚度	I类储层连续厚度	存储丰度
		重要性	0.34	0.11	0.07	0.05
22	第六年累产气量	特征名称	存储丰度	储层（1类厚度）	I类储层连续厚度	停泵压力
		重要性	0.24	0.11	0.08	0.05

从表5-5可以看出储层（1类厚度）、I类储层厚度在短周期和长周期内的影响程度都比较大。40/70目陶粒随着累产周期增加，重要性降低。存储丰度、I类储层连续厚度、I类储层厚度对长周期的累产影响程度较高，其中存储丰度对长周期的累产影响显著大于其他影响因素。但是由于长周期累产的数据量较少，这些数据得出的结论是否具有普遍性还不得而知，因此存储丰度对长周期的累产影响显著大于其他影响因素这个结论还应得到更多数据的支撑。

进一步，通过重采样法来获取不同的数据子集，并在这些子集上重新训练树模型。然后，比较不同数据子集上特征重要性排序的稳定性。如果排序结果较为稳定，那么可以认为该结果是可靠的。在验证过程中，每次抽取80%的数据集进行重新训练模型和计算特征重要性。不同时间长度下的重要性分析结果如表5-6至表5-12所示。

表5-6 重采样法下的90天累产特征重要性

特征	重要性											平均重要性
储层（1类厚度）/m	0.17	0.17	0.22	0.29	0.22	0.23	0.20	0.19	0.19	0.25	0.22	0.21
40/70目陶粒/t	0.23	0.16	0.17	0.11	0.14	0.11	0.14	0.12	0.24	0.15	0.16	0.16
储层水平长度/m	0.11	0.09	0.08	0.08	0.09	0.10	0.12	0.17	0.06	0.07	0.11	0.10

表5-6(续)

特征	重要性											平均重要性
I类储层厚度/m	0.07	0.09	0.10	0.09	0.11	0.07	0.09	0.05	0.08	0.07	0.08	0.08
储层厚度/m	0.03	0.02	0.04	0.03	0.03	0.03	0.02	0.03	0.02	0.02	0.01	0.03
总液量/m^3	0.03	0.04	0.01	0.03	0.02	0.03	0.02	0.02	0.03	0.02	0.02	0.02
设计压裂段长/m	0.02	0.03	0.03	0.02	0.01	0.03	0.03	0.02	0.02	0.02	0.01	0.02
陶粒比例/%	0.03	0.02	0.03	0.02	0.02	0.03	0.02	0.02	0.02	0.02	0.01	0.02
开始排液时井口套压/MPa	0.01	0.02	0.02	0.02	0.02	0.02	0.02	0.02	0.02	0.02	0.02	0.02
簇间距/m	0.02	0.02	0.02	0.01	0.02	0.02	0.02	0.02	0.01	0.03	0.01	0.02

表 5-7 重采样法下的首年累产特征重要性

特征	重要性											平均重要性
储层（1类厚度）/m	0.35	0.33	0.43	0.34	0.36	0.28	0.39	0.22	0.41	0.37	0.31	0.35
40/70目陶粒/t	0.18	0.14	0.10	0.10	0.08	0.15	0.12	0.28	0.12	0.12	0.19	0.14
I类储层厚度/m	0.05	0.06	0.04	0.10	0.07	0.05	0.06	0.07	0.06	0.05	0.06	0.06
储层水平长度/m	0.05	0.06	0.02	0.05	0.06	0.06	0.04	0.02	0.02	0.05	0.06	0.05
陶粒比例/%	0.04	0.06	0.07	0.04	0.07	0.02	0.03	0.03	0.04	0.01	0.02	0.04
滑溜水/m^3	0.03	0.03	0.04	0.05	0.03	0.03	0.02	0.02	0.03	0.03	0.03	0.03
总液量/m^3	0.012	0.022	0.011	0.036	0.017	0.058	0.029	0.015	0.02	0.032	0.034	0.03
储层厚度/m	0.02	0.02	0.02	0.02	0.03	0.04	0.02	0.01	0.02	0.02	0.03	0.02
开始排液时井口套压/MPa	0.02	0.02	0.01	0.01	0.03	0.03	0.02	0.02	0.02	0.03	0.02	0.02
I类储层连续厚度/m	0.014	0.015	0.019	0.03	0.01	0.012	0.016	0.021	0.014	0.015	0.012	0.02

表 5-8 重采样法下的第二年累产特征重要性

特征	重要性											平均重要性
储层（1类厚度）/m	0.37	0.48	0.39	0.34	0.31	0.45	0.34	0.26	0.33	0.31	0.26	0.35
I类储层厚度/m	0.11	0.04	0.16	0.18	0.22	0.09	0.09	0.21	0.18	0.11	0.20	0.14

表5-8(续)

特征	重要性											平均重要性
40/70 目陶粒/t	0.07	0.10	0.05	0.11	0.04	0.07	0.14	0.09	0.08	0.13	0.11	0.09
陶粒比例/%	0.02	0.04	0.06	0.03	0.07	0.05	0.05	0.02	0.03	0.04	0.04	0.04
总液量/m^3	0.02	0.02	0.02	0.02	0.03	0.02	0.02	0.04	0.03	0.03	0.03	0.03
设计压裂段长/m	0.04	0.02	0.02	0.01	0.01	0.03	0.02	0.02	0.03	0.04	0.02	0.02
投产前累计排液量/m^3	0.02	0.02	0.04	0.02	0.02	0.01	0.02	0.03	0.02	0.01	0.02	0.02
滑溜水/m^3	0.03	0.02	0.01	0.03	0.01	0.02	0.02	0.02	0.03	0.02	0.02	0.02
储层水平长度/m	0.03	0.01	0.01	0.01	0.01	0.01	0.02	0.01	0.03	0.02	0.03	0.02
用液强度/m^3/m	0.02	0.01	0.01	0.01	0.02	0.02	0.01	0.02	0.01	0.01	0.02	0.02

表 5-9 重采样法下的第三年累产特征重要性

特征	重要性											平均重要性
I类储层厚度/m	0.37	0.30	0.28	0.22	0.37	0.46	0.38	0.18	0.30	0.39	0.23	0.31
储层(1类厚度)/m	0.12	0.23	0.15	0.32	0.15	0.13	0.23	0.34	0.24	0.15	0.20	0.21
40/70 目陶粒/t	0.11	0.10	0.06	0.07	0.16	0.06	0.03	0.12	0.09	0.05	0.18	0.09
投产前累计排液量/m^3	0.04	0.02	0.08	0.05	0.03	0.03	0.04	0.04	0.05	0.06	0.03	0.04
总液量/m^3	0.02	0.03	0.03	0.04	0.02	0.04	0.03	0.02	0.01	0.04	0.04	0.03
总砂量/t	0.02	0.03	0.01	0.03	0.01	0.04	0.02	0.02	0.03	0.05	0.02	0.03
设计压裂段长/m	0.01	0.01	0.04	0.03	0.02	0.01	0.01	0.03	0.03	0.02	0.04	0.02
滑溜水/m^3	0.02	0.03	0.02	0.02	0.02	0.03	0.02	0.01	0.02	0.03	0.02	0.02
投产前返排率/%	0.02	0.01	0.04	0.03	0.01	0.01	0.01	0.02	0.02	0.03	0.01	0.02
加砂强度/t/m	0.02	0.01	0.01	0.02	0.02	0.02	0.01	0.03	0.02	0.02	0.04	0.02

表 5-10 重采样法下的第四年累产特征重要性

特征	重要性											平均重要性
储层(1类厚度)/m	0.13	0.30	0.41	0.23	0.28	0.23	0.21	0.26	0.31	0.19	0.19	0.25

表5-10(续)

特征	重要性											平均重要性
I类储层厚度/m	0.33	0.13	0.08	0.27	0.30	0.22	0.23	0.20	0.13	0.35	0.33	0.23
40/70目陶粒/t	0.03	0.09	0.04	0.02	0.01	0.04	0.06	0.03	0.12	0.02	0.04	0.05
总液量/m³	0.05	0.03	0.06	0.02	0.02	0.03	0.05	0.08	0.05	0.03	0.03	0.04
储层厚度/m	0.07	0.02	0.02	0.03	0.05	0.0	0.04	0.02	0.02	0.01	0.00	0.03
设计压裂段长/m	0.02	0.04	0.03	0.03	0.01	0.04	0.02	0.02	0.02	0.02	0.04	0.03
研究所复核储量丰度	0.01	0.06	0.02	0.04	0.01	0.03	0.02	0.04	0.02	0.03	0.02	0.03
折算有效段数	0.01	0.05	0.02	0.01	0.01	0.03	0.03	0.05	0.01	0.02	0.03	0.03
酸液/m³	0.02	0.01	0.07	0.03	0.04	0.02	0.01	0.02	0.01	0.01	0.01	0.02
开始排液时井口套压/MPa	0.02	0.01	0.02	0.03	0.03	0.02	0.01	0.04	0.02	0.02	0.02	0.02

表5-11 重采样法下的第五年累产特征重要性

特征	重要性											平均重要性
储层(1类厚度)/m	0.44	0.31	0.34	0.45	0.37	0.34	0.31	0.18	0.41	0.34	0.26	0.34
I类储层厚度/m	0.14	0.10	0.11	0.04	0.10	0.07	0.11	0.30	0.07	0.05	0.06	0.11
I类储层连续厚度/m	0.02	0.06	0.06	0.08	0.01	0.13	0.07	0.11	0.04	0.06	0.10	0.07
存储丰度	0.04	0.04	0.06	0.07	0.05	0.05	0.04	0.04	0.06	0.09	0.03	0.05
40/70目陶粒/t	0.02	0.04	0.05	0.05	0.02	0.03	0.05	0.04	0.05	0.02	0.02	0.04
设计压裂段长/m	0.01	0.03	0.02	0.01	0.02	0.02	0.03	0.03	0.02	0.02	0.11	0.03
陶粒比例/%	0.02	0.01	0.07	0.04	0.01	0.07	0.01	0.02	0.03	0.03	0.01	0.03
压裂结束停泵压力/MPa	0.03	0.02	0.01	0.00	0.02	0.00	0.01	0.01	0.06	0.05	0.04	0.02
开始排液时井口套压/MPa	0.02	0.02	0.02	0.01	0.01	0.04	0.03	0.01	0.02	0.05	0.01	0.02
储层厚度/m	0.03	0.01	0.00	0.01	0.04	0.01	0.03	0.02	0.03	0.02	0.04	0.02

表 5-12　重采样法下的第六年累产特征重要性

特征	重要性											平均重要性
存储丰度	0.15	0.08	0.32	0.35	0.11	0.28	0.24	0.29	0.06	0.38	0.36	0.24
储层（1类厚度）/m	0.05	0.19	0.06	0.10	0.15	0.16	0.08	0.08	0.16	0.05	0.11	0.11
I类储层连续厚度/m	0.03	0.13	0.05	0.05	0.12	0.03	0.08	0.08	0.16	0.07	0.04	0.08
平均停泵压力/MPa	0.05	0.11	0.05	0.03	0.09	0.03	0.03	0.05	0.09	0.02	0.03	0.05
开始排液时井口套压/MPa	0.01	0.08	0.08	0.05	0.06	0.05	0.03	0.05	0.06	0.04	0.02	0.05
储层压力系数	0.02	0.07	0.03	0.10	0.08	0.05	0.02	0.02	0.03	0.05	0.05	0.05
簇间距/m	0.21	0.03	0.01	0.02	0.01	0.05	0.03	0.03	0.04	0.01	0.04	0.04
压裂结束停泵压力/MPa	0.02	0.06	0.04	0.03	0.08	0.00	0.03	0.03	0.11	0.02	0.05	0.04
I类储层厚度/m	0.03	0.02	0.01	0.01	0.03	0.04	0.06	0.03	0.02	0.04	0.03	0.03
折算有效段数	0.01	0.00	0.05	0.01	0.01	0.03	0.06	0.00	0.00	0.03	0.02	0.02

表 5-13 为通过重采样法后得到的不同周期产量下对应的特征重要性分析结果，与直接分析得到的结果差异性较小且特征重要性排序没有变动，可以被认为结果较为准确。

表 5-13　主控因素重要性分析最终结果

井数量		结果				
242	90天累产气量	特征名称	储层（1类厚度）	40/70目陶粒	储层水平长度	I类储层厚度
		重要性	0.21	0.16	0.10	0.08
215	首年累产气量	特征名称	储层（1类厚度）	40/70目陶粒	I类储层厚度	陶粒比例
		重要性	0.35	0.14	0.06	0.05
173	第二年累产气量	特征名称	储层（1类厚度）	I类储层厚度	40/70目陶粒	陶粒比例
		重要性	0.35	0.14	0.09	0.04
102	第三年累产气量	特征名称	I类储层厚度	储层（1类厚度）	40/70目陶粒	排液量
		重要性	0.31	0.21	0.09	0.04

表5-13(续)

井数量		结果				
53	第四年累产气量	特征名称	储层(1类厚度)	I类储层厚度	40/70目陶粒	总液量
		重要性	0.25	0.23	0.05	0.04
36	第五年累产气量	特征名称	储层(1类厚度)	I类存储层厚度	I类存储层连续厚度	存储丰度
		重要性	0.34	0.11	0.07	0.05
22	第六年累产气量	特征名称	存储丰度	储层(1类厚度)	I类存储层连续厚度	停泵压力
		重要性	0.24	0.11	0.08	0.05

5.2.2　基于每日累产排名

考虑到开发大表中的数据较少，本节首先将每口井从产气日开始的累产量进行了可视化分析。如图5-6，对每口井的产气日开始记为第一天，所有井的累产量呈现递增趋势，并且对于不同长度周期内的井对应的累产排名相对稳定。也就是说，对于某个特定井的累产在所有井的累产中处于某个相对位置。以此利用每口井的基础特征作为X和每日累产量排名作为Y来分析特征重要性是可行的。同时大大增加了模型训练的样本量，提高了可信度。

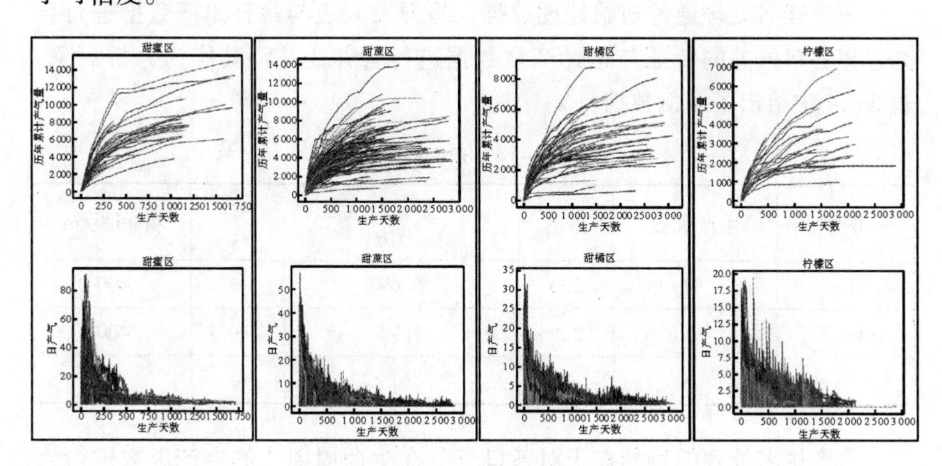

图5-6　累产排名

本节的主控因素分析遵循图 5-7 中的步骤。首先对开发大表中的原始数据进行数据清洗，其中包含特征选择、空值处理、非数值型数据处理等。累产排名的主要步骤：首先进行天数对齐（以每口井的累产第一天开始计数，得到生产天数），然后依次对生产天数相同的所有井进行排序，最后得到每口井在不同累产天数对应的相对位置，该部分的详细处理过程详情见后续内容。标签选择、主控因素分析方法和关注的特征同 5. 2. 1 节，关注的标签为不同周期内累产的排名（90 天累产每日排名、首年累产每日排名、第二年累产每日排名、第三年累产每日排名、第四年累产每日排名、第五年累产每日排名、第六年累产每日排名）。

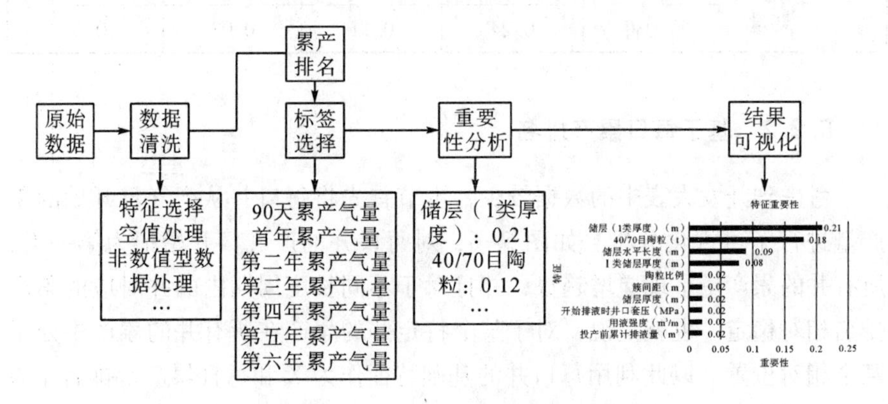

图 5-7　基于每日累产排名的主控因素分析流程

累产排名处理通过初始处理数据，将开发大表与每日累产数据进行合并，将各口气井的特征与累计产量数据进行合并，并将其作为分析对象，表 5-14 中给出了示例数据。

表 5-14　示例数据

井号	生产天数	排名	历年累计产气量/万方	…	井间距/m
A1-1	1	223	6. 69	…	400
A1-1	2	229	6. 94	…	400
…	…	…	…	…	…

累产排名处理的目的在于对各口气井在生命周期内的生产天数进行重新编号，并对气井的相对产量进行比较，增加排名变量，便于对各气井的产气能力进行横向对比。具体思路与操作流程如下：

初始处理数据记录了各气井在一段时间内的生产数据，即单口井对多个生产日期。但部分气井投产后的一段时间内累计产气量为 0，如表 5-15 所示。此类数据无法对气井的生产情况提供有效信息，属于冗余数据，故需要予以剔除。

表 5-15　冗余数据示例

井号	日期	生产时间/小时	历年累计产气量/万方	生产天数
A10-5	2017-09-01	24	0	1
A10-5	2017-09-02	24	0	2
A10-5	2017-09-03	24	0	3
A10-5	2017-09-04	24	0	4

此外，为分析各气井的产气能力，需要对 242 口气井的产量进行横向比较。故以生产天数为单位，统计 242 口气井的每日产量并进行排名，以便评估各气井的相对生产能力。在数据清洗阶段，对原始数据中历年累计产气量为 0 的数据条目进行剔除，保留历年累计产气量大于 0 的有效数据，并将清洗后的数据保存。

在生产天数重新编号阶段，依次提取 242 口气井的历史生产数据，对每一口气井的历史生产数据，按照“日期”变量进行升序排列，以最早的“日期”记录作为首次生产日，重新编辑气井各个日期对应的生产天数。以 A10-5 气井为例，重新编辑后的数据如表 5-16 所示。

表 5-16　生产天数重排数据示例

井号	日期	生产时间/小时	历年累计产气量/万方	生产天数
A10-5	2017-09-14	24	0.5	1
A10-5	2017-09-15	24	1.2	2
A10-5	2017-09-16	24	2.1	3
A10-5	2017-09-17	24	3.3	4

在气井累计产气量排名处理阶段，评估各气井在相同生产天数内的产气能力，对 242 口气井在每日的累计产气量进行排名，并增加一列新变量“排名”，变量取值范围为 1~242。以 A10-5 气井为例，增加排名变量后的

数据如表 5-17 所示。

表 5-17 每日产气量排名数据示例

井号	日期	生产时间/小时	历年累计产气量/万方	生产天数	排名
A10-5	2017-09-14	24	0.573 2	1	218
A10-5	2017-09-15	24	1.253	2	219
A10-5	2017-09-16	24	2.147 1	3	217
A10-5	2017-09-17	24	3.358 1	4	218

在确立上述操作流程后，最终得到第 1 年各气井生产情况（90 日和全年）、第 2 年各气井生产情况（全年）、第 3 年各气井生产情况（全年）、第 4 年各气井生产情况（全年）、第 5 年各气井生产情况（全年）、第 6 年各气井生产情况（全年）。表 5-18 给出了不同生产周期下对应的生产天数范围。

表 5-18 生产天数范围

数据集	生产天数范围
90 日各气井生产情况	1~90
第 1 年各气井生产情况	1~330
第 2 年各气井生产情况	1~660
第 3 年各气井生产情况	1~990
第 4 年各气井生产情况	1~1 320
第 5 年各气井生产情况	1~1 650
第 6 年各气井生产情况	1~1 980

主控因素重要性分析部分选择不同的标签对结果进行可视化与分析，使用 Scikit-learn 中的随机森林模型进行训练。并且由于每口井的建设时间不同会造成累产时间长短不一，因此选择不同的标签时，数据量会变化。90 天累产气量每日排名对应的数据量为 21 780，即 242 口井 90 天的数据；首年累产气量每日排名对应的数据量为 88 330，即 215 口井 1 年的数据；第二年累产气量每日排名对应的数据量为 149 650，即 173 口井 2 年的数据；第三年累产气量每日排名对应的数据量为 185 055，即 102 口井 3 年的数据；第四年累产气量每日排名对应的数据量为 163 520，即 53 口井 4 年的数据；第五年累产

气量每日排名对应的数据量为 114 975，即 36 口井 5 年的数据；第六年累产气量每日排名对应的数据量为 100 740，即 22 口井 6 年的数据。

图 5-8 给出了 90 天累产气量排名、首年累产气量排名、第二年累产气量排名、第三年累产气量排名、第四年累产气量排名、第五年累产气量排名和第六年累产气量排名对应的重要性分析结果。对于 90 天累产气量排名，重要性排序为储层水平长度（0.32）> 储层底以上 4 米箱体钻遇率（0.08）> I 类储层厚度（0.06）> 总砂量（0.06）；对于首年累产气量排名，重要性排序为储层水平长度（0.30）> 储层（1 类厚度）（0.13）> I 类储层厚度（0.11）>40/70 目陶粒（0.05）；对于第二年累产气量排名，重要性排序为储层（1 类厚度）（0.34）> 储层水平长度（0.17）> 40/70 目陶粒（0.08）> 储层厚度（0.06）；对于第三年累产气量排名，重要性排序为储层（1 类厚度）（0.40）> 总液量（0.09）>储层水平长度（0.08）> 40/70 目陶粒（0.04）；对于第四年累产气量排名，重要性排序为 I 类储层厚度（0.39）> 储层水平长度（0.11）>总液量（0.08）> 储层（1 类厚度）（0.06）；对于第五年累产气量排名，重要性排序为 I 类储层厚度（0.38）>总砂量（0.13）> 投产前返排率（0.12）> 储层厚度（0.08）；对于第六年累产气量排名，重要性排序为储层（1 类厚度）（0.50）> 簇间距（0.09）> 闷井时间（0.07）> 40/70 目陶粒（0.05）。

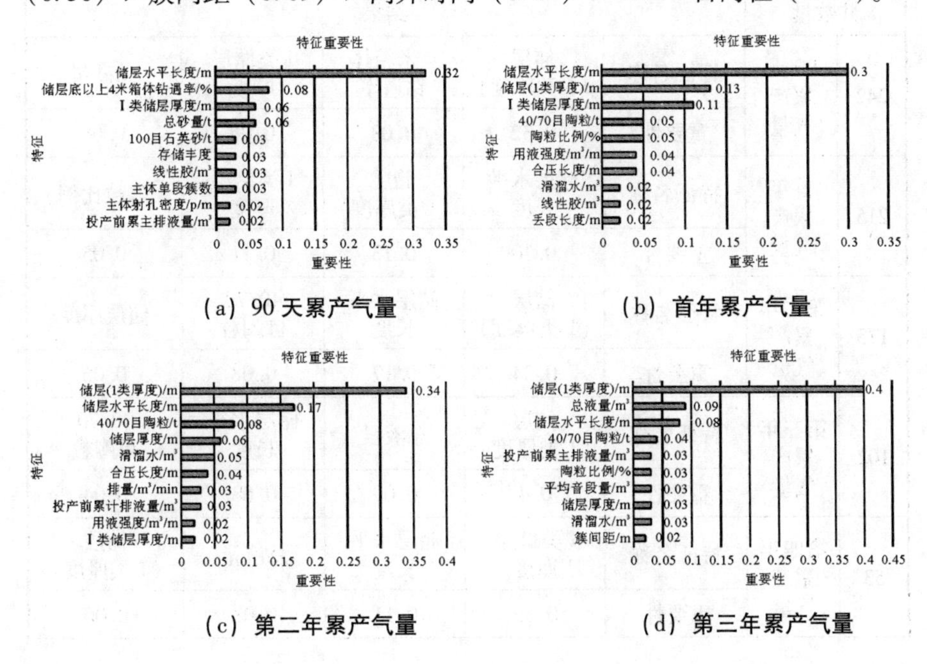

（a）90 天累产气量　　（b）首年累产气量

（c）第二年累产气量　　（d）第三年累产气量

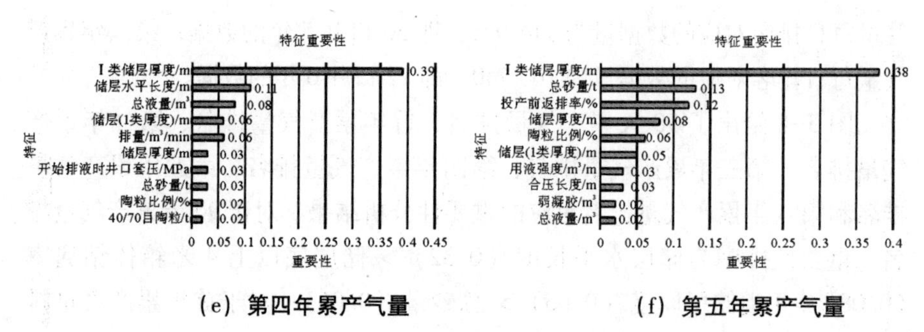

（e）第四年累产气量　　（f）第五年累产气量

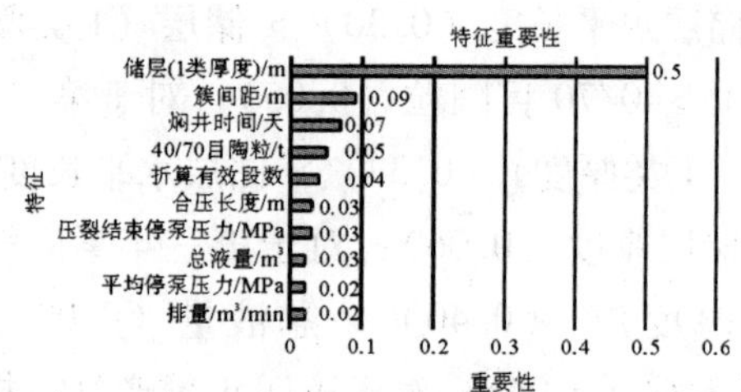

（g）第六年累产气量

图 5-8　主控因素分析结果

主控因素重要性分析结果如表 5-19 所示。

表 5-19　主控因素重要性分析结果

井数量		结果				
242	90 天累产气量	特征名称	储层（1 类厚度）	4 米箱体钻遇率	I 类储层厚度	总砂量
		重要性	0.32	0.08	0.06	0.06
215	首年累产气量	特征名称	储层水平长度	储层（1 类厚度）	I 类储层厚度	陶粒比例
		重要性	0.30	0.13	0.11	0.05
173	第二年累产气量	特征名称	储层（1 类厚度）	储层水平长度	40/70 目陶粒	储层厚度
		重要性	0.34	0.17	0.08	0.06
102	第三年累产气量	特征名称	储层（1 类厚度）	总液量	储层水平长度	40/70 目陶粒
		重要性	0.4	0.09	0.08	0.04
53	第四年累产气量	特征名称	I 类储层厚度	储层水平长度	总液量	储层（1 类厚度）
		重要性	0.39	0.11	0.08	0.06

表5-19(续)

井数量		结果				
36	第五年累产气量	特征名称	I类储层厚度	总砂量	投产前返排率	储层厚度
		重要性	0.38	0.13	0.12	0.08
22	第六年累产气量	特征名称	储层（1类厚度）	簇间距	闷井时间	40/70目陶粒
		重要性	0.50	0.09	0.07	0.05

从表5-19可以看出，储层（1类厚度）、I类储层厚度在短周期和长周期内的影响程度都比较大。40/70目陶粒对累产也有一定影响，但是主要体现在前三年的累产，对三年之后的累产长度几乎已经消失。储层水平长度对累产前四年的影响较大，对长周期的累产影响程度较低；储层底以上4米箱体钻遇率只对90天累产短周期的产量有一定影响，对长周期的累产影响较小。虽然这种方法在一定程度上解决了数据量少的问题，但是对应井的数量随着周期的增长也是在减少。长周期下得出的结论是否具有普遍性还需要与专家经验进行互相佐证。

进一步，通过重采样法来获取不同的数据子集，并在这些子集上重新训练树模型。然后，比较不同数据子集上特征重要性排序的稳定性。如果排序结果较为稳定，那么可以认为该结果是可靠的。在验证过程中，每次抽取80%的数据集进行重新训练模型和计算特征重要性。不同时间长度下的重要性分析结果如表5-20至表5-26所示。

表5-20　重采样法下的90天累产特征重要性

特征	重要性											平均重要性
储层水平长度/m	0.31	0.31	0.31	0.32	0.32	0.32	0.31	0.32	0.32	0.32	0.31	0.32
储层底以上4米箱体钻遇率/%	0.08	0.08	0.08	0.07	0.07	0.08	0.07	0.08	0.07	0.07	0.08	0.08
I类储层厚度/m	0.06	0.06	0.06	0.07	0.07	0.07	0.07	0.06	0.07	0.07	0.07	0.07
总砂量/t	0.06	0.06	0.02	0.05	0.05	0.06	0.05	0.06	0.05	0.06	0.06	0.06
线性胶/m^3	0.03	0.03	0.03	0.03	0.02	0.03	0.03	0.04	0.03	0.03	0.03	0.03
储量丰度	0.03	0.03	0.03	0.02	0.02	0.03	0.03	0.03	0.01	0.03	0.03	0.03
100目石英砂/t	0.03	0.03	0.02	0.03	0.04	0.02	0.03	0.02	0.03	0.04	0.02	0.03

表5-20(续)

特征	重要性										平均重要性
主体单段簇数	0.03	0.02	0.02	0.03	0.03	0.03	0.04	0.02	0.02	0.03	0.03	0.03
主体射孔密度/P/m	0.02	0.02	0.02	0.02	0.03	0.02	0.02	0.02	0.03	0.02	0.02	0.02
投产前累计排液量/m^3	0.03	0.02	0.03	0.02	0.02	0.03	0.02	0.03	0.01	0.02	0.03	0.02

表 5-21　重采样法下的首年累产特征重要性

特征	重要性										平均重要性
储层水平长度/m	0.30	0.30	0.30	0.30	0.29	0.30	0.30	0.29	0.30	0.30	0.30	0.30
储层（1类厚度）/m	0.14	0.12	0.13	0.13	0.12	0.15	0.14	0.12	0.11	0.12	0.12	0.13
I 类储层厚度/m	0.10	0.11	0.11	0.10	0.11	0.08	0.09	0.12	0.12	0.12	0.11	0.11
40/70 目陶粒/t	0.05	0.05	0.06	0.06	0.05	0.06	0.06	0.05	0.06	0.05	0.05	0.05
陶粒比例/%	0.04	0.05	0.04	0.04	0.05	0.03	0.04	0.05	0.05	0.05	0.05	0.05
用液强度/m^3/m	0.03	0.05	0.04	0.04	0.05	0.03	0.03	0.05	0.04	0.04	0.04	0.04
合压长度/m	0.03	0.04	0.04	0.03	0.04	0.03	0.03	0.04	0.04	0.04	0.04	0.04
滑溜水/m^3	0.02	0.03	0.02	0.02	0.02	0.03	0.02	0.03	0.02	0.03	0.02	0.02
线性胶/m^3	0.02	0.03	0.02	0.02	0.02	0.01	0.02	0.03	0.02	0.02	0.02	0.02
弱凝胶/m^3	0.02	0.02	0.02	0.02	0.02	0.02	0.02	0.02	0.02	0.01	0.02	0.02

表 5-22　重采样法下的第二年累产特征重要性

特征	重要性										平均重要性
储层（1类厚度）/m	0.34	0.34	0.34	0.34	0.34	0.34	0.34	0.34	0.3	0.34	0.34	0.34
储层水平长度/m	0.17	0.17	0.17	0.17	0.18	0.17	0.17	0.17	0.17	0.18	0.17	0.17
40/70 目陶粒/t	0.07	0.08	0.08	0.07	0.07	0.07	0.08	0.08	0.08	0.07	0.07	0.07
储层厚度/m	0.06	0.06	0.06	0.06	0.06	0.06	0.05	0.06	0.05	0.06	0.06	0.06
滑溜水/m^3	0.05	0.05	0.05	0.05	0.05	0.05	0.05	0.05	0.05	0.05	0.05	0.05
合压长度/m	0.04	0.04	0.04	0.04	0.04	0.04	0.04	0.04	0.04	0.04	0.04	0.04
排量/m^3/min	0.03	0.03	0.03	0.03	0.03	0.03	0.04	0.03	0.03	0.03	0.03	0.03

表5-22(续)

特征	重要性											平均重要性
投产前累计排液量/m^3	0.03	0.03	0.03	0.03	0.03	0.03	0.03	0.03	0.03	0.03	0.03	0.03
用液强度/m^3/m	0.02	0.02	0.02	0.02	0.02	0.02	0.02	0.02	0.02	0.02	0.02	0.02
族间距/m	0.02	0.02	0.01	0.02	0.02	0.02	0.02	0.01	0.01	0.02	0.01	0.02

表 5-23 重采样法下的第三年累产特征重要性

特征	重要性											平均重要性
储层（1类厚度）/m	0.41	0.41	0.41	0.39	0.41	0.40	0.40	0.40	0.40	0.41	0.40	0.40
储层水平长度/m	0.05	0.08	0.05	0.14	0.06	0.11	0.09	0.10	0.11	0.04	0.09	0.09
总液量/m^3	0.11	0.08	0.11	0.04	0.11	0.06	0.08	0.07	0.06	0.12	0.08	0.08
40/70 目陶粒/t	0.04	0.05	0.04	0.05	0.04	0.05	0.05	0.05	0.05	0.04	0.05	0.05
陶粒比例/%	0.02	0.03	0.02	0.05	0.02	0.04	0.03	0.04	0.04	0.02	0.03	0.03
投产前累计排液量/m^3	0.05	0.03	0.05	0.01	0.05	0.02	0.03	0.02	0.02	0.05	0.03	0.03
储层厚度/m	0.03	0.03	0.03	0.02	0.03	0.02	0.03	0.02	0.03	0.03	0.03	0.03
平均单段液量/m^3	0.03	0.03	0.03	0.02	0.03	0.03	0.03	0.03	0.02	0.02	0.03	0.03
滑溜水/m^3	0.02	0.02	0.01	0.03	0.02	0.03	0.03	0.03	0.03	0.01	0.03	0.02
簇间距/m	0.02	0.02	0.01	0.03	0.02	0.03	0.03	0.03	0.03	0.01	0.02	0.02
I类储层厚度/m	0.01	0.02	0.01	0.04	0.01	0.03	0.02	0.03	0.03	0.01	0.02	0.02

表 5-24 重采样法下的第四年累产特征重要性

特征	重要性											平均重要性
1类储层厚度/m	0.40	0.39	0.39	0.39	0.39	0.39	0.39	0.40	0.39	0.39	0.40	0.39
储层水平长度/m	0.10	0.10	0.10	0.09	0.10	0.08	0.09	0.11	0.10	0.10	0.10	0.10
总液量/m^3	0.08	0.08	0.08	0.07	0.07	0.07	0.07	0.07	0.08	0.02	0.08	0.08
储层（1类厚度）/m	0.06	0.06	0.06	0.07	0.07	0.08	0.07	0.06	0.07	0.06	0.07	0.07
排量/m^3/min	0.05	0.05	0.06	0.04	0.05	0.04	0.04	0.06	0.05	0.06	0.05	0.05
储层厚度/m	0.03	0.04	0.03	0.03	0.03	0.03	0.03	0.03	0.04	0.03	0.04	0.03

表5-24(续)

特征	重要性										平均重要性
陶粒比例/%	0.02	0.03	0.02	0.02	0.03	0.03	0.03	0.02	0.03	0.03	0.03	0.03
开始排液时井口套压/MPa	0.03	0.03	0.03	0.02	0.02	0.02	0.02	0.03	0.03	0.03	0.02	0.03
总砂量/t	0.03	0.02	0.03	0.02	0.02	0.02	0.02	0.03	0.02	0.03	0.02	0.02
滑溜水/m^3	0.02	0.02	0.02	0.02	0.02	0.03	0.02	0.02	0.02	0.02	0.02	0.02

表 5-25　重采样法下的第五年累产特征重要性

特征	重要性										平均重要性
1类储层厚度/m	0.38	0.38	0.38	0.38	0.38	0.38	0.38	0.38	0.38	0.38	0.38	0.38
总砂量/t	0.13	0.13	0.13	0.13	0.13	0.13	0.13	0.12	0.12	0.13	0.13	0.13
投产前返排率/%	0.12	0.12	0.12	0.11	0.12	0.11	0.12	0.12	0.11	0.11	0.12	012
储层厚度/m	0.08	0.08	0.08	0.08	0.08	0.08	0.08	0.08	0.08	0.08	0.08	0.08
陶校比例/%	0.06	0.06	0.06	0.06	0.06	0.06	0.06	0.06	0.06	0.06	0.06	0.06
储层（1类厚度）/m	0.05	0.05	0.05	0.04	0.05	0.05	0.05	0.05	0.05	0.05	0.05	0.05
用液强度/m^3/m	0.03	0.03	0.03	0.03	0.03	0.03	0.03	0.03	0.03	0.03	0.03	0.03
合压长度/m	0.03	0.03	0.03	0.03	0.03	0.03	0.03	0.03	0.03	0.03	0.03	0.0
弱凝胶/m^3	0.02	0.02	0.02	0.02	0.02	0.02	0.02	0.02	0.02	0.02	0.02	0.02
总液量/m^3	0.01	0.02	0.02	0.01	0.02	0.02	0.02	0.0	0.02	0.02	0.02	0.02

表 5-26　重采样法下的第六年累产特征重要性

特征	重要性										平均重要性
储层（1类厚度）/m	0.50	0.50	0.50	0.50	0.50	0.50	0.50	0.50	0.50	0.50	0.50	0.50
簇间距/m	0.09	0.09	0.09	0.09	0.09	0.09	0.09	0.09	0.09	0.09	0.09	0.09
焖井时间/天	0.08	0.08	0.06	0.07	0.07	0.06	0.07	0.07	0.08	0.08	0.07	0.07
40/70目陶校/t	0.06	0.06	0.06	0.06	0.06	0.05	0.06	0.06	0.05	0.05	0.05	0.06
合压长度/m	0.03	0.03	0.03	0.03	0.03	0.03	0.03	0.03	0.03	0.03	0.03	0.03
折算有效段数	0.03	0.03	0.03	0.03	0.03	0.04	0.03	0.03	0.03	0.03	0.03	0.03
压裂结束停泵压力/MPa	0.02	0.02	0.03	0.02	0.03	0.03	0.02	0.02	0.03	0.02	0.03	0.02

表5-26(续)

特征	重要性											平均重要性
平均停泵压力/MPa	0.03	0.02	0.02	0.02	0.02	0.02	0.03	0.03	0.02	0.02	0.02	0.02
滑溜水/m^3	0.02	0.02	0.02	0.02	0.02	0.02	0.02	0.01	0.02	0.02	0.02	0.02
总液量/m^3	0.02	0.01	0.02	0.02	0.02	0.02	0.02	0.02	0.02	0.02	0.02	0.02

表5-27为通过重采样法后得到的不同周期产量下对应的特征重要性分析结果，与直接分析得到的结果差异性较小且特征重要性排序没有变动，可以被认为结果较为准确。

表5-27　主控因素重要性最终分析结果

井数量		结果				
242	90天累产气量	特征名称	储层(1类厚度)	4米箱体钻遇率	I类储层厚度	总砂量
		重要性	0.32	0.08	0.07	0.06
215	首年累产气量	特征名称	储层水平长度	储层(1类厚度)	I类储层厚度	40/70目陶粒
		重要性	0.30	0.13	0.11	0.05
173	第二年累产气量	特征名称	储层(1类厚度)	储层水平长度	40/70目陶粒	储层厚度
		重要性	0.34	0.17	0.07	0.06
102	第三年累产气量	特征名称	储层(1类厚度)	储层水平长度	总液量	40/70目陶粒
		重要性	0.4	0.09	0.08	0.05
53	第四年累产气量	特征名称	I类储层厚度	储层水平长度	总液量	储层(1类厚度)
		重要性	0.39	0.10	0.08	0.07
36	第五年累产气量	特征名称	I类储层厚度	总砂量	投产前返排率	储层厚度
		重要性	0.38	0.13	0.12	0.08
22	第六年累产气量	特征名称	储层(1类厚度)	簇间距	闷井时间	40/70目陶粒
		重要性	0.50	0.09	0.07	0.06

5.2.3 参数重要性占比融合

5.2.1 节和 5.2.2 节中两种方式求解的特征重要性占比会有所差异，造成此种结果的原因主要有两点：①在“基于每日累产排名”中，模型的训练数据量得到了很大提升，较“基于开发大表数据”有明显差别；②在“基于开发大表数据”中，在一定周期下的累产量是一个确切的值，而在“基于每日累产排名”中是一种相对排名，具有一定的波动性并且该波动性随着累产周期的增大而增大。此外，从 90 天累产到第六年累产，包含的气井数目也在逐渐减少，重要性占比可能出现不合理的情况。为了解决上述问题，需要将两部分结果进行融合计算。这里提出的融合计算方式：①根据第 6 章中的产量预测模型，将累产周期不满六年的气井进行产能预测并补齐到六年。②利用“基于开发大表数据”和“基于每日累产排名”两种方式得出两个特征重要性占比结果。③对两个特征重要性占比结果进行融合，采取相同特征重要性求均值的途径。最后，所有参数的详细重要性占比如表 5-28 所示。

表 5-28　所有参数重要性占比　　单位:%

特征	90 天累产气量	首年累产气量	第二年累产气量	第三年累产气量	第四年累产气量	第五年累产气量	第六年累产气量	类型
储层（1 类厚度）	25.24	38.35	36.35	18.77	22.59	39.77	8.25	地质参数
40/70 目陶粒	11.56	10.74	11.50	6.63	3.84	2.94	2.02	工程参数
储层水平长度	11.53	5.43	1.09	1.02	0.89	4.56	0.32	地质参数
I 类储层厚度	5.95	6.26	10.71	36.57	25.69	9.59	0.95	地质参数
陶粒比例	2.57	4.98	4.06	1.25	1.26	1.48	0.99	工程参数
储层厚度	2.33	2.15	1.28	0.62	0.34	1.31	0.34	地质参数
实际压裂段长	1.90	2.59	2.69	2.80	2.29	1.28	0.38	工程参数
总液量	1.86	2.27	1.84	3.29	5.90	2.35	0.92	工程参数
簇间距	1.80	1.75	0.65	0.43	0.42	0.53	3.04	工程参数
开始排液时井口套压	1.71	1.91	1.14	0.74	3.05	1.59	1.78	工程参数
用液强度	1.68	1.34	0.96	0.49	0.85	0.34	0.23	工程参数
I 类储层连续厚度	1.60	1.36	1.64	1.40	2.14	5.34	8.00	地质参数
投产前累计排液量	1.58	1.20	2.14	3.62	1.59	0.99	0.43	工程参数

表5-28(续)

特征	90天累产气量	首年累产气量	第二年累产气量	第三年累产气量	第四年累产气量	第五年累产气量	第六年累产气量	类型
存储丰度	1.51	1.02	1.07	0.60	0.98	3.76	40.00	地质参数
设计压裂段长	1.47	0.75	1.91	1.04	1.56	2.17	0.13	工程参数
实际射孔簇数	1.46	0.63	0.58	0.28	1.29	2.26	2.86	工程参数
线性胶	1.46	1.52	1.12	2.06	2.27	0.26	0.28	工程参数
主体单段簇数	1.44	0.75	1.43	0.14	0.48	0.96	0.31	工程参数
焖井时间	1.37	1.13	1.22	0.45	0.19	0.25	0.22	工程参数
合压长度	1.34	0.62	0.70	0.50	0.49	0.59	0.46	工程参数
主体射孔密度	1.31	0.63	1.63	0.43	0.56	0.56	0.67	工程参数
储层底以上4米箱体钻遇率	1.27	0.64	0.79	0.83	1.27	0.49	1.95	工程参数
滑溜水	1.23	2.29	2.03	1.75	1.38	0.71	0.63	工程参数
压裂结束停泵压力	1.18	0.54	0.79	0.54	0.66	0.96	4.06	工程参数
加砂强度	1.14	0.48	0.77	2.81	1.45	0.95	2.32	工程参数
平均单段液量	1.11	0.70	0.62	0.55	0.35	0.07	0.30	工程参数
100目石英砂	1.11	1.04	0.34	0.60	1.08	1.15	1.89	工程参数
弱凝胶	1.11	0.80	1.06	1.04	2.30	2.55	0.39	工程参数
总砂量	1.09	0.77	0.84	1.29	1.43	0.89	0.24	工程参数
排量	0.98	0.66	0.87	0.76	1.16	1.25	1.72	工程参数
平均停泵压力	0.88	0.47	0.82	0.63	0.90	1.37	3.65	工程参数
投产前返排率	0.88	0.68	1.74	1.54	1.36	0.44	1.03	工程参数
储层压力系数	0.82	0.58	0.36	0.57	0.17	0.65	2.58	地质参数
平均单段砂量	0.80	0.64	0.59	1.17	0.74	0.31	1.81	工程参数
分段段长	0.73	0.47	0.85	0.27	0.55	0.33	0.51	工程参数
单段主体孔数	0.52	0.16	0.04	0.01	0.06	0.00	0.00	工程参数
储层钻遇率	0.52	0.32	0.18	0.22	0.65	0.59	0.17	工程参数
水平段长	0.47	0.23	0.34	0.17	0.14	0.39	0.00	工程参数
折算有效段数	0.44	0.64	0.43	1.40	2.70	1.35	2.01	工程参数
优质页岩钻遇率	0.41	0.16	0.13	0.25	0.87	1.17	1.27	工程参数
丢段长度	0.40	0.07	0.19	0.21	0.23	0.11	0.13	工程参数

表5-28(续)

特征	90天累产气量	首年累产气量	第二年累产气量	第三年累产气量	第四年累产气量	第五年累产气量	第六年累产气量	类型
酸液	0.11	0.16	0.23	0.20	1.78	0.99	0.62	工程参数
是否套变	0.09	0.14	0.31	0.05	0.08	0.30	0.12	工程参数
井间距	0.01	0.00	0.00	0.00	0.02	0.12	0.00	工程参数
30/50目陶粒	0.00	0.00	0.00	0.00	0.00	0.00	0.00	工程参数
40/70目石英砂	0.00	0.00	0.00	0.00	0.00	0.00	0.00	工程参数

平均重要性排序：储层（1类厚度）（27.05%）> I类储层厚度（13.67%）> 40/70目陶粒（7.03%）> 存储丰度（6.99%）> 储层水平长度（3.55%）> I类储层连续厚度（3.07%）> 总液量（2.63%）> 陶粒比例（2.37%）……

重要性占比突出性表现：储层（1类厚度）体现在前五年累产气量，I类储层厚度体现在第三年累产气量和第四年累产气量，存储丰度体现在第六年累产气量，40/70目陶粒体现在前三年累产气量，I类存储层连续厚度体现在第五年累产气量和第六年累产气量，储层水平长度体现在90天累产气量、首年累产气量和第六年累产气量。

5.2.4 关键参数重要性分析

首先，根据上面的主控因素分析得出所有地质参数和工程参数的重要性程度，地质参数和工程参数对于不同时间长度下的重要性占比如表5-29和图5-9所示。总体来看，地质参数在短周期下的重要程度与工程参数均接近50%，随着累产周期的增加，地质参数的重要性会上升。也就是说，地质参数的把控可以适量增加长周期下的产量，为气井开发带来更高的收益。

表 5-29　地质参数和工程参数重要性占比　　　单位:%

特征	90 天累产气量	首年累产气量	第二年累产气量	第三年累产气量	第四年累产气量	第五年累产气量	第六年累产气量
地质参数	48.98	55.15	52.49	59.54	52.81	64.98	60.44
工程参数	51.02	44.85	47.51	40.46	47.19	35.02	39.56

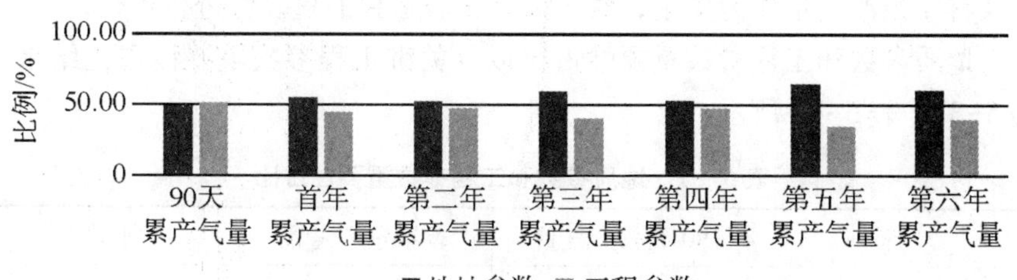

图 5-9　地质参数和工程参数重要性占比可视化

其次，对比较关心的地质参数，实际压裂段长、储量丰度、储层厚度、陶粒比例、加砂强度、实际射孔簇数、储层压力系数、用液强度、簇间距和储层钻遇率的重要性占比进行了单独的重要性分析和统计，为后续待开发气井收益主控因素优化的工作打下基础。在只考虑工程参数的前提下，具体的重要性结果如表 5-30 所示。

表 5-30　关键工程参数重要性占比

特征	90 天累产气量	首年累产气量	第二年累产气量	第三年累产气量	第四年累产气量	第五年累产气量	第六年累产气量	平均
实际压裂段长	27.80%	29.26%	32.03%	21.96%	15.31%	9.01%	1.28%	19.52%
存储丰度	5.72%	4.42%	5.57%	6.79%	18.48%	29.17%	58.65%	18.40%
储层厚度	19.39%	22.87%	18.21%	11.86%	16.43%	9.74%	2.12%	14.38%
陶粒比例	11.44%	10.38%	8.96%	21.18%	11.84%	11.62%	3.20%	11.23%
加砂强度	7.04%	5.48%	8.27%	18.72%	12.08%	4.43%	1.87%	8.27%
实际射孔簇数	6.99%	6.32%	6.55%	4.19%	6.66%	12.32%	6.15%	7.03%
储层压力系数	3.18%	4.10%	4.41%	4.59%	3.06%	9.88%	15.64%	6.41%
用液强度	6.43%	7.85%	7.44%	4.02%	6.72%	3.45%	3.61%	5.65%
簇间距	7.47%	6.10%	6.11%	3.00%	4.76%	5.10%	5.21%	5.39%
储层钻遇率	4.53%	3.22%	2.46%	3.69%	4.66%	5.28%	2.26%	3.73%
井数量	242	215	173	102	53	36	22	—

5.2.5 排除措施影响的核心参数重要性分析

部分变量之间的含义重叠，会导致数据的多重共线性，故选取了部分不存在相互影响且物理意义独立的核心变量，构建新指标体系进行分析。此外，由于部分气井的投产时间较短，且在进行投产一段时间后加入了增产措施，为了扩大样本容量，且排除措施影响，此处选取了90天累产气量以及首年累产气量作为变量，对于部分核心参数的重要性进行评估。

地质参数和工程参数重要性占比以及关键工程参数重要性占比结果如表5-31、表5-32所示。

表5-31 地质参数和工程参数重要性占比 单位:%

特征	90天累产气量	首年累产气量	平均
核心地质参数	62.49	51.29	56.89
核心工程参数	37.51	48.72	43.10

表5-32 关键工程参数重要性占比 单位:%

指标名	90天累产气量重要度	首年累产气量重要度	平均重要度
厚度-1小层	39.01	28.75	33.88
实际压裂段长/m	15.40	19.78	17.59
簇间距/m	6.68	7.47	7.07
BRMC4-1小层	6.19	5.21	5.70
加砂强度/t/m	4.15	5.51	4.83
用液强度/m^3/m	4.39	5.02	4.71
TOC-1小层	4.56	4.35	4.45
储层底以上4米箱体钻遇率	2.76	5.77	4.26
POR-1小层	4.18	3.49	3.84
单段主体孔数	2.79	3.74	3.26
SG-1小层	3.30	3.16	3.23
压力系数预测	2.69	3.11	2.90
QALL-1小层	2.56	3.22	2.89
主体单段簇数	1.34	1.43	1.38

如表5-31与表5-32所示，根据排除增产措施后的核心地质参数与工程参数重要性占比分析，在排除部分存在相关性的指标后，地质参数的重要性占比得到了提升，从提升幅度角度，首年累产气量的提升幅度大于90天累产气量的提升幅度。

从具体指标分析，厚度-1小层（地质参数）为重要性占比最大的指标，其平均重要度为33.88%，排名第二的实际压裂段长（m）指标重要性为17.59%。通过数据统计可发现，地质参数的重要性显著高于工程参数的重要性。

5.3 页岩气井增产措施影响分析

5.3.1 数据预处理

本节进行数据预处理，主要实现增产措施识别、打标签以及汇总增产措施落实情况。首先，对每口井每天的增产措施进行识别并打标签。若数据中“泡排施工日期”取值非空，则认为当天该井实施了泡排增产，标记“有无泡排”为“有”；若数据中“气举类型”取值非空，则认为当天该井实施了气举增产，标记“有无气举”为“有”；若数据中“是否增压”取值非空，则认为当天该井实施了增压增产，标记“有无增压”为“有”。

其次，进行标签汇总，对每井每天存在一种以上增产措施的，将标签加总，例如“泡排，增压”，效果如表5-33所示。

表5-33 数据标签结果

井号	日期	有无泡排	有无气举	有无增压	增产措施
A10-4	2022-07-01	无	无	有	增压
A10-4	2022-07-02	无	无	有	增压
A10-4	2022-07-03	无	无	有	增压
A10-4	2022-07-04	无	无	无	无
A10-4	2022-07-05	无	无	无	无
A10-4	2022-07-06	无	无	无	无
A10-4	2022-07-07	无	无	有	增压

表5-33(续)

井号	日期	有无泡排	有无气举	有无增压	增产措施
A10-4	2022-07-08	无	无	有	增压
A10-4	2022-07-09	无	无	有	增压
A10-4	2022-07-10	无	无	有	增压
A10-4	2022-07-11	无	无	有	增压

在此基础上，通过对各井采取三种增产措施的频次进行汇总统计、排序，以便下一步研究中选取增产措施具有代表性的井，效果如表 5-34 所示。可以初步判断，如 A10-5、A10-6、A10-7、A10-8、A11-3、A13-8 等井在泡排措施实施方面具有代表性，A14-1、A13-6、A14-2 等井在气举措施实施方面具有代表性，A1-3、A1-2、A11-4 等井在增压措施方面具有代表性，在进一步研究中可以作为参考。

表 5-34 措施汇总结果

井号	泡排执行次数	气举执行次数	增压执行次数
A10-1	0	10	1
A10-2	10	30	1
A10-3	356	32	1
A10-4	247	0	779
A10-5	423	5	313
A10-6	423	8	916
A10-7	422	4	1036
A10-8	422	1	11
A10-9	356	8	547
A1-1	0	2	11
A11-3	423	40	386
A11-4	368	9	668
A11-5	425	13	24
A11-6	434	18	238
A1-2	0	1	1039

表5-34(续)

井号	泡排执行次数	气举执行次数	增压执行次数
A1-3	0	0	1264
A13-1	411	7	3
A13-2	0	1	520
A13-3	2	10	1
A13-4	0	33	638
A13-5	0	5	515
A13-6	12	56	169
A13-7	391	39	166
A13-8	408	0	759
A1-4	152	1	1246
A14-1	259	101	851
A14-2	0	93	465

5.3.2 日产气与增产措施的可视化分析

首先，对日产气和增产措施进行可视化分析，以便于进一步分析增产措施前后一段时间内日产气的变化情况。其中增产措施分为泡排、增压和气举三种。

5.3.2.1 泡排

首先，统计出采用泡排的井号，一共有177口井，之后按照井、平台和区三个维度对这些采用泡排的井的日产气进行可视化分析。

（1）按井划分

画出这177口井的日产气折线图，以井号为“B47-10”的井为例，如图5-10所示。图中加粗部分表示该日期实施了泡排措施。

从图5-10中可以看出，井号为“B47-10”的井在实施泡排增产措施之前的日产气呈现先上升后逐日下降的趋势。自2023年4月13日开始实施泡排增产措施之后，其日产气迅速飙升，并保持稳定状态，足以看出泡排在短时间内显著增加了该井的日产气产量。

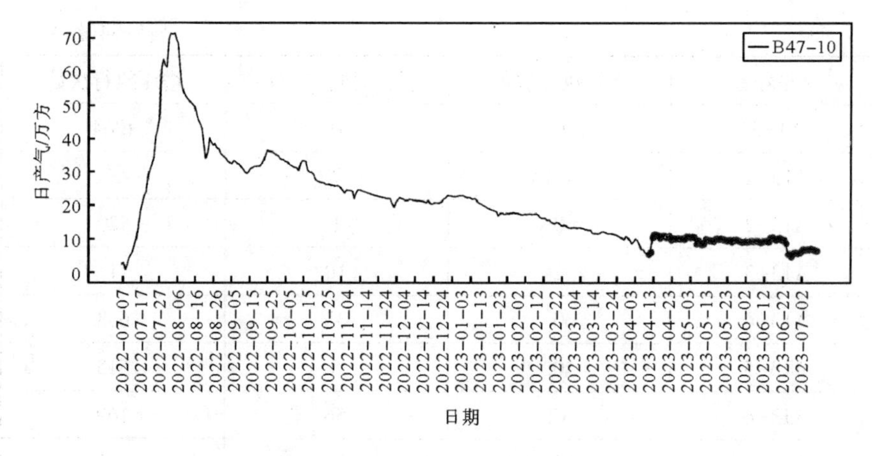

图 5-10　按井划分泡排措施图例

(2) 按平台划分

将这 177 口井按照平台进行分类，一共有 38 个平台。统计该平台下所有井的日产气总和作为该平台的日产气，若该平台下有至少一口井实施了泡排，则该平台实施了泡排。画出这 38 个平台的日产气折线图，以平台号为“B47”的平台为例，如图 5-11 所示。

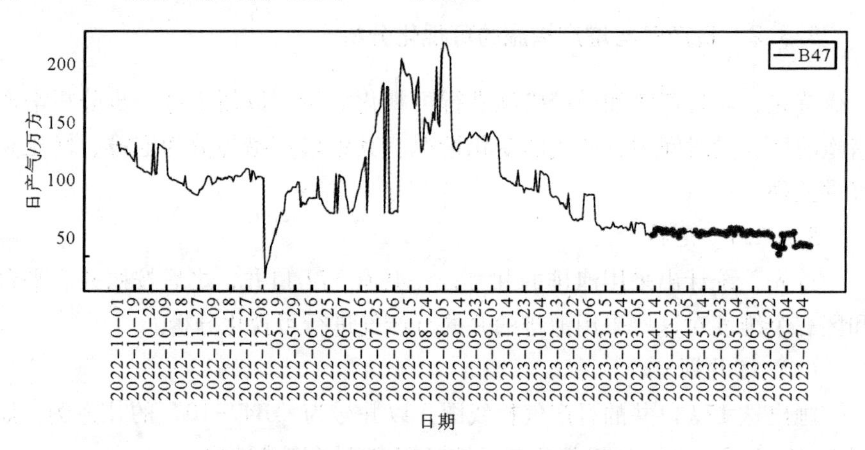

图 5-11　按平台划分泡排措施图例

从图 5-11 中可以看出，平台号为“B47”的平台在实施泡排增产措施之前的日产气整体呈现下降的趋势。自 2023 年 4 月 13 日开始实施泡排增产措施之后，其日产气迅速上升，之后大致保持稳定状态。

（3）按区划分

将这177口井按照区进行分类，一共有2个区：A和B。统计该区下所有井的日产气总和作为该区的日产气，若该区下有至少一口井实施了泡排，则该区实施了泡排。画出这2个区的日产气折线图，以区号为“A”的区为例，如图5-12所示。

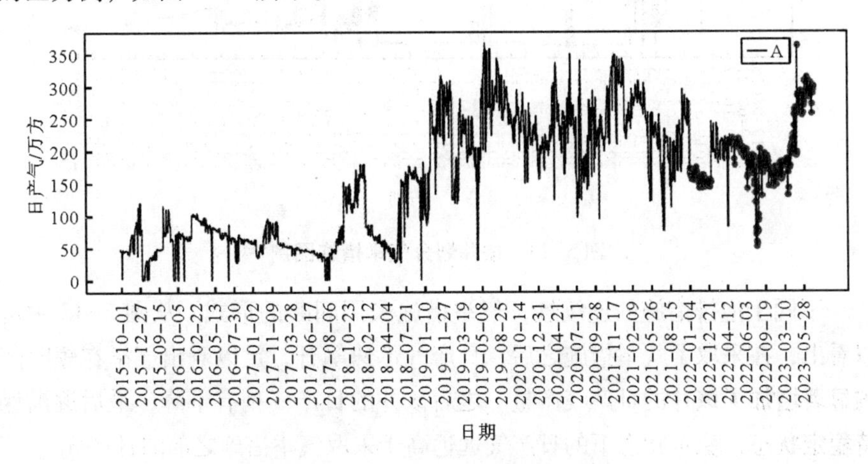

图5-12 按区划分泡排措施图例

从图5-12中可以发现，按照区划分时日产气的波动幅度较大，变化趋势不存在普遍的规律性。

5.3.2.2 气举

首先，统计出采用气举的井号，一共有242口井，之后按照井、平台和区三个维度对这些采用气举的井的日产气进行可视化分析。

（1）按井划分

画出这242口井的日产气折线图，以井号为“B36-1”的井为例，如图5-13所示。图5-13中加粗部分表示该日期实施了气举措施。

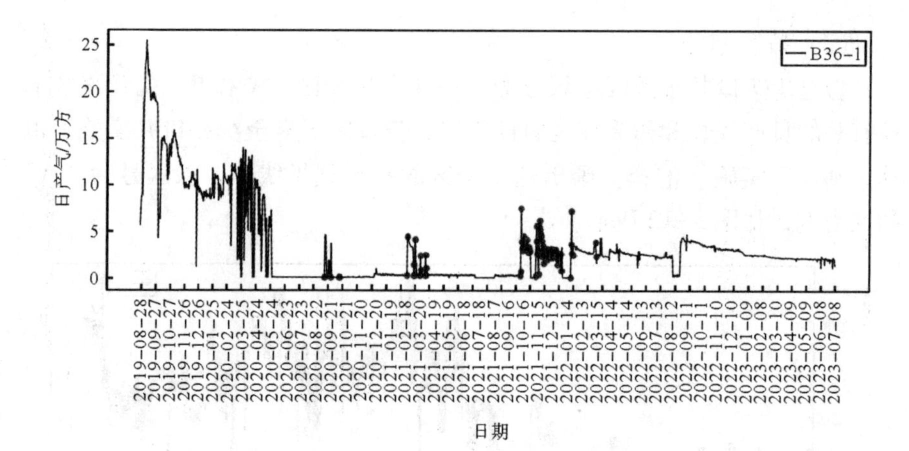

图 5-13　按井划分气举措施图例

不同于泡排措施的连续性，气举措施采用间断的形式。从图 5-13 中可以看出，在采取了气举措施之后，日产气迅速飙升，足以看出气举在短时间内显著增加了该井的日产气产量。之后该井的日产气稍有下降，最后逐渐保持稳定状态，稳定状态下的日产气远远高于采取气举措施之前的日产气。

（2）按平台划分

将这 242 口井按照平台进行分类，一共有 42 个平台。统计该平台下所有井的日产气总和作为该平台的日产气，若该平台下有至少一口井实施了气举，则该平台实施了气举。画出这 42 个平台的日产气折线图，以平台号为“B36”的平台为例，如图 5-14 所示。

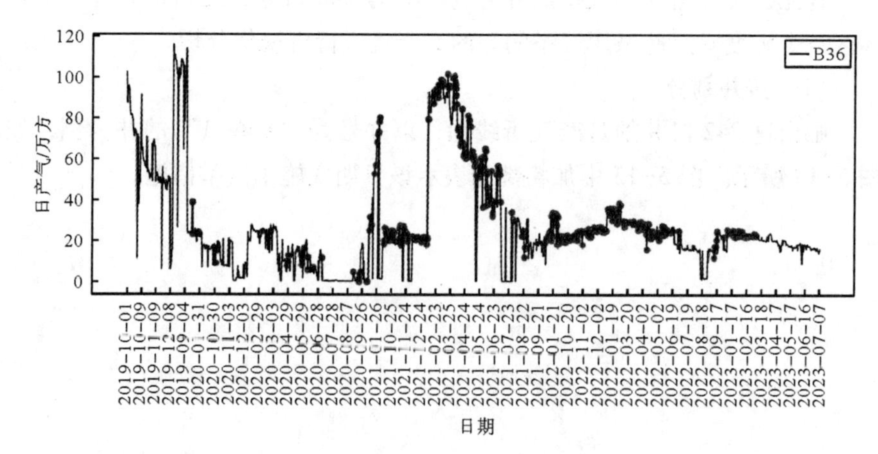

图 5-14　按平台划分气举措施图例

从图 5-14 中可以发现，在采取了气举措施之前，日产气大幅度下降。采取气举措施之后，日产气迅速飙升，之后该井的日产气稍有下降，最后逐渐保持稳定状态，稳定状态下的日产气远远高于采取气举措施之前的日产气。

（3）按区划分

将这 242 口井按照区进行分类，一共有 2 个区：A 和 B。统计该区下所有井的日产气总和作为该区的日产气，若该区下有至少一口井实施了气举，则该区实施了气举。画出这 2 个区的日产气折线图，以区号为“B”的区为例，如图 5-15 所示。

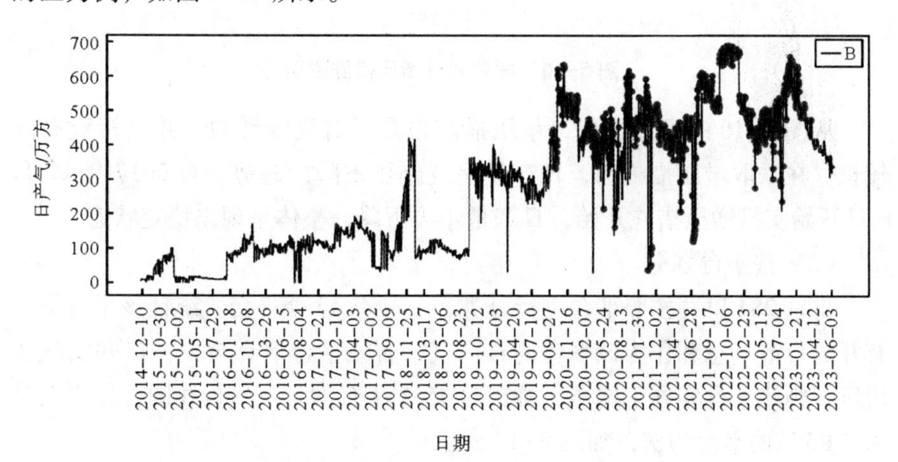

图 5-15　按区划分气举措施图例

从图 5-15 中可以发现，按照区划分时日产气的波动幅度较大，变化趋势不存在普遍的规律性。

5.3.2.3　增压

首先，统计出采用增压的井号，一共有 284 口井，之后按照井、平台和区三个维度对这些采用增压的井的日产气进行可视化分析。

（1）按井划分

画出这 284 口井的日产气折线图，以井号为“B5-5”的井为例，如图 5-16 所示。图 5-16 中加粗部分表示该日期实施了增压措施。

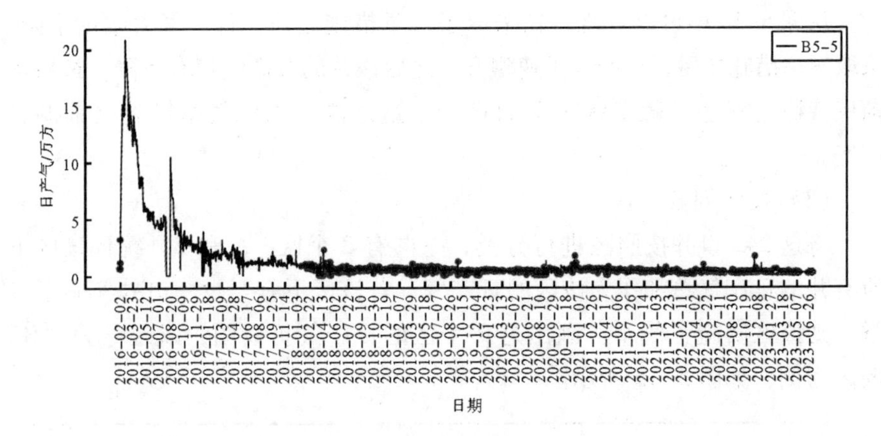

图 5-16　按井划分增压措施图例

从图 5-16 中可以看出，增压措施也是具有连续性的，并且持续时间较长。在采取增压措施前，日产量呈现剧烈下降的趋势。自 2017 年 12 月 6 日开始实行增压措施开始，日产量不再下降，整体呈现出稳定状态。

（2）按平台划分

将这 284 口井按照平台进行分类，一共有 45 个平台。统计该平台下所有井的日产气总和作为该平台的日产气，若该平台下有至少一口井实施了增压，则该平台实施了增压。画出这 45 个平台的日产气折线图，以平台号为“B5”的平台为例，如图 5-17 所示。

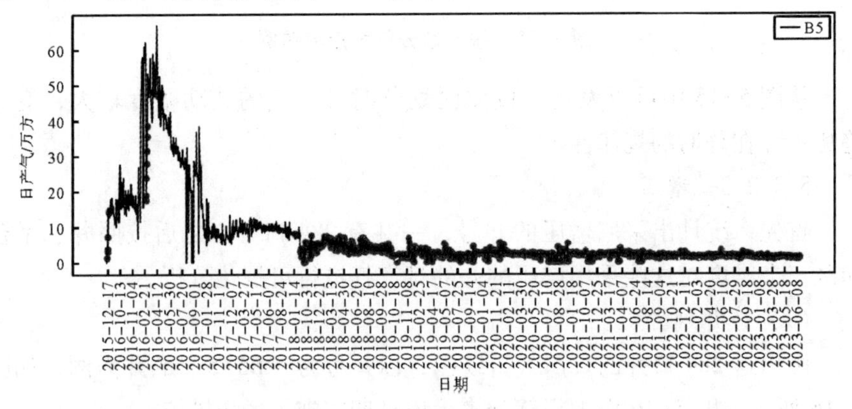

图 5-17　按平台划分增压措施图例

在采取增压措施前，日产量呈现剧烈下降的趋势。开始实行增压措施后，日产量不再下降，先逐步增长，后呈现出稳定的趋势。

（3）按区划分

将这 284 口井按照区进行分类，一共有 2 个区：A 和 B。统计该区下所有井的日产气总和作为该区的日产气，若该区下有至少一口井实施了增压，则该区实施了增压。画出这 2 个区的日产气折线图，以区号为“B”的区为例，如图 5-18 所示。

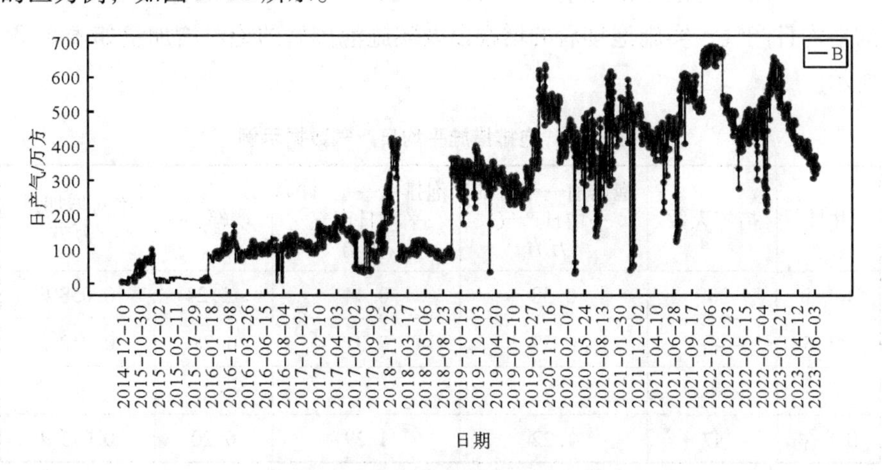

图 5-18 按区划分增压措施图例

当以区划分时，日产气的波动幅度较大，变化趋势不存在普遍的规律性。

5.3.3 增产措施定量分析

5.3.3.1 泡排平均日产气

为了定量分析泡排措施对日产气的影响程度，分别计算出实行泡排措施前一个月的平均日产气和实行泡排措施后一个月的平均日产气，再比较这两个数值。首先在泡排台账表中得到泡排的实施时间，取实行泡排措施前一个月的日产气的平均值，记作 Q_1，取实行泡排措施后一个月的日产气得到平均值，记作 Q_2。之后，进行增幅的计算，定义增幅为实行泡排措施后一个月的平均日产气减去实行泡排措施前一个月的平均日产气的差值除以实行泡排措施前一个月的平均日产气，用 ΔQ 表示实施泡排后的增幅。其公式如下所示：

$$\Delta Q = \frac{Q_2 - Q_1}{Q_1} \tag{5-7}$$

定义绝对增加量为实行泡排措施后一个月的平均日产气减去实行泡排措施前一个月的平均日产气的差值，用 Q' 表示实施泡排后的绝对增加量，其公式如下所示：

$$Q' = Q_2 - Q_1 \tag{5-8}$$

计算出实施泡排措施前一个月的平均日产气、实行泡排措施后一个月的平均日产气，实施泡排后的增幅以及实施泡排后的绝对增加量如表 5-35 所示。

表 5-35　泡排措施平均日产气数据示例

井号	措施天数	泡排前一个月的平均日产气/万方	泡排后一个月的平均日产气/万方	增幅/%	绝对增加量/万方
B9-1	309	0.38	0.44	15.24	0.058 6
B9-5	43	0.29	0.31	4.28	0.012 7
…	…	…	…	…	…
B48-4	47	1.22	1.29	6.20	0.075 9

统计出增幅大于 0 的井数量为 M，所有井的数量为 N，用 S 表示措施有效率，其公式如下所示：

$$S = \frac{M}{N} \tag{5-9}$$

将每口井的投产日期记作 t_0，上泡排措施的日期记作 t_1，用 T 表示上措施时间，其公式如下所示：

$$T = t_1 - t_0 \tag{5-10}$$

之后按照上措施时间统计了增幅的平均值以及绝对增加量的平均值如表 5-36 所示。

表 5-36　泡排措施下不同上措施时间的数据统计

上措施时间/年	数目	增幅均值/%	绝对增加量均值/万方
<1	23	7.01	0.153 6
1~2	39	33.20	0.364 4

表5-36(续)

上措施时间/年	数目	增幅均值/%	绝对增加量均值/万方
2~3	47	25.37	0.115 4
3~4	54	22.06	0.199 5
4~5	51	62.22	0.229 7
5~6	19	157.08	0.410 7
6~7	8	97.45	0.248 0
7~8	24	23.57	0.069 0
8~9	17	15.84	0.060 2

从表5-36中可以看出，投产3~4年后上措施的井数目最大，占比19.15%；投产5~6年后上措施，增幅均值最大，比平均增幅高出218.56%；投产5~6年后上措施，绝对增加量均值最大，比平均绝对增加量高出99.75%。

之后按照气井分类（Ⅰ、Ⅱ、Ⅲ）统计了增幅的平均值，绝对增加量的平均值和措施有效率如表5-37所示。

表5-37　泡排措施下不同上气井类型的数据统计

气井类型	增幅均值/%	绝对增加量均值/万方	措施有效率/%	数量
Ⅰ	22.14	0.162 6	39.53	86
Ⅱ	30.67	0.228 9	42.96	135
Ⅲ	91.25	0.217 0	60.66	61

不难看出，Ⅱ类井的数量最多，占比高达47.87%；Ⅲ类井的增幅均值和措施有效率均最高。其中，Ⅲ类井的增幅均值比平均增幅高出90.01%，比全部井措施有效率高出27.13%。Ⅱ类井的绝对增加量均值比平均绝对增加量均值高出12.85%。

之后按照区域划分（一类区，二类区和三类区）统计了增幅的平均值，绝对增加量的平均值和措施有效率如表5-38所示。

表 5-38 泡排措施下不同一类区划分的数据统计

区域划分	增幅均值/%	绝对增加量均值/万方	措施有效率/%	数量
三类区	170.96	0.606 4	64.29	14
一类区	26.84	0.190 0	45.27	201
二类区	57.08	0.170 7	43.28	67

可以看出，一类区的井数量最多，占比高达 71.28%。三类区井的增幅均值、绝对增加量均值和措施有效率均最高。

5.3.3.2 增压平均日产气

为了定量分析增压措施对日产气的影响程度，分别计算出实行增压措施前一个月的平均日产气和实行增压措施后一个月的平均日产气，再比较这两个数值。首先，在增压台账表中得到增压的实施时间，将实行增压措施前一个月的平均日产气记作 Q_1，将实行增压措施后一个月的平均日产气记作 Q_2。其次，进行增幅的计算，定义增幅为实行增压措施后一个月的平均日产气减去实行增压措施前一个月的平均日产气的差值除以实行增压措施前一个月的平均日产气，用 ΔQ 表示实施增压后的增幅，其公式如下所示：

$$\Delta Q = \frac{Q_2 - Q_1}{Q_1} \tag{5-11}$$

计算出实施增压措施前一个月的平均日产气、实行增压措施后一个月的平均日产气以及实施增压后的增幅如表 5-39 所示。

表 5-39 增压措施平均日产气数据示例

井号	措施天数	增压前一个月的平均日产气/万方	增压后一个月的平均日产气/万方	增幅/%	绝对增加量/万方
A13-7	287	2.952 9	8.020 7	171.62	5.067 8
B36-2	849	0.207 0	0.214 8	3.76	0.007 8
…		…	…	…	…
B51-8	497	1.347 4	2.261 9	67.88	0.914 5

之后按照套压区间统计了增幅的平均值和绝对增加量的平均值如表 5-40所示。

表 5-40 增压措施下不同套压区间的数据统计

套压区间	数目	增幅均值/%	绝对增加量均值/万方
<1	1	2 372.29	0.926 8
1~3	12	12.09	0.285 7
3~5	60	10.64	0.219 9
5~7	102	18.79	0.731 3
7~9	47	71.76	0.969 5
9~11	20	93.71	0.990 1
11~13	13	239.43	1.052 4
13~15	2	205.96	1.163 7
15~17	2	1 028.52	2.449 1
17~19	4	0.94	0.001 9
19~21	1	7.61	0.099 9
>21	1	277.56	0.926 8

从表 5-40 可以看出，套压区间 5~7 的井数量最多，占比高达 38.49%；绝大多数井的套压区间集中在 1~13 的范围。

之后按照气井分类（Ⅰ、Ⅱ、Ⅲ）统计了增幅的平均值，绝对增加量的平均值和措施有效率如表 5-41 所示。

表 5-41 增压措施下不同气井类型的数据统计

气井类型	增幅均值/%	绝对增加量均值/万方	措施有效率/%	数量
Ⅰ	25.78	1.039 6	59.42	69
Ⅱ	73.98	0.592 8	61.43	140
Ⅲ	72.40	0.513 9	62.50	56

不难看出，Ⅱ类井占比最多，高达 52.83%。Ⅱ类井的增幅均值在全部气井分类中排名第一，比平均增幅高出 28.96%；Ⅰ类井的绝对增加量均值在全部气井分类中排名第一，比平均绝对增加量高出 45.31%；Ⅲ类井的措施有效率在全部气井分类中排名第一，比所有井平均措施有效率高出 2.26%。

之后按照气井的区域进行了划分（一类区、二类区和三类区），并统计了增幅的平均值、绝对增加量的平均值和措施有效率，如表 5-42 所示。

表 5-42　增压措施下不同区域划分的数据统计

核心区划分	增幅均值/%	绝对增加量均值/万方	措施有效率/%	数量
一类区	42.38	0.702 2	61.62	185
二类区	112.92	0.643 3	57.68	70
三类区	44.51	0.855 8	50.00	10

可以看出，一类区的井数量最多，高达 69.81%；二类区的井增幅均值最高，比平均增幅高出 69.54%；三类区的井绝对增加量均值最高，比平均绝对增加量均值高出 16.63%；一类区的井措施有效率最高，比所有井平均措施有效率高出 9.19%。

5.3.3.3　气举平均日产气

为了定量分析气举措施对日产气的影响程度，分别计算出实行气举措施前一个月的平均日产气和实行气举措施后一个月的平均日产气，再比较这两个数值。首先在气举台账表中得到气举的实施时间，取实行气举措施前 15 天的日产气的平均值记作 Q_1，取实行气举措施后 15 天的日产气得到平均值记作 Q_2。其次，进行增幅的计算，定义增幅为实行气举措施后 15 天的平均日产气减去实行气举措施前 15 天的平均日产气的差值除以实行气举措施前 15 天的平均日产气，用 ΔQ 表示实施气举后的增幅，其公式如下所示：

$$\Delta Q = \frac{Q_2 - Q_1}{Q_1} \tag{5-12}$$

气举分为连续气举和零散气举两种类型，其中零散气举包括天然气气举、空钻、制氮车和固定制氮四种，连续气举包括增压机气举、电驱气举和电驱压缩机三种。为了比较两种气举类型的不同，分别计算不同气举下实行气举措施前后 15 天的日产气均值，将该值取平均得到两种气举类型下实施气举措施前 15 天的平均日产气、实行气举措施后 15 天的平均日产气以及实施气举后的增幅如表 5-43 所示。

表 5-43 气举措施平均日产气数据

井号	施工日期	气举前 15 天的平均日产气/万方	气举后 15 天的平均日产气/万方	增幅/%	绝对增加量/万方	气举类别
B50-2	2021-11-20	1.592 1	2.177 7	36.78	0.585 6	电驱气举
B11-3	2022-04-25	0.724 3	1.097 1	51.48	0.372 9	增压机气举
…	…	…	…	…	…	…
A15-5	2021-04-29	3.119 1	4.633 2	48.55	1.514 2	增压机气举

统计出增幅大于 0 的井数量为 M，所有井的数量为 N，用 S 表示措施有效率，其公式如下所示：

$$S=\frac{M}{N} \tag{5-13}$$

将每口井的投产日期记作 t_0，上气举措施的日期记作 t_1，用 T 表示投产时间，其公式如下所示：

$$T = t_1 - t_0 \tag{5-14}$$

为了进一步比较不同气举类型的差异，对连续气举和零散气举分别进行分析。按照上措施时间统计了增幅的平均值，绝对增加量的平均值和措施有效率如表 5-44 所示。

表 5-44 连续气举下不同上措施时间的数据统计

上措施时间/年	增幅均值/%	绝对增加量均值/万方	数量
<1	70.06	1.000 5	45
1~2	123.63	0.669 5	43
2~3	601.24	1.349 2	33
3~4	112.17	0.387 4	25
4~5	193.34	0.464 3	17
5~6	319.98	1.091 5	3
6~7	381.95	0.743 0	4
7~8	31.58	0.214 0	9

从表 5-44 中可以看出，投产 1 年后上措施，井数量最多，占比 25.14%；绝大多数井的上措施时间集中在 1~5 年。当投产 2~3 年后上措施时，增幅均值最高，比平均增幅高出 162.27%。当投产 2~3 年后上措施

时，绝对增加量均值最大，比平均绝对增加量均值高出 82.35%。

之后针对连续气举按照气井分类（Ⅰ、Ⅱ、Ⅲ）统计了增幅的平均值，绝对增加量的平均值以及措施有效率如表 5-45 所示。

表 5-45　连续气举下不同气井类型的数据统计

气井类型	增幅均值/%	绝对增加量均值/万方	措施有效率/%	数量
Ⅰ	149.14	0.745 7	44.62	65
Ⅱ	230.31	0.774 2	53.49	86
Ⅲ	274.00	1.036 8	57.14	28

不难看出，Ⅱ类井的数量最多，占比 48.04%。Ⅲ类井的增幅均值、绝对增加量均值以及措施有效率均最高，其中Ⅲ类井的增幅均值比平均增幅高出 25.79%；绝对增加量均值比平均绝对增加量高出 21.66%；措施有效率比所有井平均措施有效率高出 10.42%。

之后按照一类区域划分（一类区、二类区和三类区）统计了增幅的平均值，绝对增加量的平均值和措施有效率，如表 5-46 所示。

表 5-46　连续气举下不同一类区划分的数据统计

区域划分	增幅均值/%	绝对增加量均值/万方	措施有效率/%	数量
三类区	35.59	0.935 8	100.00	1
一类区	257.85	0.871 1	47.33	131
二类区	71.47	0.617 8	59.57	47

从表 5-46 中可以看出，一类区的井数量最多，占比高达 73.18%。一类区的井增幅均值最高，比平均增幅高出 111.98%；三类区的井绝对增加量均值以及措施有效率均最高，绝对增加量均值比平均绝对增加量高出 15.79%；措施有效率比所有井平均措施有效率高出 45.00%。

对零散气举按照上措施时间统计了增幅的平均值和绝对增加量的平均值如表 5-47 所示。

表 5-47　零散气举下不同上措施时间的数据统计

上措施时间/年	增幅均值/%	绝对增加量均值/万方	数量
<1	39.29	0.673 7	80
1~2	155.32	0.723 2	206
2~3	91.95	0.472 0	190
3~4	142.69	0.516 2	118
4~5	92.11	0.247 7	49
5~6	91.95	0.273 9	30
6~7	48.89	0.219 7	36
7~8	121.99	0.256 9	32

从表 5-47 中可以看出，当投产 1~2 年后上措施，井数量最多，占比为 27.80%。当投产 1~2 年后上措施时，增幅均值最高，比平均增幅高出 58.45%。当投产 1~2 年后上措施时，绝对增加量均值最大，比平均绝对增加量均值高出 71.00%。

之后针对零散气举按照气井分类（Ⅰ、Ⅱ、Ⅲ）统计了增幅的平均值，绝对增加量的平均值以及措施有效率如表 5-48 所示。

表 5-48　零散气举下不同气井分类的数据统计

气井类型	增幅均值/%	绝对增加量均值/万方	措施有效率/%	数量
Ⅰ	129.90	0.776 0	53.37	163
Ⅱ	128.00	0.523 1	59.87	314
Ⅲ	79.60	0.375 8	59.09	264

不难看出，Ⅱ类气井的数量是最大的，占比 42.38%，就增幅均值而言，Ⅰ类气井的增幅均值最大，比平均增幅高出 15.47%；Ⅰ类井的绝对增加量均值最大，比平均绝对增加量高出 38.99%；Ⅱ类井的措施有效率最高，比所有井平均措施有效率高出 4.22%。

之后按照一类区域划分（一类区，二类区和三类区）统计了增幅的平均值，绝对增加量的平均值和措施有效率如表 5-49 所示。

表 5-49　零散气举下不同一类区划分的数据统计

一类区划分	增幅均值/%	绝对增加量均值/万方	措施有效率/%	数量
三类区	131.79	0.512 6	69.66	89
一类区	117.24	0.571 4	58.55	427
二类区	91.51	0.446 0	52.89	225

从表 5-49 中可以看出，一类区的井数量最多，占比高达 57.62%。三类区的井增幅均值最高，比平均增幅高出 16.10%；一类区的井绝对增加量均值最高，比平均绝对增加量高出 12.04%；三类区的井措施有效率最高，比所有井平均措施有效率高出 15.40%。

5.3.3.4　泡排增产气量计算

首先，计算泡排措施的产出，用 Q_2 表示措施后平均气量，用 Q_1 表示措施前平均气量，用 r 表示日递减率，用 P 表示气价，用 Q 表示产出，其计算公式如下：

$$Q=(Q_2-Q_1\cdot(1-r)\cdot P) \tag{5-15}$$

其次，按照不同区域划分，统计出实施措施 30 天、60 天、90 天、180 天、270 天、360 天、540 天后的平均增产气量，如图 5-19 所示。

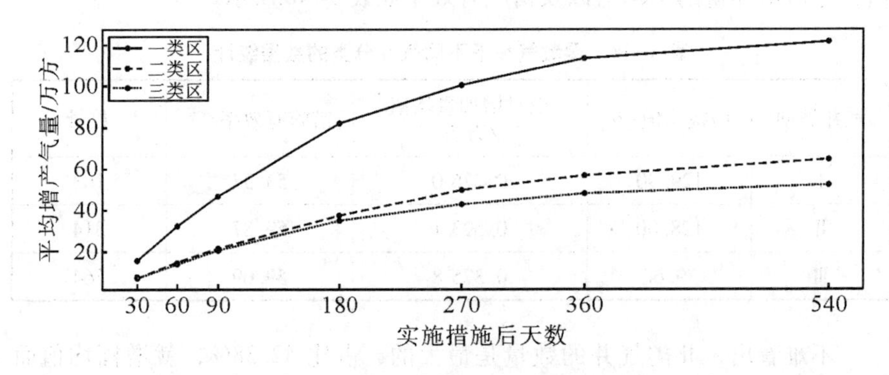

图 5-19　不同统计时间下泡排措施的增产气量

从图 5-19 中可以看出，随着措施后天数的增加，不同区域的平均增产气量均不断上升。其中三类区的平均增产气量上升幅度最大，其次是二类区，最后是一类区。对于所有区域，在措施后天数 90 天到 180 天平均增产气量的增幅都是最大的。

5.3.3.5 增压增产气量计算

首先，计算增压措施的产出，用 Q_2 表示措施后平均气量，用 Q_1 表示措施前平均气量，用 r 表示日递减率，用 P 表示气价，用 Q 表示产出，其计算公式如下：

$$Q=(Q_2-Q_1\cdot(1-r)\cdot P) \tag{5-16}$$

其次，按照不同区域划分，统计出实施措施 30 天、60 天、90 天、180 天、270 天、360 天、540 天后的平均增产气量，如图 5-20 所示。

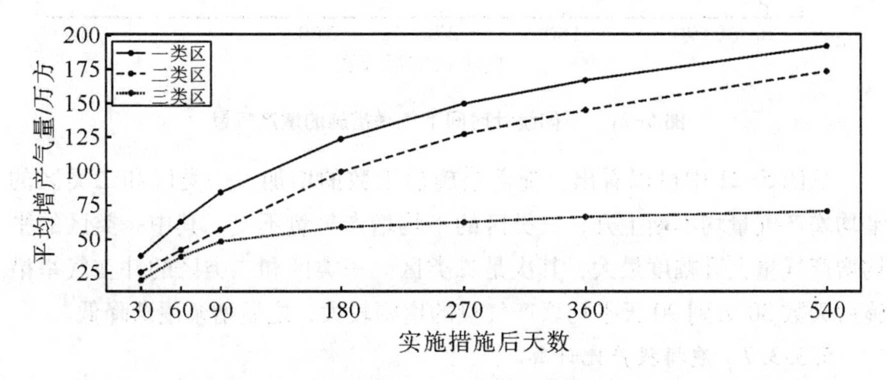

图 5-20 不同统计时间下增压措施的增产气量

从图 5-20 中可以看出，随着实施措施后天数的增加，不同区域的平均增产气量均不断上升。其中一类区的平均增产气量上升幅度最大，其次是二类区，最后是三类区。对于所有区域，在措施后天数 30 天到 60 天平均增产气量的增幅都是最大的。

5.3.3.6 气举增产气量计算

将气举按照气举类型划分为连续气举和零散气举两类，对于这两类分别计算其增产气量。

首先，计算连续气举的产出，用 Q_2 表示措施后平均气量，用 Q_1 表示措施前平均气量，用 P 表示气价，用 Q 表示产出，其计算公式如下：

$$Q=(Q_2-Q_1\cdot(1-r)\cdot P) \tag{5-17}$$

其次，计算零散气举的产出，其计算公式和连续气举一样。与连续气举不同的是，若该井气举 5 日内未再实施气举，则该次气举结束 5 日后停止计算有效产出；若该井气举 5 日内再次实施气举，则截止再次气举时停止计算有效产出。

按照不同一类区划分，统计出实施措施 30 天、60 天、90 天、180 天、

270 天、360 天、540 天后的平均增产气量，如图 5-21 所示。

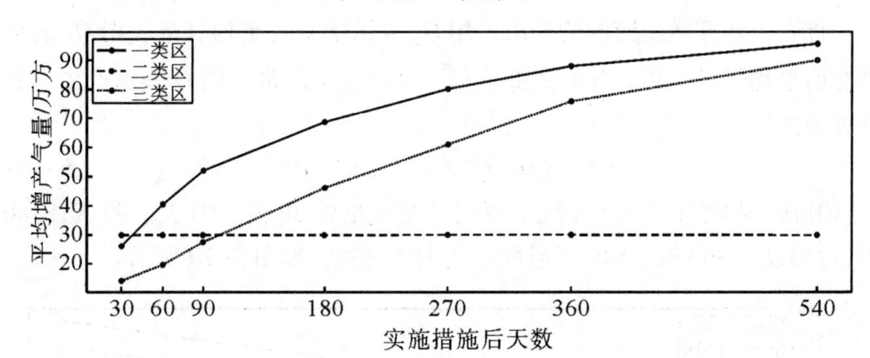

图 5-21　不同统计时间下气举措施的增产气量

从图 5-21 中可以看出，随着措施后天数的增加，一类区和二类区的平均增产气量均不断上升，三类区的平均增产气量不变。其中一类区的平均增产气量上升幅度最大，其次是二类区。一类区和二类区的井在气举措施后天数 30 天到 90 天平均增产气量的增幅较大，之后增幅逐渐降低。

5.3.3.7　泡排投产比计算

用 Q 表示产出，用 C 表示成本，用 R 表示投产比，其计算投产比的计算公式为

$$R=Q/C \tag{5-18}$$

取日递减率为 2%，取气价为 1.37，当措施停止后即停止计算产出，计算得到的产出、成本以及投产比如表 5-50 所示：

表 5-50　泡排投产比

井号	施工日期	停止施工日期	措施天数	产出/元	成本/元	投产比
B9-1	2022-05-15	2023-03-20	309	1 018 773.71	113 844.38	8.95
B9-5	2022-07-03	2022-08-15	43	15 705.54	15 842.42	0.99
…	…	…	…	…	…	…
B9-4	2022-05-15	2022-06-28	44	26 138.33	16 210.85	1.61

之后将所有井的产出加总得到总产出，将所有井的成本加总得到总成本，用总产出除以总成本得到全部井的投产比，计算得到全部井的投产比为 4.63。将所有井的投产比取平均数得到井均投产比为 7.60。

5.3.3.8　增压投产比计算

用 Q 表示产出，用 C 表示成本，用 R 表示投产比，其计算投产比的计

算公式为

$$R=Q/C \tag{5-19}$$

取日递减率为2%，取气价为1.37，当措施停止后即停止计算产出，计算得到的产出、成本以及投产比如表5-51所示。

表5-51　增压投产比

井号	施工日期	停止施工日期	措施天数	产出/元	成本/元	投产比
A1-1	2021-11-14	2023-12-31	779	190 810.86	741 161.30	0.26
A18-6	2022-01-29	2023-12-31	703	10 181 819.45	1 931 472.81	5.27
…	…	…	…	…	…	…
A28-1	2023-04-29	2023-12-31	248	542 061.05	408 471.84	1.33

之后将所有井的产出加总得到总产出，将所有井的成本加总得到总成本，用总产出除以总成本得到全部井的投产比，计算得到全部井的投产比为2.76。将所有井的投产比取平均数得到井均投产比为4.68。

5.3.3.9　气举投产比计算

用Q表示产出，用C表示成本，用R表示投产比，其计算投产比的计算公式为

$$R=Q/C \tag{5-20}$$

当措施停止后即停止计算产出，计算得到的产出、成本以及投产比如表5-52所示。

表5-52　连续气举投产比

井号	施工日期	停止施工日期	措施天数	产出/元	成本/元	投产比
B50-2	2021-11-20	2023-12-30	670	7 306 127.80	1 980 845.88	3.69
B42-2	2021-08-08	2023-08-24	552	6 758 966.24	1 885 902.15	3.58
…	…	…	…	…	…	…
B16-2	2021-09-01	2022-07-24	255	8 119 818.75	147 115.38	55.19

之后将所有井的产出加总得到总产出，将所有井的成本加总得到总成本，用总产出除以总成本得到全部井的投产比，计算得到全部井的投产比为5.62。将所有井的投产比取平均数得到井均投产比为11.29。

然后，计算零散气举的投产比，计算得到的产出、成本以及投产比如表5-53所示。

表 5-53　零散气举投产比

井号	措施天数/天	产出/元	成本/元	投产比
A1-3	6	59 979.97	564 588.78	0.11
A1-4	6	47 758.20	1 129 177.56	0.04
…	…	…	…	…
B9-3	9	75 022.57	226 777.79	0.33

之后将所有井的产出加总得到总产出，将所有井的成本加总得到总成本，用总产出除以总成本得到全部井的投产比，计算得到全部井的投产比为 1.36。将所有井的投产比取平均数得到井均投产比为 2.29。

5.3.3.10　增产措施增幅及作用时长分析

若根据气井类型，并对措施的影响时间进行进一步分析，则可根据气井的类型以及措施持续时间得到更为细化的数据统计情况，如表 5-54 所示。对于某一类型在某一时段内，措施记录数低于 5 或出现异常措施、无效措施的记录则记作“—”，在数据建模中以样本均值代替。

表 5-54　全部增产措施统计数据

年份	泡排增幅/%	作用时长/天	增压增幅/%	作用时长/天	增压增幅/%	作用时长/天
1 年	27.81	15	17.27	35	25.74	30
1~2 年	18.17	19	36.67	36	24.61	33
2~3 年	10.19	19	38.38	31	24.63	26
3~4 年	15.02	15	48.85	16	22.30	24
4~5 年	22.14	19	30.18	15	28.19	21
5~6 年	27.00	20	26.45	16	22.14	24
6~7 年	19.31	31	37.51	16	44.34	19
7~8 年	19.26	17	—	—	40.10	19
8~9 年	—	—	—	—	—	—

从表 5-54 中可以看出，泡排措施、气举措施主要集中投产后的 1~8 年，增压措施主要集中在投产后的 1~7 年。在投产后的第 1 年加入泡排措施所带来的增幅均值最大，比平均增幅高出 40.01%；在投产后的第 3~4

年加入增压措施所带来的增幅均值最大，比平均增幅高出 45. 32% ；在投产后的第 6~7 年加入气举措施所带来的增幅均值最大，比平均增幅高出 52. 85% 。在投产后的第 6~7 年加入泡排措施的作用时长最长（31 天），超过平均作用时长 61. 51%；在投产后的第 1~2 年加入增压措施的作用时长最长（36 天），超过平均作用时长 54. 34%；在投产后的第 1~2 年加入气举措施的作用时长最长（33 天），超过平均作用时长 35. 93%。

6 数据驱动的页岩气井产能预测及优化模型

6.1 基于地质工程参数与历史数据的产气预测模型

6.1.1 气井产量预测技术流程与研究目的

前期研究表明，影响页岩气产量的因素众多，包括地质、工程等多方面。通过系统梳理，统计了该气田 242 口气井的基础数据，包括 I 类储层厚度、I 类储层连续厚度、水平段长、主体单段簇数、单段主体孔数、簇间距等。上述影响因素之间存在着一定的相关性，单个因素的改变会对其他因素产生不同程度的正相关或负相关影响。因此，通过单因素拟合分析来预测产气量的方法并不准确，局限性较大。在预测产量时，需要综合考虑多因素的复杂情况，而机器学习方法能够更好地将问题简单化，从而快速准确地预测目标属性。

此外，页岩气井技术参数、地质参数与产量之间具有复杂的非线性关系，常规的统计方法难以建立各参数与产量之间的关系，而机器学习模型对于这种复杂的非线性映射问题具有很好的处理能力。通过机器学习技术预测页岩气井的累产量，能够促进页岩气井开发的决策水平及生产规划的合理性，优化生产与管理效率，节约成本。

经过初步整理后，数据集共包含 362 360 条数据、55 项预测变量、1 项日期变量以及 1 项响应变量（气井的历年累计产气量）。现阶段工作旨在利用机器学习方法建立预测模型，挖掘预测变量与历年累计产气量的潜在关系，并对气井的历年累计产气量进行预测。

6.1.2 数据预处理与探索性分析

6.1.2.1 数据预处理

由于原始数据中存在多种数据类型，且数据可能存在空值、异常值，需要先对原始数据进行处理才能用于训练模型。本书运用 Python 对样本数据进行预处理，对缺失值及异常值进行数据清洗，以确保数据的有效性及其与模型的适配度，详情如图 6-1 所示。

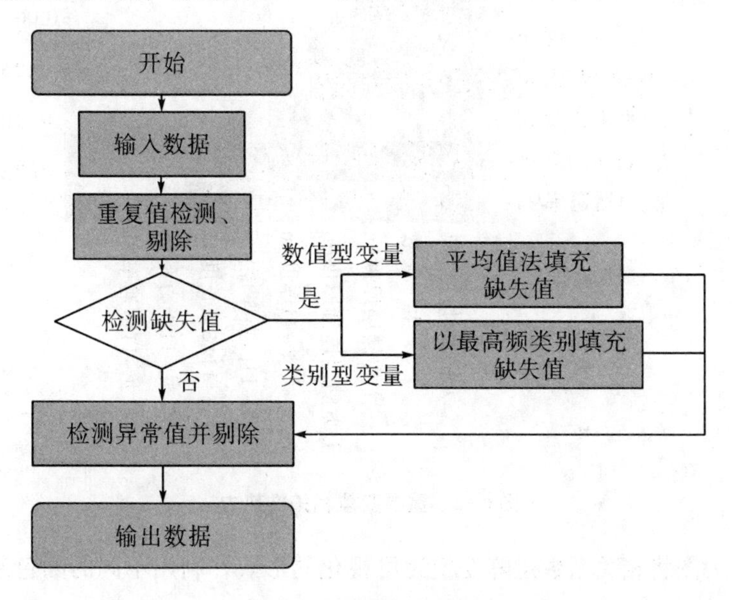

图 6-1 数据清洗流程

数据集中部分样本的“油压”变量填写为“无”，对此类数据使用中位数进行填充，并对“甜点分区”变量进行哑变量转化，将预处理后的数据集用于建模。

6.1.2.2 数据探索性分析

在对原始数据进行清洗后，对主要变量进行特征相关性分析，计算各个特征的相关系数矩阵，并绘制了相关性热力图。相关性分析有助于理解特征之间的关系，揭示潜在的模式和趋势，能够直观地识别哪些变量之间存在强烈的相关性，对于关键变量具有显著的影响。

基于预处理数据计算相关性矩阵，利用统计学中的相关系数（此处为 Pearson 相关系数），计算每对变量之间的相关性。相关系数的取值范围为 [-1, 1]，其中 1 表示完全正相关，-1 表示完全负相关，0 表示无相关性。

计算得到的相关系数矩阵即为每个变量与其他变量之间的相关性，详情如图 6-2 所示。

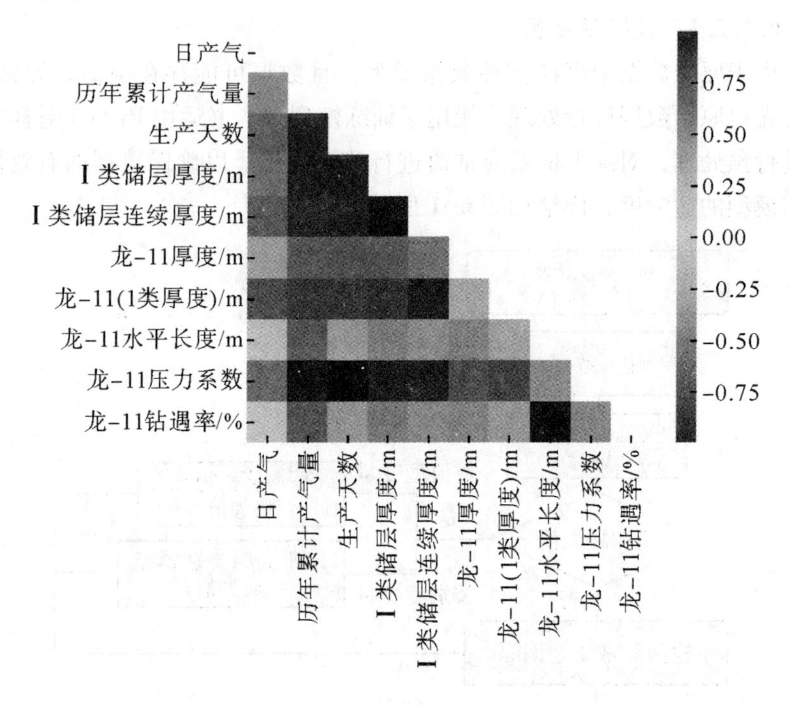

图 6-2　重要变量相关性热力

热力图将相关系数矩阵变换为可视化的形式，利用不同的颜色来表示相关性的正负，颜色的深浅表示影响的强度，对于正相关性变量，颜色趋向浅色；对于负相关性变量，颜色趋向深色。

由此处相关性分析数据可视化结果可知，历年累计产气量指标与龙一厚度指标（m）、龙一水平长度（m）、龙一压力系数等指标呈现较强的正相关性，以上指标对于页岩气井的历年累计产气量有正向影响；而与 I 类储层厚度、I 类储层连续厚度有负向相关性，此类指标对历年累计产气量具有负向影响。

此外，可观察到日产气与历年累计产气量的关系为弱负相关性，其原因在于对于单口气井而言，随着生产天数增加，日产气量趋于递减，而历年累计产气量则不断增高。二者呈现反向变动趋势；部分特征之间存在相关性，如龙一压力系数与 I 类储层厚度及 I 类储层连续厚度指标间存在负相关性，数据特征之间可能存在多重共线性，在特征工程阶段可考虑对共线性较强的变量进行融合或剔除。

6.1.3　气井产量预测模型选择

本节选用了 ARIMA 模型、RFR 模型、LGBM 模型以及 SVR 模型对页岩气井的历年累计产量指标进行预测。

6.1.3.1　RFR 模型

RFR 模型是一种树类模型，由回归树组成基分类器，回归树的优点包括对非线性关系的拟合能力强、对数据分布和特征尺度泛化性强等。

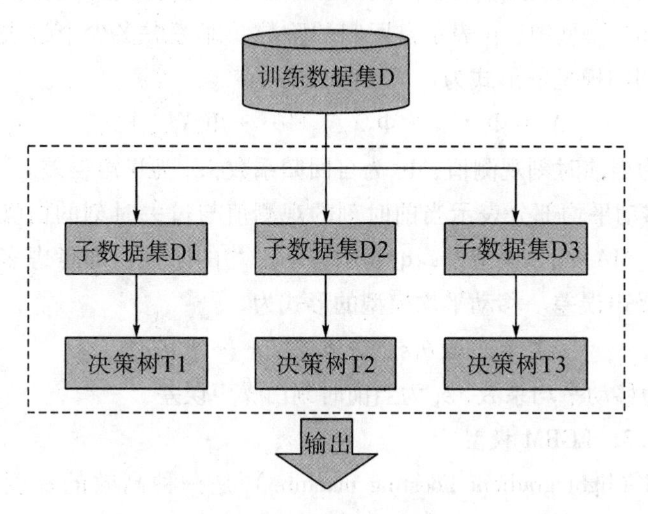

图 6-3　RFR 模型技术框架

回归树是一种决策树模型，用于解决回归问题，即预测一个连续的目标变量。模型的建立可分为两个阶段：①特征划分规则：回归树的构建始于一个包含所有样本的根节点。在每个节点上，根据某个特征的某个阈值将数据集分割成两个子集。这个特征和阈值的选择是通过最小化划分后的子集的均方误差（mean squared error，MSE）来进行的。即找到最佳的特征和阈值，使得划分后的子集的平方误差之和最小。②递归构建：一旦划分完成，对每个子集递归地应用相同的划分规则，直到满足停止条件。停止条件可以是树的深度达到预定值、节点包含的样本数小于某个阈值，或者划分后的子集的均方误差足够小等。

在回归树构建完成后，每个叶子节点包含一个预测值，通常是该节点上所有训练样本目标变量的平均值，用于对新样本的预测。对于新的输入样本，通过沿着树的节点进行判定，最终到达叶子节点，其包含的预测值即为模型对该样本的回归预测。

6.1.3.2　ARIMA 模型

ARIMA（差分自回归移动平均 integrated autoregressive moving average）是一种经典的时间序列分析和预测模型，用于捕捉时间序列数据中的趋势、季节性和周期性等模式。ARIMA 模型是由三个部分组成的：AR（自回归)、I（差分整合）和 MA（移动平均)。

AR 自回归部分表示当前时刻的观测值与过去时刻的观测值之间的关系。AR（p）模型中，p 表示自回归的阶数，即考虑多少个过去时刻的观测值。自回归模型的形式为

$$X_t = \Phi_1 X_{t-1} + \Phi_2 X_{t-2} + \cdots + \Phi_p X_{t-p} + \varepsilon_t \tag{6-1}$$

其中，X_t 为当前时刻观测值，Φ_t 为自回归系数，ε_t 为噪声误差。

MA 移动平均部分表示当前时刻的观测值与过去时刻的白噪声误差之间的关系。MA（q）模型中，q 表示移动平均的阶数，即考虑多少个过去时刻的白噪声误差。移动平均模型的形式为

$$X_t = \varepsilon_t + \theta_1 \varepsilon_{t-1} + \theta_2 \varepsilon_{t-2} + \cdots + \theta_q \varepsilon_{t-q} \tag{6-2}$$

其中，θ_t 为移动平均系数，ε_t 为当前时刻白噪声误差。

6.1.3.3　LGBM 模型

LGBM（light gradient boosting machine）是一种高效的梯度提升树算法，它是基于梯度提升框架的一部分。该模型的设计目标是提供一个高效、分布式、可扩展的机器学习方法，特别适用于处理大规模数据集和高维特征。LGBM 采用直方图算法，通过数据离散化和分箱操作，大大减少了模型的计算量，训练速度加快。同时，它还支持并行训练和特征并行化，能够处理大规模的数据集。

从原理上看，LGBM 是 GBDT（梯度提升决策树）算法框架的一种工程实现，但更加快速和高效。它采用了直方图算法来寻找最佳特征分裂点，而不是像 XGBoost 那样的预排序算法。此外，LGBM 还使用了单边梯度抽样、互斥特征捆绑算法以及 leaf-wise 生长策略等技术来进一步提升性能。

6.1.3.4　SVR 模型

支持向量回归（support vector regression，SVR）是一种基于支持向量机（support vector machine，SVM）的回归算法。与传统的回归方法不同，

SVR 关注的是在预测中保持边界内的最大间隔，而不是精确地拟合所有数据。

SVR 使用核函数来将输入特征映射到高维空间，使得在高维空间中可以更容易地找到间隔最大化的超平面。基于损失函数来衡量预测值与真实值之间的差异。损失函数包括两部分：第一部分为间隔边界内的点的误差，为 $\frac{1}{2}\|w\|^2$，第二部分为落在间隔边界外的点的误差，为 $C\sum_{i=1}^{n}[\max(0, |y_i - f(x_i)| - \varepsilon)]^2$，其中 C 为正则化参数，$|y_i - f(x_i)|$ 是真实值与预测值的差值，ε 为间隔宽度。

SVR 模型的目标是最小化这两部分误差的总和，同时尽量保持间隔边界内的样本误差趋近于零。

6.1.4 模型建立与性能评估

本章基于 242 口页岩气井的历史生产数据，建立预测模型并进行性能评价。首先对实验环境以及参数进行介绍，引入了 3 项预测评价指标，之后分别基于“A1-3”“A1-5”两口气井的数据，评估了预测模型在气井累产预测问题中的性能。

本章实证建模都基于 Python 3.10.9 运行环境，具体硬件参数如下：

CPU 处理器：Intel（R）i5-8400 6 cores 2.80 GHz CPU；

内存信息：16GB DDR4 RAM；

操作系统：Windows 10；

显卡信息：NVIDIA GeForce RTX 2060 4GB；

实验程序包：Numpy、Pandas、Keras、Scikit-learn、Statsmodels、Matplotlib。

本节通过 Keras、Scikit-learn、Statsmodels 及 Matplotlib 等程序包建立页岩气累计产量预测模型，并基于 RMSE、MAE 以及 R-Square 等指标对模型的预测效果进行评价。

页岩气井的历年累计产气量属于连续型变量，故此处选用均方根误差（root mean square error，RMSE）、平均绝对误差（mean absolute error，MAE）以及决定系数（R-squared）作为模型性能评价指标，计算公式如下：

$$\mathrm{RMSE} = \sqrt{\frac{1}{n}\sum_{i=1}^{n}(y_i - \hat{y}_i)^2} \tag{6-3}$$

$$\mathrm{MAE} = \frac{1}{n}\sum_{i=1}^{n}|y_i - \hat{y}_i| \tag{6-4}$$

$$R^2 = 1 - \frac{\sum_{i=1}^{n}(y_i - \hat{y}_i)^2}{\sum_{i=1}^{n}(y_i - \bar{y})^2} \tag{6-5}$$

6.1.4.1 模型建立

基于上文所建立的集成模型预测框架、调参算法以及评价指标，分别选取“A1-1”与“A1-3”气井的历史数据，进行建模并评估模型的预测表现。两口气井的技术数据信息见表6-1。

表6-1　实验数据集基础信息

井号	生产周期	生产天数
A1-1	2015-08-10—2023-07-10	2 891
A1-3	2015-07-25—2023-07-10	2 907

在模型建立阶段，提取单口气井的历史生产数据，将前70%时间长度的生产数据作为训练集，以后30%时间长度的生产数据作为测试集，在训练集数据上建立模型，并基于评价指标比较模型性能。

6.1.4.2 累产预测模型评价

在模型评价阶段，基于RMSE、MAE与R-Square三项指标对模型的性能进行评估，并进行数据可视化。

首先对A1-1气井进行建模分析及可视化，通过数据探索性分析能够发现A1-1气井在2016—2019年历年累计产气量指标增长较为显著，在2019—2023年累计产气量指标趋于稳定。

图6-4（a）到6-4（d）中，横坐标为日期，纵坐标为页岩气井的历年累计产气量（产气量单位：万方）。训练集数据中的气井历年累计产气量、测试集中的气井历年累计产气量、预测阶段的累计产气量用不同形状的曲线绘制。

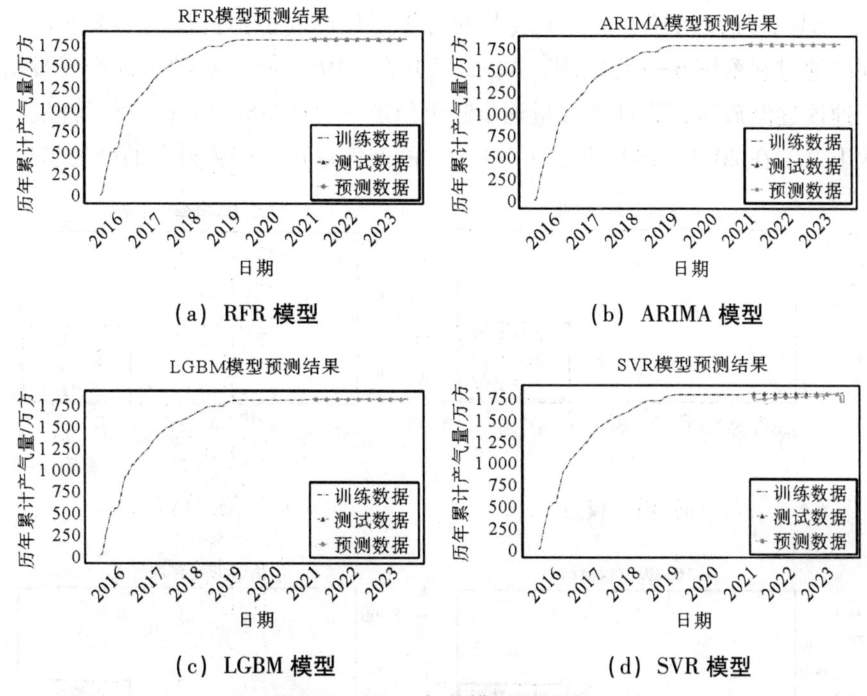

（a）RFR 模型　（b）ARIMA 模型

（c）LGBM 模型　（d）SVR 模型

图 6-4　A1-1 气井模型预测结果

通过观察，可发现 A1-1 气井的历年累计产气量指标在 2019 年后趋于稳定，产气量增长不明显。图中累计产气量在 2019 年后变化幅度较低、四种预测模型中 RFR 模型与 ARIMA 模型对于 A1-1 气井的预测结果与实际情况较为接近，并且在 RMSE 与 MAE 指标上的表现更好。SVR 模型的拟合走势与实际情况较为一致，但预测结果与真实数据之间差异较大。

模型预测性能评估如表 6-2 所示。

表 6-2　模型预测性能评估（A1-1）

模型	RMSE	MAE	R2
RFR 模型	2. 387 2	5. 699 1	0. 166 0
ARIMA 模型	1. 894 8	3. 590 1	0. 352 1
LGBM 模型	2. 511 9	6. 310 1	0. 162 4
SVR 模型	64. 300 2	4 134. 519 6	−6. 100 5

A1-3 气井相较于 A1-1 气井的历年累计产气量指标变动趋势有所不同。通过观察图 6-5 可发现，A1-3 气井在 2016—2020 年的累计产气量增长速度逐渐放缓，累计产气量逐步趋于稳定。但从 2021 年起，增长速度再次上升，在 2021—2023 年，A1-3 气井的产气量具有较为显著的增长趋势。

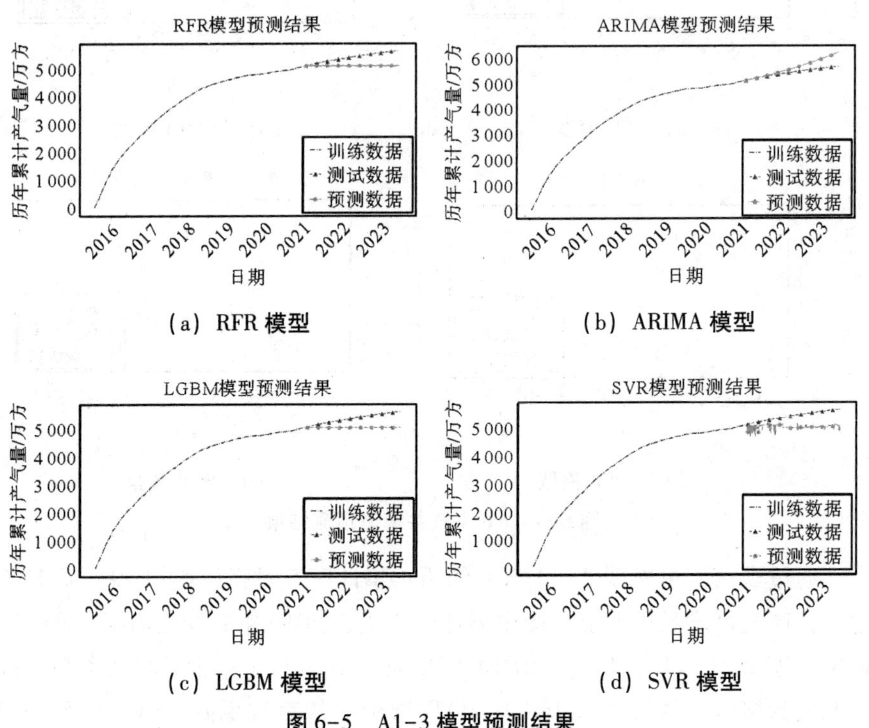

(a) RFR 模型　　(b) ARIMA 模型

(c) LGBM 模型　　(d) SVR 模型

图 6-5　A1-3 模型预测结果

RFR 模型、LGBM 模型以及 ARIMA 模型在面对历年累计产气量已长期趋于稳定的页岩气井数据时，具有较好的预测表现，其预测结果与真实数值较为接近。但是面对当前累产量仍处于较为明显增长阶段的气井，如 A1-3号，模型的预测表现欠佳，与实际情况相比具有较大的偏差。

SVR 模型在面对累计产量长期趋于稳定的数据时，其预测表现弱于其他三种模型（如表 6-3 所示），但是面对累计产量在一段周期内处于上升趋势的数据时，模型的预测性能相对较好。从模型原理分析，在于 ARIMA 模型更加注重捕捉数据的时序性质，而 SVR 模型更加强调预测变量对于响应变量的影响。

表 6-3 累产预测性能评估（A1-3）

模型	RMSE	MAE	R2
RFR 模型	114 229.019 1	337.977 8	-3.958 49
ARIMA 模型	62 646.678 4	250.293 184	-1.719 39
LGBM 模型	247 826.553 0	497.821 80	-28.341 43
SVR 模型	8 110.060 5	90.055 874	0.647 955 4

6.1.4.3 日产预测模型评价

除累产预测模型外，本节着重研究了对气井日产气量的预测模型，利用历史生产数据以及地质工程参数，预测未来一段时间气井的产能变动情况，此处以 A1-3 气井为例。

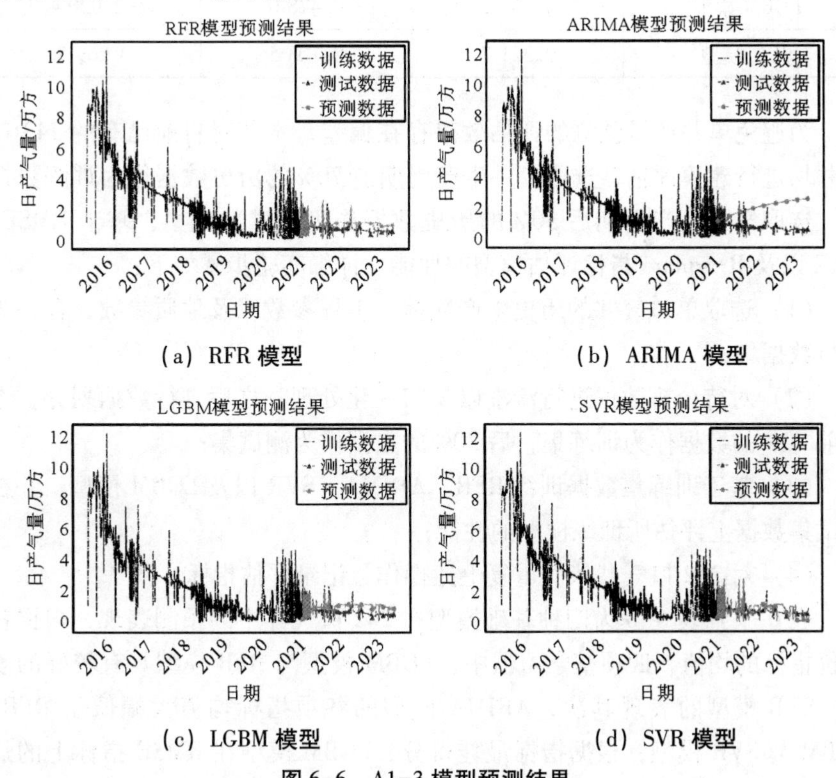

(a) RFR 模型　(b) ARIMA 模型

(c) LGBM 模型　(d) SVR 模型

图 6-6 A1-3 模型预测结果

图 6-6（a）到 6-6（d）中，横坐标为日期，纵坐标为页岩气井的日产气量。训练集、测试集以及预测结果使用不同的曲线绘制。

通过观察，可发现 A1-3 气井的日产气量在 2018 年以前处于高位，但是波动较为明显，相邻日期的产量差距大，在2019年后，日产气量下降明显，并在2021年后趋于稳定。如表6-4所示，在四种预测模型中，SVR模型较好拟合了日产气量变化的趋势，与实际情况较为接近，在RMSE与MAE指标中的表现最好；RFR模型对气井日产量的趋势预测与真实情况较为接近，但是存在一定的数值差异；ARIMA模型与LGBM模型的预测性能较弱，与实际情况的吻合度较低。

表6-4　日产预测性能评估（A1-3）

模型	RMSE	MAE	R2
RFR模型	0.515 6	0.265 8	-0.876 5
ARIMA模型	0.906 8	0.822 4	-4.803 8
LGBM模型	0.654 2	0.428 0	-2.020 4
SVR模型	0.321 7	0.103 5	0.269 5

为避免单井产量预测的评估效果存在偏差，本节对目前已有的242口气井均进行建模评估，选取气井生产周期前70%的历史数据作为训练数据集，选取气井生产周期后30%的历史数据作为测试数据集，基于RMSE、MAE以及R-square指标评估模型的性能。详细实验步骤如下：

（1）选取单口气井的历史生产数据，工程参数以及地质参数，合并为分析数据集；

（2）对待分析数据进行清洗以及归一化处理，之后进行数据划分，选取前70%的数据作为训练集，后30%的数据作为测试集；

（3）基于训练集数据训练RFR、ARIMA、SVR以及LGBM模型，并在测试集数据上评估所训练模型的性能；

（4）对242口气井依次重复上述操作，记录评估指标。

表6-5到表6-8为四种基础模型在242口气井中的预测表现，根据各评价指标的均值，四项基学习器中，LGBM模型与RFR模型具有较好的表现，SVR模型的表现其次，ARIMA模型的各项指标均值大幅低于RFR、LGBM与SVR模型；根据指标最佳得分，LGBM模型在RMSE指标上的最优得分为0.053 6，且最优R2值为0.899 5，优于其余三种基预测模型，ARIMA模型的得分最低，RFR模型与SVR模型介于二者之间，上述情况说明LGBM与RFR模型在页岩气井的日产气量预测中，具备较好的稳定性，并且在部分气井的数据集中具有较好的预测表现。

表 6-5 ARIMA 模型预测性能评价

项目	RMSE	MAE	R2
均值	2.800 0	2.722 0	-265.446 1
方差	1.431 9	1.422 4	1 563.095 4
最大值	6.886 7	6.356 0	0.359 4
最小值	0.207 3	0.194 6	-31.974

表 6-6 SVR 模型预测性能评价

项目	RMSE	MAE	R2
均值	1.394 9	1.271 6	-8 775.961 2
方差	1.092 0	1.068 8	12 256.000 0
最大值	6.227 7	5.991 7	0.395 2
最小值	0.136 6	0.091 8	-19 049.000 0

表 6-7 RFR 模型预测性能评价

项目	RMSE	MAE	R2
均值	1.060 1	0.958 1	-73.626 2
方差	0.617 6	0.476 1	0.295 2
最大值	4.697 0	4.034 7	0.864 0
最小值	0.128 8	0.091 9	-1 120.552 2

表 6-8 LGBM 模型预测性能评价

项目	RMSE	MAE	R2
均值	1.003 8	0.865 9	-4 398.947 4
方差	0.653 7	0.593 9	40 614.182 5
最大值	4.560 0	3.949 1	0.899 5
最小值	0.053 6	0.044 6	-54 830.710 3

6.1.5 模型参数优化与集成

根据 2.5.4 中的建模评估结果，当前所建立的模型对页岩气井的日产量预测具备一定可靠度，但仍存在优化空间。由于机器学习模型的预测性能受模型参数影响较大，此处选用 2.5.4 中的贝叶斯优化方法，对研究中所建立的模型进行参数搜索，并基于最优参数建模，以提升模型的预测表现。

6.1.5.1 模型参数优化

为确保模型评估阶段的可靠性，本节对预测模型进行了参数调优，由于机器学习模型与深度学习模型所涉及的参数较多，使用网格搜索算法的效率很低，本节使用贝叶斯优化算法获取机器学习模型与深度学习模型的最优参数组合。贝叶斯优化基于贝叶斯定理的思想，通过每一次观测到的历史信息作为先验知识，进而完成下一次优化，即每一次迭代中通过历史信息选择后续搜索方向和步长。该方法提升了参数寻优的效率，适用于参数空间较为复杂的优化问题。

对于模型的超参数优化问题可定义为

$$\underset{x \in X}{\operatorname{argmin}} f(x) \tag{6-6}$$

其中，x 为超参数的一组取值，而 X 为参数的搜索空间。$f(x)$ 为超参数优化中的目标函数，通常为损失函数（loss function）。

超参数优化算法的目标是尽可能找到全局最优解，使得 $x^* = \operatorname{argmin}_{x \in X} f(x)$ ，贝叶斯算法在超参数优化问题中通常分为两步：①通过训练数据学习一个代理模型；②通过采集函数，决定下一个数据采集点，通常选用高斯过程回归模型（GPs）作为代理模型。详情见 Alorithm1。

Algorithm 1：贝叶斯优化算法
Input：初始化候选参数 n_0 ，最大迭代次数 N ，代理模型 $g(x)$ ，采集函数 $a(x \mid D)$
Output：最优参数组合 x^*
Begin
步骤 1：随机初始化 n_0 ，令 $X_{init} = \{x_0, x_1, \cdots, x_{n_0-1}\}$
步骤 2：将参数组合带入目标函数，获得 $f(X_{init})$ ，初始点集 $D_0 = \{X_{init}, f(X_{init})\}$
令 $t = n_0$, $D_{t-1} = D_0$
While t<N do：
步骤 3：根据当前获得的点集 D_{t-1} ，构建代理模型 $g(x)$
步骤 4：基于代理模型 $g(x)$ ，最大化采集函数 $a(x \mid D_{t-1})$ ，获得下一个评估点 $x^* = \operatorname{argmin}_{x \in X} a(x \mid D_{t-1})$

步骤 5：获得评估点 x_t 的函数值 $f(x_t)$ ，将其加入到当前评估点合集中 $D_t = D_{t-1} U\{x_t, f(x_t)\}$ ，转回步骤 3

End

输出：最优候选参数组合 x^*

End

本节将 RFR、SVR、ARIMA、LGBM 等模型作为基学习器，集成多种模型的结果进行预测，并采用贝叶斯算法对模型的超参数进行搜索，各模型的调优参数以及含义如表 6-9 所示。

表 6-9　模型参数及定义

模型	调优参数	参数解释
RFR	n_ estmiator，max_ depth，min_ samples_ split	决策树的数量、决策树的最大深度、决定节点分裂的最小样本数
SVR	Cost，Gamma，Kernel，Epsilon	正则化参数、核函数类型、核函数系数、容差项
ARIMA	p，d，q	自回归、差分整合和移动平均的阶数
LGBM	n_ estimators，learning_ rate，num_ leaves	决策树数量、学习率、决策树最大深度

贝叶斯优化方法能够基于各项特征的搜索空间，对模型进行参数寻优。此处选取三口气井作为分析对象，首先基于 4 种模型的默认参数，对每口气井的历史数据建模，评估预测模型的性能，之后基于贝叶斯优化方法对 4 种模型进行参数优化，并比较模型在参数优化前后的性能变化情况。此处选取 B11-2、B16-4 以及 A13-1 作为分析对象，气井基本信息见表 6-10。

表 6-10　待分析气井基础信息

井号	生产周期	生产天数	气井类型	气井区域
B11-2	2016-11-03—2023-07-10	2 069	3 类	一类区
A16-4	2019-11-07—2023-07-10	1 049	1 类	一类区
A13-1	2019-06-11—2023-07-10	873	3 类	二类区

此处基于前文所建立的 4 种预测模型，分别对三口气井的历史数据进行划分，使用 70%的数据作为训练集建立模型，30%的数据作为测试集评

估模型性能，并进行数据可视化，B11-2气井的建模评估数据详情如表6-11所示。

表6-11　气井日产预测评估（B11-2）

模型	RMSE	MAE	R2
RFR 模型	0.246 2	0.199 4	-0.430 5
SVR 模型	0.291 1	0.236 5	-0.999 6
LGBM 模型	0.294 4	0.241 4	-1.045 1
ARIMA 模型	0.301 3	0.249 7	-1.142 4

图6-7（a）到6-7（d）中，横坐标为日期，纵坐标为页岩气井的日产气量。训练数据、测试数据以及预测数据使用不同的曲线绘制。SVR模型LGBM模型与RFR模型所拟合的日产气量与实际情况较为接近，ARIMA模型的拟合效果较不理想。

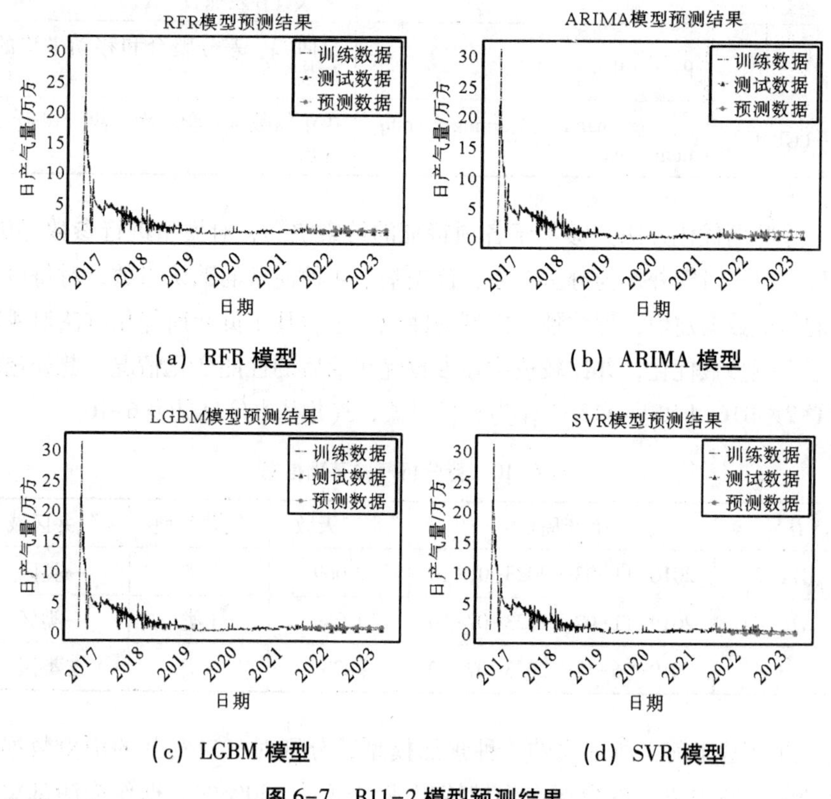

（a）RFR 模型　（b）ARIMA 模型

（c）LGBM 模型　（d）SVR 模型

图6-7　B11-2模型预测结果

此处使用贝叶斯参数寻优，在 B11-2 气井数据集上对模型参数进行优化，模型参数搜索结果如表 6-12 所示，各模型参数调优后的性能变动如表 6-13 所示。

表 6-12 贝叶斯参数寻优结果（B11-2 气井）

模型	参数搜索结果
RFR 模型	n_ estmiator = 200，max_ depth = 10，min_ samples_ split = 2，min_ samples_ leaf = 1
SVR 模型	Cost = 10，gamma = 0. 25，kernel = rbf，epsilon = 0. 01
ARIMA 模型	P = 4，d = 1，q = 2
LGBM 模型	n_ estimators = 300，learning_ rate = 0. 1，num_ leaves = max_ depth = 21，colsample_ bytree = 0. 9

表 6-13 数调优后各模型性能变动（B11-2）

模型	RMSE	变动	MAE	变动	R2	变动
RFR 模型	0. 242 4	−0. 003 8	0. 195 3	−0. 004 1	−0. 387 0	+0. 043 5
SVR 模型	0. 264 5	−0. 026 6	0. 212 5	−0. 024 1	−0. 650 5	+0. 349 1
LGBM 模型	0. 286 0	−0. 008 4	0. 232 0	−0. 009 3	−0. 930 7	+0. 114 4
ARIMA 模型	0. 295 1	−0. 006 2	0. 244 7	−0. 005 1	−1. 054 9	+0. 087 5

根据表 6-13，观察参数寻优后的模型在测试集上的表现，发现四项模型的 RMSE、MAE 指标有所下降，即模型的预测精度得到了提升，且 R2 指标有所上升，模型的拟合优度得到了提高。其中 LGBM 模型的提升效果最为显著。综上，贝叶斯参数搜索对模型的性能有所提升，能够较为显著地提升模型的预测精度。

基于以上思路，对 A13-1 进行建模评估，并使用贝叶斯搜索进行参数优化。

通过观察图 6-8（a）到 6-8（d），发现 A13-1 气井的产量在 2020—2022 中期趋于平缓，在 2022—2023 年期间处于产能活跃期，模型预测结果显示，RFR 模型与 LGBM 模型所拟合的曲线与实际情况较为贴近，SVR 模型与 ARIMA 模型的拟合情况较不理想，与实际情况差异较大。

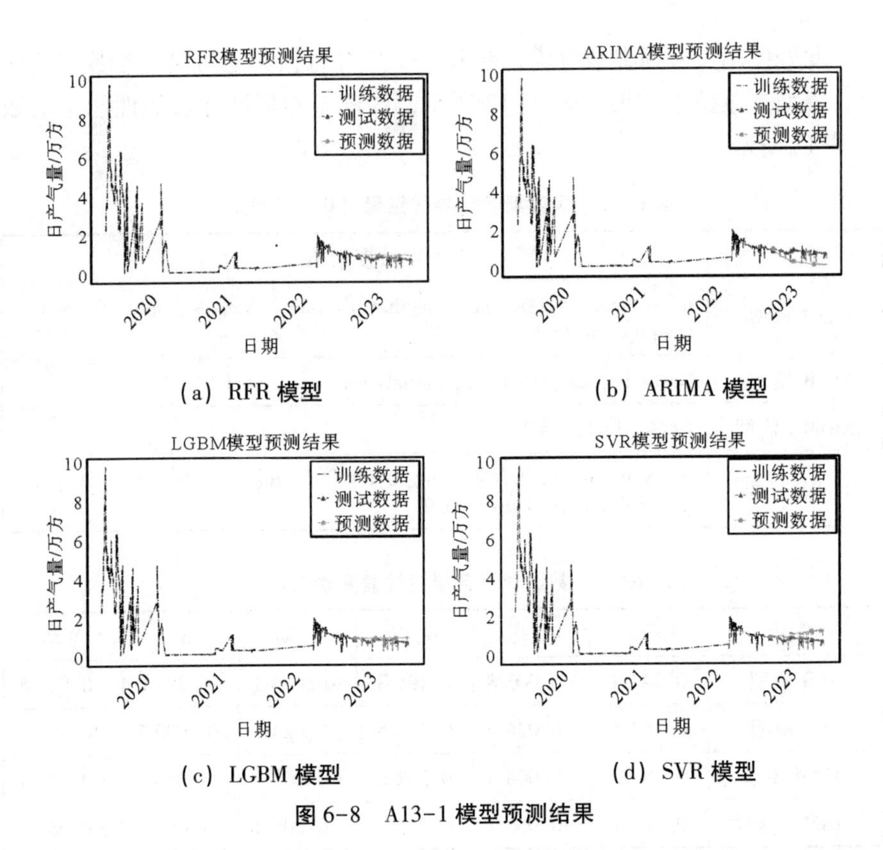

（a）RFR 模型　（b）ARIMA 模型

（c）LGBM 模型　（d）SVR 模型

图 6-8　A13-1 模型预测结果

通过观察图 6-9（a）到 6-9（d），A16-4 气井的产能在 2021 年后段至 2023 年间处于活跃状态，RFR 模型的预测拟合度最好，LGBM 模型能够较为贴合的拟合真实数据的走势，但是存在一定的数值差，SVR 模型与 ARIMA 模型的拟合图像与真实数值差异较大。

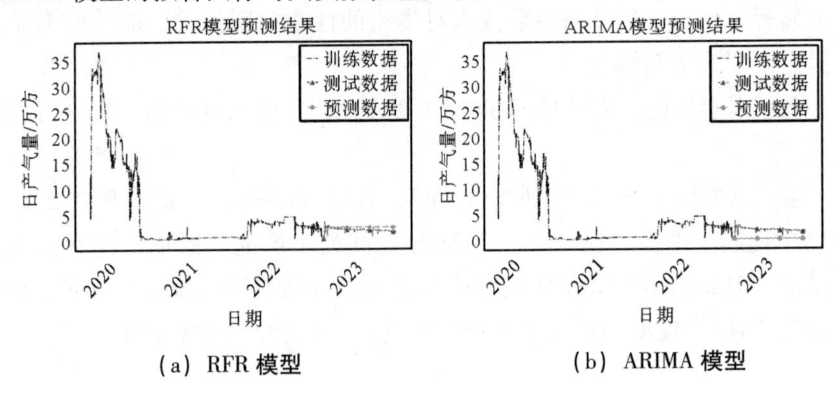

（a）RFR 模型　（b）ARIMA 模型

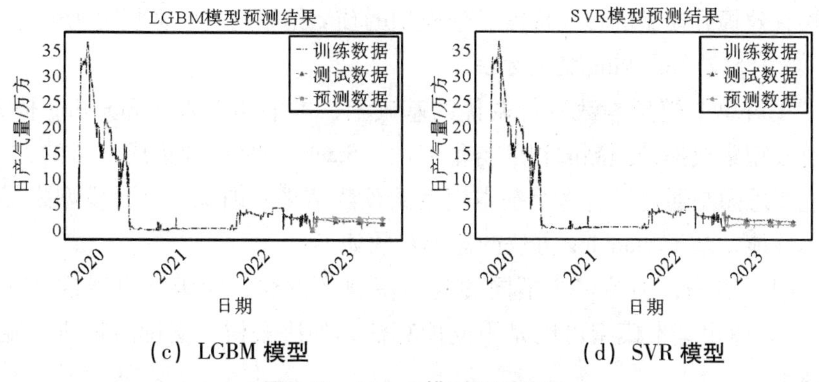

(c) LGBM 模型　　(d) SVR 模型

图 6-9　A16-4 模型预测结果

与 B11-2 气井的优化思路相似，此处基于 A13-1 与 A16-4 气井的历史产能数据，通过贝叶斯搜索寻找四项预测模型的最优参数组合，并基于最优参数进行建模，提升模型的预测精度，优化效果详情见表 6-14 和表 6-15。

表 6-14　参数调优后各模型性能变动（A13-1）

模型	RMSE	变动	MAE	变动	R2	变动
RFR 模型	0. 121 7	−0. 139 1	0. 096 4	−0. 124 2	0. 299 2	+2. 519 2
SVR 模型	0. 258 9	−0. 053 4	0. 239 8	−0. 016 5	−2. 173 0	+1. 447 0
LGBM 模型	0. 209 1	−0. 039 3	0. 175 1	−0. 031 9	−1. 071 4	+0. 850 6
ARIMA 模型	0. 232 0	−0. 030 1	0. 185 9	−0. 033 2	−1. 566 0	+0. 686 0

表 6-15　参数调优后各模型性能变动（A16-4）

模型	RMSE	变动	MAE	变动	R2	变动
RFR 模型	0. 693 1	−0. 056 2	0. 604 6	−0. 043 9	−0. 843 3	+0. 310
SVR 模型	1. 359 2	−0. 819 3	1. 190 1	−0. 321 6	−6. 089 0	+11. 122
LGBM 模型	1. 267 4	−0. 004 5	1. 186 7	−0. 004 3	−5. 164 4	+0. 044
ARIMA 模型	0. 740 9	−0. 080 7	0. 572 8	−0. 096 2	−1. 106 7	+0. 484

通过观察 A13-1 以及 A16-4 气井在贝叶斯参数寻优前后模型预测性能的变动情况，能够发现贝叶斯优化能够较为有效地提升模型的预测表现，主要表现在 RMSE 以及 MAE 指标的降低，即预测误差的减小。此外，贝叶斯参数优化能够较为显著地提升 R2 指标的得分，证明参数搜索技术

能够有效提升模型的拟合优度，使模型的预测结果与真实数据更为贴近。

6.1.5.2 Stacking 集成方法

在对单个模型参数进行调优的基础上，本书还引入了 Stacking 框架，通过模型集成提升预测的精度与稳健性。Stacking 是一种集成学习的方法，其主要思想是通过结合多个基本模型的预测结果，训练一个元模型来提高整体性能，基于 Stacking 方法的建模步骤如下：

（1）首先，训练多个不同的基本模型（也称“初级学习器或基学习器”），每个基本模型可能是不同的算法，如决策树、支持向量机、随机森林等；

（2）使用训练数据集，分别对每个基础模型进行训练；

（3）使用训练好的基础模型对测试集进行预测，评估基础模型的预测性能；

（4）将基础模型的预测结果作为输入，将真实标签作为输出，训练元模型，此处通常选择线性模型作为元模型；

（5）使用训练好的元模型对新的数据进行预测，先通过基本模型获得预测结果，然后将这些结果输入给元模型，由元模型生成最终的预测。

对于数据集 X 的第 i 个样本，在元模型上的预测值 $\widehat{y_i}$ 可表示为 $\widehat{y_i} = f(x_{i1}, x_{i2}, \cdots, x_{in})$，其中 x_{ij} 是第 i 个样本在第 j 个模型上的预测结果。

Stacking 的优势在于能够充分利用不同模型的优势，提高整体性能，并且相对于单一模型，它更具有鲁棒性。然而，Stacking 也需要更多的计算资源和时间，并且对参数调整更为敏感。

如图 6-10 所示，此处选择 RFR、SVR、LGBM 模型作为基础学习器，基于贝叶斯优化方法对基学习器进行参数调优，之后基于最优参数建立基学习器，并选择 多层感知机模型（MLP，Multilayer Perceptron）作为元学习器，拟合基学习器的预测值，最终输出 Stacking 模型的预测结果。

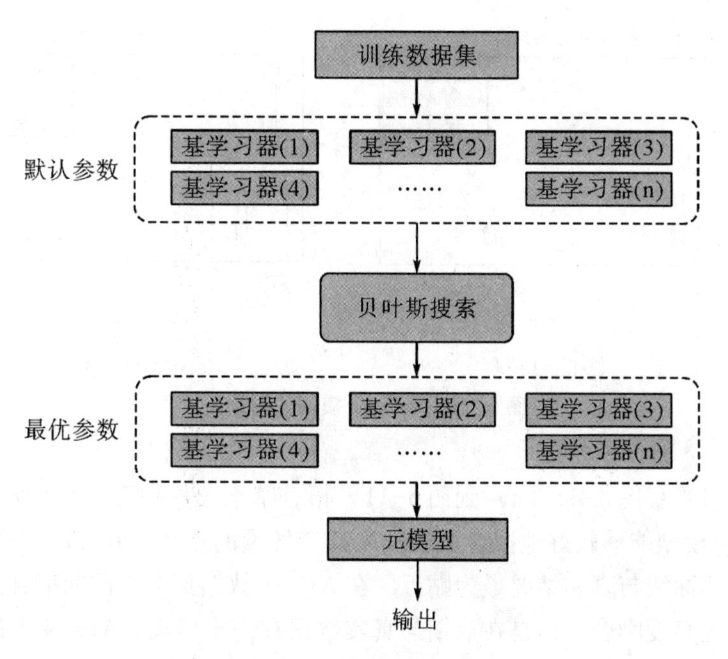

图 6-10 Stacking 集成框架

此处选择 RFR、SVR、LGBM 模型作为基学习器，基于贝叶斯优化方法对基学习器进行参数调优，之后基于最优参数建立基学习器，并选择多层感知机模型（MLP，multilayer perceptron）作为元学习器，拟合基学习器的预测值，最终输出 Stacking 模型的预测结果。

基于上述的 Stacking 模型，对 B11-2、A13-1、A16-4 的历史数据进行划分，进行建模以及性能评估。Stacking 模型在上述三口气井数据集上的性能表现以及数据可视化结果如图 6-11（a）到图 6-11（c）以及表 6-16 所示。

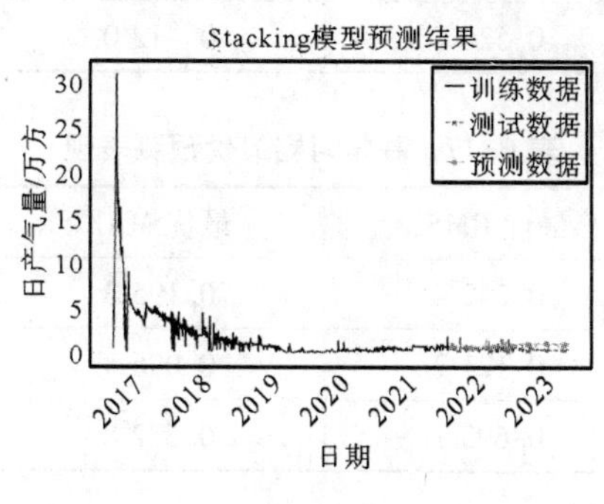

（a）B11-2

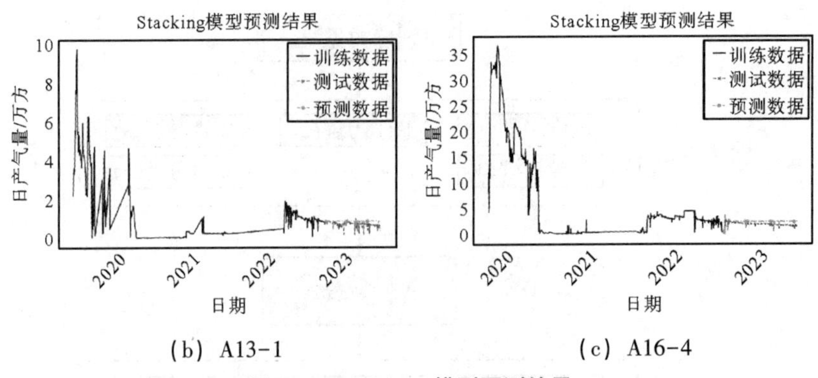

(b) A13-1　　(c) A16-4

图 6-11　Stacking 模型预测结果

注：产气量单位：万方。

通过观察图6-11（a）到图6-11（c），基于三种基于学习器所建立的Stacking模型能够较好地拟合页岩气井日产气量的走势，在B11-2数据集上的预测曲线与真实情况最为贴近，在A13-1数据集上，前期拟合趋势与真实情况高度吻合，但是在后期与真实数据有一定偏离，A16-4上的预测曲线与真实数据较为贴近，但是未能预测到部分波动情况。

根据表6-17到表6-18中的数据，Stacking集成模型在RMSE、MAE以及R2指标上的表现优于四种基预测模型的最高得分，即Stacking集成方法能够取得比单一预测模型更好的表现，较为显著地提升了模型的预测性能。

表 6-16　Stacking 模型性能评估

数据集	RMSE	MAE	R2
B11-2	0.233 3	0.184 3	0.285 0
A13-1	0.110 4	0.085 3	0.422 7
A16-4	0.526 7	0.412 0	0.064 6

表 6-17　基学习器最优预测表现

数据集	最优 RMSE	最优 MAE	最优 R2
B11-2	0.242 4	0.195 3	-0.387 0
A13-1	0.121 7	0.096 4	0.299 2
A16-4	0.693 1	0.572 8	-0.843 3

表 6-18 Stacking 模型预测性能评价（242 口气井数据）

分类	RMSE	MAE	R2
均值	0.939 0	0.798 7	-22.034 5
方差	0.575 0	0.515 9	77.679 8
最大值	3.293 2	2.861 5	0.910 4
最小值	0.017 5	0.010 5	-945.584 0

Stacking 集成模型在 RMSE 指标的最高得分为 0.110 4，优于基学习器模型的 0.121 7，在 MAE 指标上的最高得分为 0.085 3。四项基础模型中，RMSE 指标最优值为 0.121 7，MAE 指标最优得分为 0.096 4，对应 R2 值为 0.299 2，Stacking 模型的 MAE 最优得分为 0.085 3，R2 最优得分为 0.422 7，均优于四项基学习器。

通过比较三个数据集上的预测表现，Stacking 集成模型的各项预测指标得分均优于基预测模型，上述情况说明通过 Stacking 集成方法，能够有效综合基预测模型的预测结果，提升预测的稳健性与准确度。

此外，通过表 6-10 的数据可发现，相较于四种基学习器，Stacking 模型在 242 口气井数据集上的各项评价指标均值与最优值得到了提升，RMSE 与 MAE 的均值相较于基学习器中的 RFR 与 LGB 更好，R2 指标的平均值与最优值都得到了提升。在实际数据集上的验证结果表明，Stacking 模型的预测的精度与模型拟合优度比单一基学习器更好。

6.2 基于地质工程参数的 EUR 预测模型

6.1 节中，利用气井的地质参数、工程参数以及日产气时间序列数据，构建了基于气井地质参数、工程参数以及时间指标体系的气井日产气量预测模型。该方法能够基于已开发气井的历史生产数据，对气井未来的产能情况进行预测。通过实验结果表明，该模型的预测结果能够较为准确地贴合实际生产数据，但模型构建需要样本规模较大的训练样本，对于在气井投产的早期，由于缺乏有效的训练数据，模型难以进行有效应用。

针对新投产气井或初期投产气井生产样本较少，难以拟合 Duong 模型对气井 EUR 进行评估的问题，本节通过结合机器学习模型以及常规的页岩气产能递减模型，在气井投产的早期便能够基于页岩气井的地质参数与工程参数对 EUR 进行预测，形成能够更好满足实际生产场景需求的预测方法。

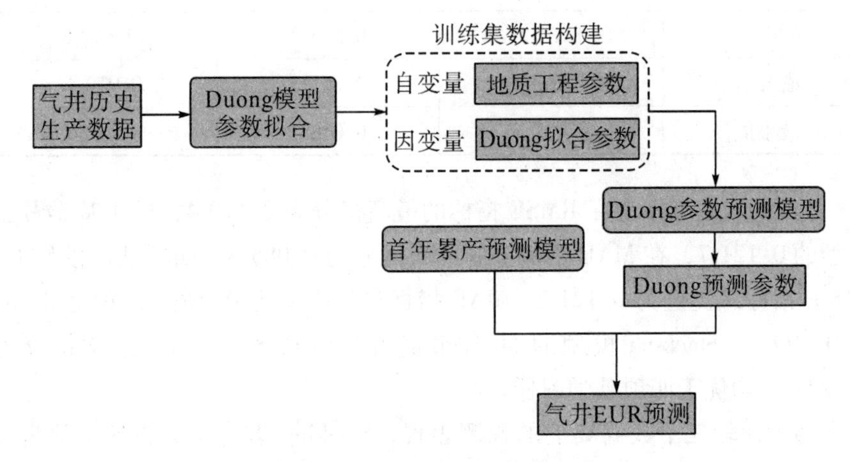

图 6-12　EUR 预测模型技术路线

基于 Duong 递减模型与产能预测模型的 EUR 预测框架技术路线如下：

首先基于已有的 266 口气井的历史产气数据，拟合 Duong 模型，获取各气井的 a 与 m 参数；

以单口气井的工程地质参数为自变量，气井拟合的 Duong 模型参数 a 与 m 为因变量，构建参数（a 与 m）预测模型；

对于待开发气井，首先将地质工程参数输入气井产能预测模型，获得气井的 330 日累产预测数据，之后将地质工程参数输入 Duong 参数预测模型，获得气井对应的 a 与 m 值预测值；

利用预测产能数据与基于预测参数（a 与 m）的 Duong 模型，推导气井的 EUR。

6.2.1　基于地质工程参数的累产预测模型

330 日累产预测指标体系：与前文所建立的基于页岩气地质工程参数与历史生产数据的预测模型不同，此处旨在通过页岩气的地质工程参数以及早期生产数据，对气井的未来产能进行预测，因此选取了表 6-19 中的指标，以地质工程参数指标作为自变量，以页岩气井的首年（330 日）累计产量作为因变量。

表 6-19　基于地质工程参数的首年累产预测指标体系

预测变量	因变量
厚度-1 小层、BRMC4-1 小层、TOC-1 小层、POR-1 小层、QALL-1 小层、SG-1 小层、压力系数预测、主体单段簇数、储量丰度（108 m^3/km^2）、单段主体孔数、簇间距（m）、实际压裂段长（m）、加砂强度（t/m）、用液强度（m^3/m）、分段段长（m）、储层底以上 4 米箱体钻遇率（%）、完井深度、90 日累产（连续生产）	330 日累产气量（单位：万方）

模型训练与评估：此处选取前文中所建立的 Stacking 框架作为集成学习器，基于指标体系建立预测模型。

在训练阶段采用 5 折交叉验证法，如图 6-13 所示。首先将已有气井的数据集划分为 5 份，依次标记为 S_1，S_2，S_3，S_4，S_5。在进行第 i 次交叉验证时，抽取 S_i 作为验证数据集，剩余 4 份的 $S_{(-i)}$ 数据作为训练集。使用 $S_{(-i)}$ 训练模型，将单次的评估结果精度记作 E_1，E_2，E_3，E_4，E_5.

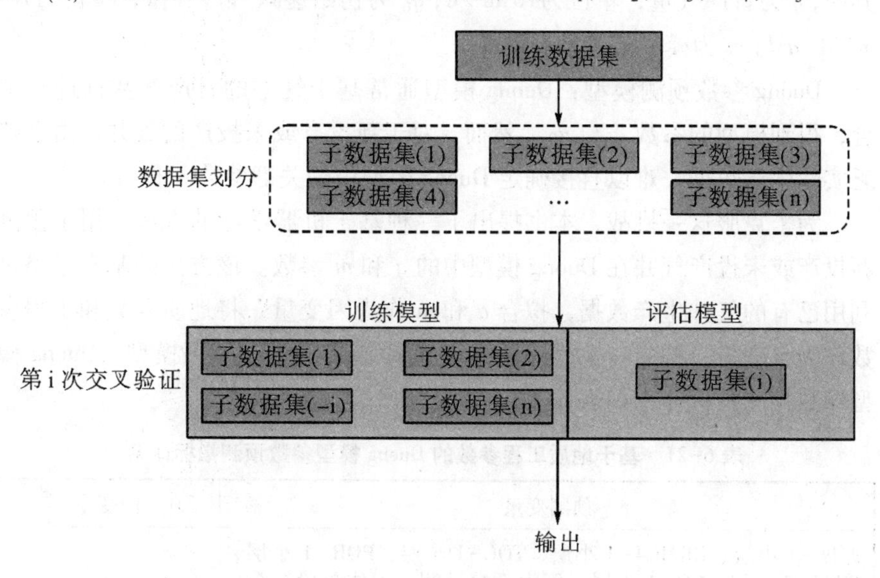

图 6-13　5 折交叉验证原理

以上过程依次进行五次，并对以上精度求均值，得到 $E_{average} = (E_1 + E_2 + E_3 + E_4 + E_5)/5$. 即可得到最终的预测精度评估结果。

根据表 6-20 中，基于 266 口已开发气井的实证分析结果，发现利用页岩气井的地质参数和工程参数预测气井首年产能具有较好的准确率，平均误差率在 9.79%，绝对误差率中位数为 8.07%，所建立的 Stacking 预测模型能够较为准确地预测页岩气的首年产气量。

表 6-20 基于已开发气井的实证分析结果

平均绝对误差率/%	绝对误差率中位数/%
9.79	8.07

6.2.2 基于地质工程参数的 Duong 参数预测

常规 Duong 递减模型：Duong 模型是一种广泛应用于页岩气产量递减分析的非线性模型。该模型在 Arps 模型的基础上进行了非线性扩展，特别适用于描述页岩气藏中气井的产量递减趋势。

Duong 模型的公式为

$$q = q_0 t^{-m} e^{\frac{a}{m}(t^{1-m}-1)} \tag{6-7}$$

其中，q 为日产气量，单位为$10^4 m^3/d$，q_0 为初始递减日产气量，单位为$10^4 m^3/d$。a 与 m 为模型的参数。

Duong 参数预测模型：Duong 模型通常基于气井的日产气数据进行拟合，得到模型的参数 a 与 m 。然而，对于新投产或未投产的气井，由于缺乏实际生产数据，难以直接确定 Duong 模型中的关键参数 a 和 m 。

为了克服这一挑战，本书提出了一种基于机器学习的方法，用于预测新投产或未投产气井在 Duong 模型中的 a 和 m 参数。该方法的基本思路是利用已有的气井生产数据，拟合 a 和 m 作为因变量，将地质参数和工程参数作为自变量，构建一个能够预测 a 和 m 参数的机器学习模型。Duong 模型参数预测指标体系如表 6-21 所示。

表 6-21 基于地质工程参数的 Duong 模型参数预测指标体系

预测变量	因变量
厚度-1 小层、BRMC4-1 小层、TOC-1 小层、POR-1 小层、QALL-1 小层、SG-1 小层、压力系数预测、主体单段簇数、单段主体孔数、簇间距（m）、实际压裂段长（m）、加砂强度（t/m）、用液强度（m^3/m）、完井深度、分段段长（m）、储层底以上 4 米箱体钻遇率（%）	Duong 模型参数（a 和 m）

首先收集气井的历史产气数据，如表 6-21 中的地质参数（如储层厚度、孔隙度等）和工程参数（如钻井深度、加砂强度、压裂参数等），之后利用数据集训练预测模型，学习地质参数、工程参数与 Duong 模型中 a

和 m 参数之间的复杂关系。

在模型训练过程中，将已知生产数据的气井样本划分为训练集和验证集。训练集用于训练机器学习模型，通过不断调整模型的参数和结构，使其能够准确拟合训练数据中的 a 和 m 参数。

表 6-22 中展示了部分气井历史产气数据的 Duong 模型拟合参数，并将截止统计日期的气井累积产量与 Duong 模型预测的累计产量进行了对比，发现基于生产数据拟合的 Duong 模型与实际累计产气误差约为 5.85%，参数 a 与 m 具备较好的拟合效果，适合作为学习标签。

表 6-22 Duong 模型拟合效果评估 产气量单位：万方

井号	a 值	m 值	实际累产	Duong 预测累产
A10-4	1.823 0	1.174 8	6 927	6 875
A10-7	3.356 2	1.320 9	4 075	3 926
A14-4	2.890 1	1.248 6	9 369	10 211
A1-6	3.447 3	1.297 1	8 070	8 072
A16-6	2.627 4	1.318 1	3 917	3 934
A18-5	2.491 8	1.255 6	4 330	4 238
A18-6	2.529 2	1.296 7	3 201	3 597
A19-5	3.345 4	1.357 5	8 786	9 413
A3-6	4.164 6	1.332 8	7 855	8 332
B10-4	3.998 4	1.402 1	4 600	5 312

当模型训练完成并经过验证，便可以将其应用于新投产或未投产的气井。通过输入气井的地质参数和工程参数，机器学习模型将输出对应的 a 和 m 参数预测值。最后将预测值代入 Duong 模型，结合初期预测产能，以评估气井的 EUR。

此处以已开发气井的历史生产数据拟合对应的 Duong 模型参数（a 与 m），之后将拟合标签作为因变量，气井的地质参数与工程参数作为自变量，构建预测模型并进行评估。

通过表 6-23 中的数据可知，利用地质工程参数预测 Duong 模型的 a 与 m 参数具有较好的预测准确度，其中关于 m 参数的预测误差率为 3.53%，关于 a 参数的绝对误差率为 12.33%。

表 6-23　Duong 参数预测模型评估

参数	绝对误差	绝对误差率/%
A	0. 392 7	12. 33
M	0. 045 1	3. 53

6. 2. 3　基于首年累产预测与 Duong 递减的 EUR 评估

结合 6. 2. 1—6. 2. 2 节的内容，此处分别利用气井的地质工程参数预测首年累计产气量以及对应 Duong 模型参数值（a 与 m），之后利用首年累计产量与 Duong 模型递推气井的 EUR（如图 6-14 所示），部分实验结果如表 6-24 所示。

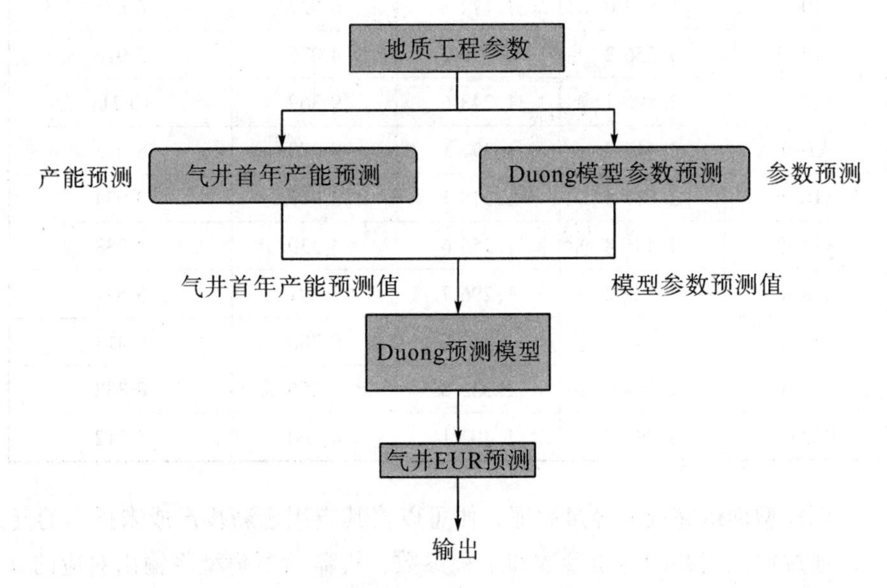

图 6-14　基于地质工程参数的 EUR 预测技术路线

表 6-24　部分基于地质工程参数的 EUR 预测结果

产气量单位：万方

井号	首年预测累产	预测 m 值	预测 a 值	Duong 预测 EUR 产能
A10-4	2 317	1. 284 0	1. 804 5	8 891
A10-7	1 646	1. 305 5	3. 820 1	5 889
A14-4	4 805	1. 293 4	3. 004 3	14 326

表6-24(续)

井号	首年预测累产	预测 m 值	预测 a 值	Duong 预测 EUR 产能
A1-6	2 702	1.318 6	3.828 3	8 658
A16-6	2 463	1.276 1	2.705 8	7 487
A18-5	3 058	1.268 0	2.622 3	9 575
A18-6	2 659	1.258 6	2.548 5	8 710
A19-5	4 690	1.308 1	3.092 2	12 920
A3-6	2 578	1.310 1	3.819 8	8 856
B10-4	2 822	1.280 8	3.513 0	11 402

6.3 气井产能优化模型

6.3.1 基于 EUR 预测模型的参数敏感性分析

此处以 6.2 节中所建立的气井首年产能预测模型与 Duong 递减模型为基础，通过变动气井中参数数值，观察主控参数变动对于气井产能的影响趋势，对影响气井产能的主要因素进行分析，评估工程参数数值变动对气井产能的作用。本节的研究旨在对页岩气开发过程中的施工提供一定参考。

在页岩气施工过程中能够进行调节的主要变量如表 6-25 和表 6-26 所示，根据第 5 章中的分析结果，可知“实际压裂段长/m”为影响重要性最大的主控因素。

表 6-25 已开发气井主控参数分布

工程参数	最大值	最小值	中位数	95%分位点	5%分位点
实际压裂段长/m	3 158	506	1 664	2 313	1 246
簇间距/m	90	5	12	19	7
加砂强度/t/m	3	1	2	2	1
用液强度/$m^3 \cdot m^{-1}$	41	4	26	34	21

表 6-26　气井主控参数及取值范围

工程参数	参数下界	参数上界
实际压裂段长/m	1 200	3 500
簇间距/m	5	25
加砂强度/t/m	1.3	3.5
用液强度/$m^3 \cdot m^{-1}$	20	35

此处以 266 口气井的参数作为原始数据，对部分工程参数选取 95%分位点作为工程参数的调整上界，选取 5%分位点作为工程参数的调整下界，通过变动工程参数，观察 EUR 预测模型评估的产能变动。此处以单一因素为分析对象，观察在其他工程参数分别取 25%，50%以及 75%分位点时，单一因素取值变动引起的 EUR 以及收益-成本变动情况。

根据图 6-15 的分析结果，在模拟气井的工程参数敏感性分析中，随着实际压裂段长的增长，模拟气井对应的 EUR 不断增大，增长的斜率在 1 750~2 500 最大，在 2 500~3 000 内逐步放缓。

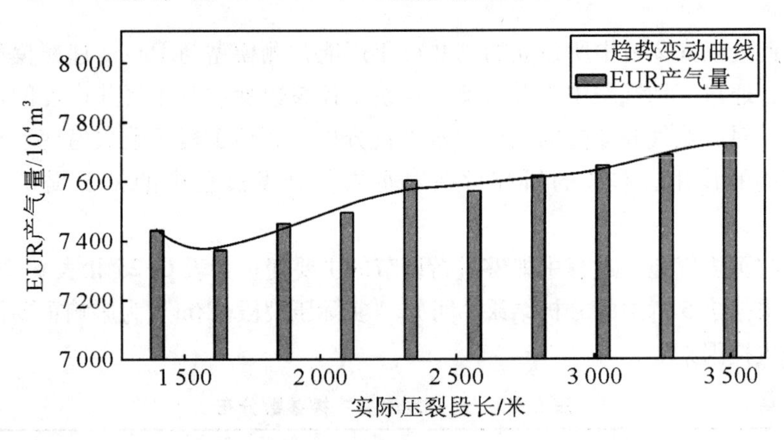

图 6-15　EUR 关于实际压裂段长的变化曲线（其余工程参数取 25%分位点）

根据图 6-16，随着实际压裂段长的增长，模拟气井对应的 EUR 不断增大，但是气井 EUR 的边际增长速度逐步趋于平缓。

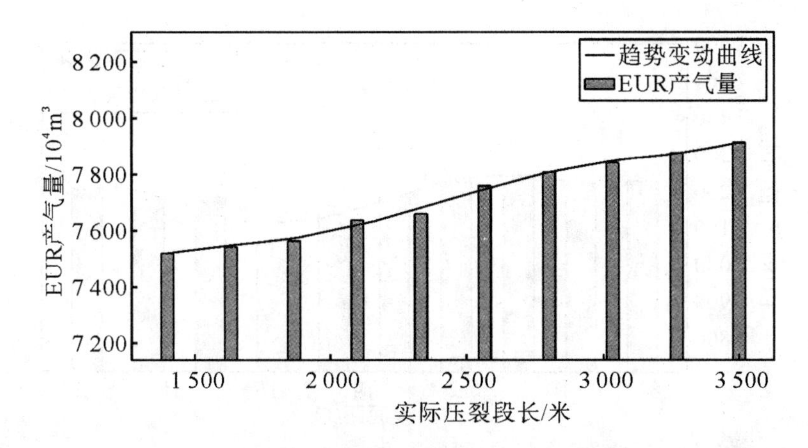

图 6-16 EUR 关于实际压裂段长的变化曲线（其余工程参数取 50%分位点）

根据图 6-17，当其余工程参数取值为 75%分位数时，随着实际压裂段长的增长，模拟气井对应的 EUR 不断增大，在实际压裂段长超过 2 750 后，EUR 增长趋于平缓。

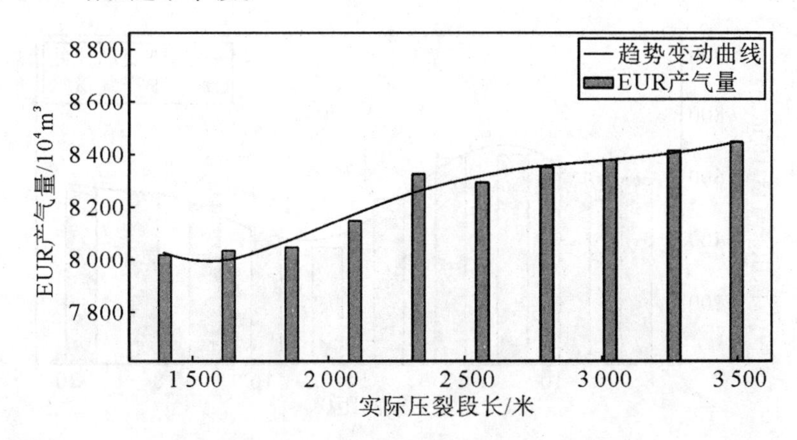

图 6-17 EUR 关于实际压裂段长的变化曲线（其余工程参数取 75%分位点）

根据图 6-18，在模拟气井的工程参数敏感性分析中，随着簇间距增长，模拟气井对应的 EUR 先小幅变动，之后以较快速度下降。下降的速率在 14~16 最大。

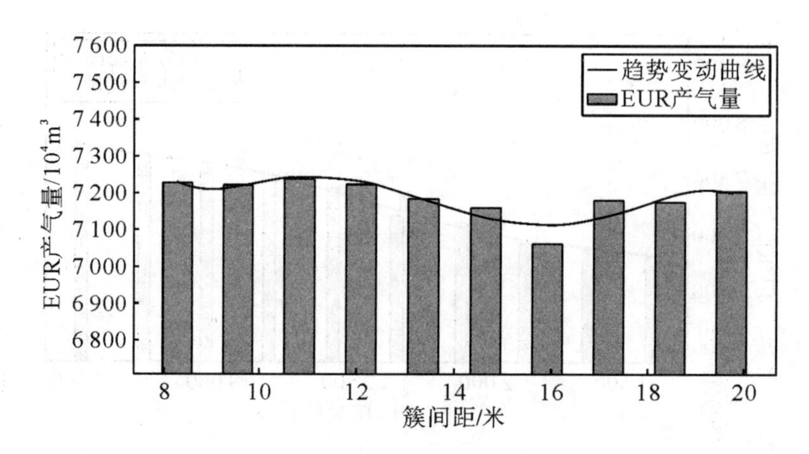

图 6-18 EUR 关于簇间距的变化曲线（其余工程参数取 25%分位点）

根据图 6-19，当簇间距以外的工程参数取值为 50%分位点时，随着簇间距增加，产能逐步下降，当簇间距取值在 12～15 时，气井 EUR 下降最快。

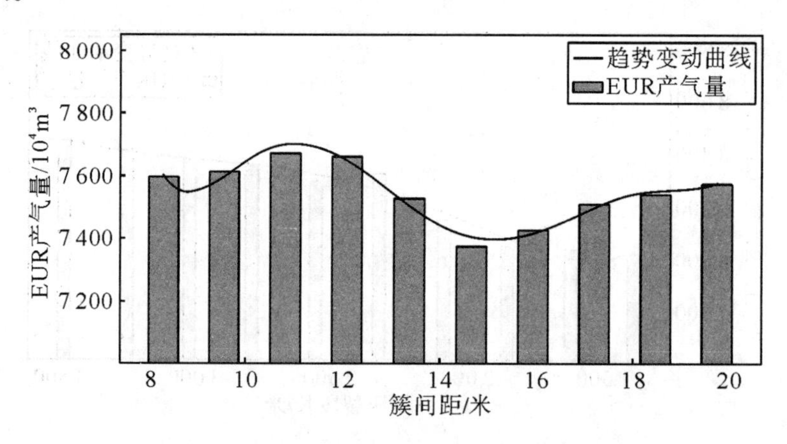

图 6-19 EUR 关于簇间距的变化曲线（其余工程参数取 50%分位点）

根据图 6-20，当簇间距以外的工程参数取值为 75%分位点时，随着簇间距增加，气井 EUR 逐步下降，当超过簇间距取值超过 17 时，气井 EUR 出现小幅回升并趋于平缓。

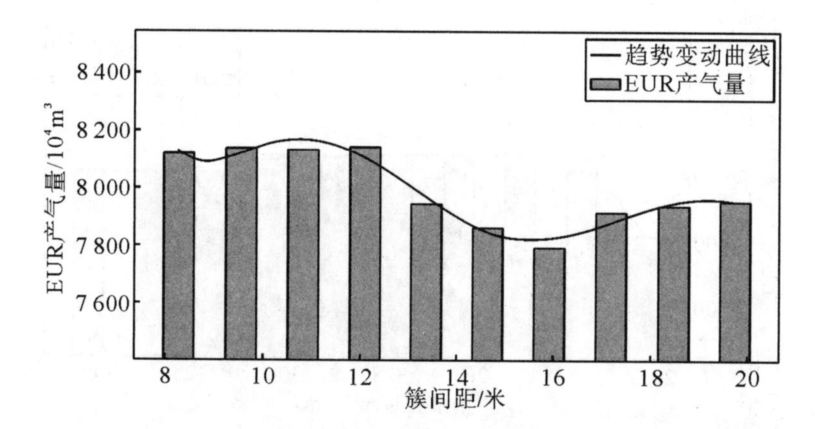

图 6-20 EUR 关于簇间距的变化曲线（其余工程参数取 75%分位点）

根据图 6-21，在模拟气井的工程参数敏感性分析中，随着用液强度的增长，模拟气井对应的 EUR 先显著增加，之后趋于平缓。增长速率在 22~24 最大。

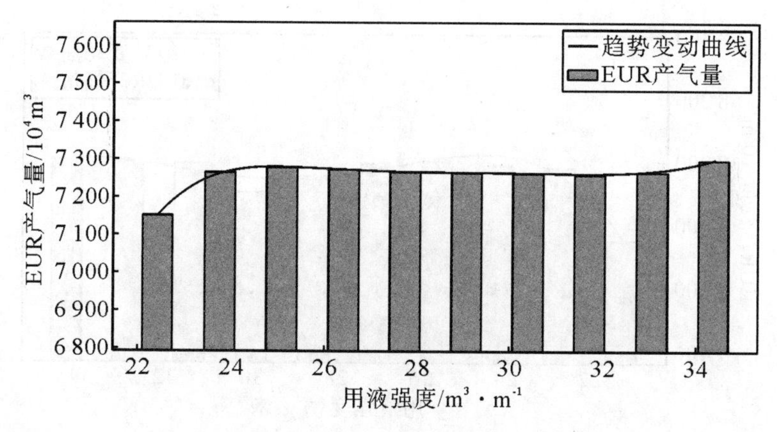

图 6-21 EUR 关于用液强度的变化曲线（其余工程参数取 25%分位点）

根据图 6-22，用液强度以外的工程参数取值为 50%分位点，当用液强度小于 25 时，EUR 增幅较为明显，当用液强度大于 25 时趋于平缓。

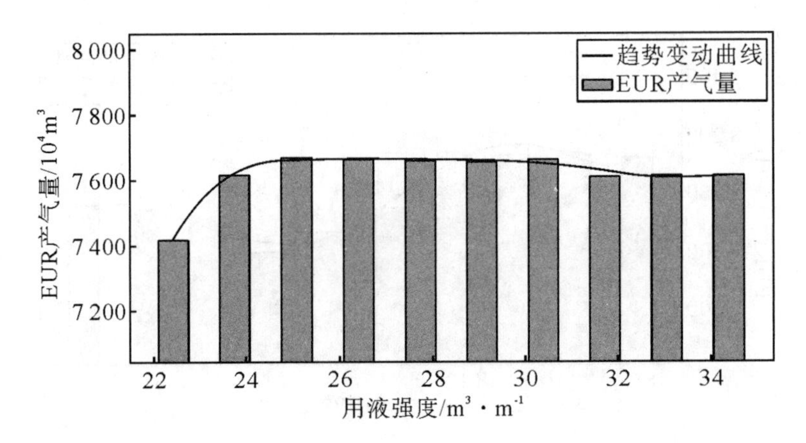

图 6-22　EUR 关于用液强度的变化曲线（其余工程参数取 50%分位点）

根据图 6-23，当用液强度以外的工程参数取值为 75%分位点时，EUR 变动趋势与工程参数取 25%分位点以及 50%分位点时相似，当用液强度小于 23 时增幅较大，随后趋于平缓。

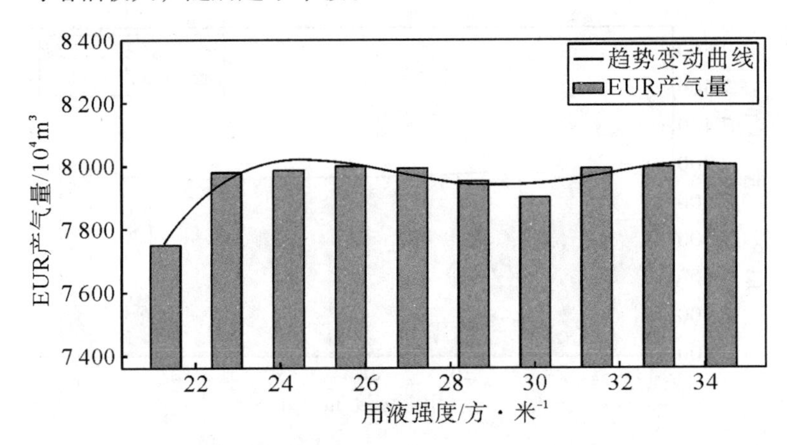

图 6-23　EUR 关于用液强度的变化曲线（其余工程参数取 75%分位点）

根据图 6-24，在模拟气井的工程参数敏感性分析中，随着加砂强度增加，模拟气井对应的 EUR 逐步增长，之后趋于平缓。当加砂强度处于 1. 6~2. 6 时，气井对应的 EUR 不断提升，当加砂强度超过 2. 6 后，EUR 趋于稳定。

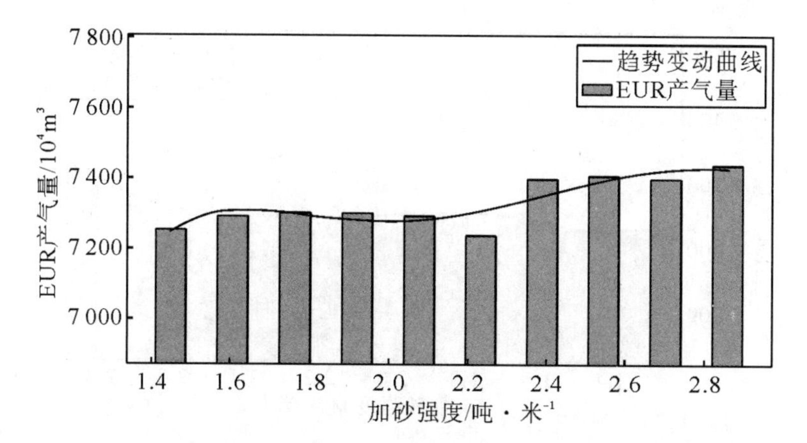

图 6-24　EUR 关于加砂强度的变化曲线（其余工程参数取 25%分位点）

根据图 6-25，当加砂强度以外的工程参数取值为 50%分位点时，EUR 变动趋势与工程参数取 25%分位点时相似，随着加砂强度增加，气井 EUR 逐步增长，但幅度较小。

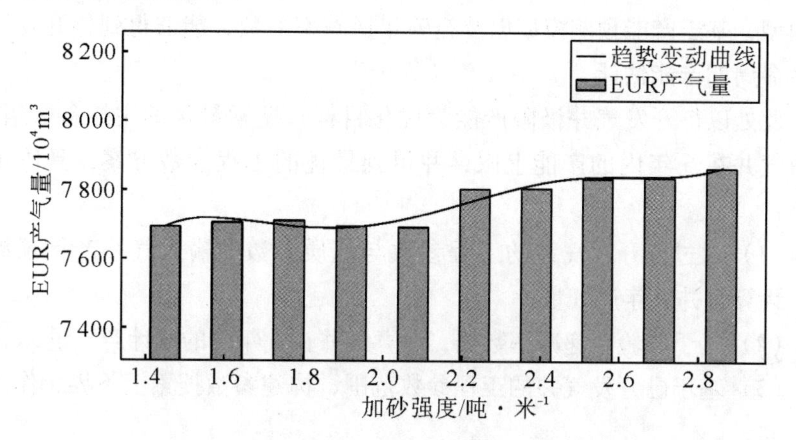

图 6-25　EUR 关于加砂强度的变化曲线（其余工程参数取 50%分位点）

根据图 6-26，当加砂强度以外的工程参数取值为 75%分位点时，EUR 变动趋势与工程参数取 25%分位点以及 50%分位点时相似，当加砂强度处于 1.6~2.1 时，增长幅度不明显，处于 2.5~2.8 时，增长较为显著。

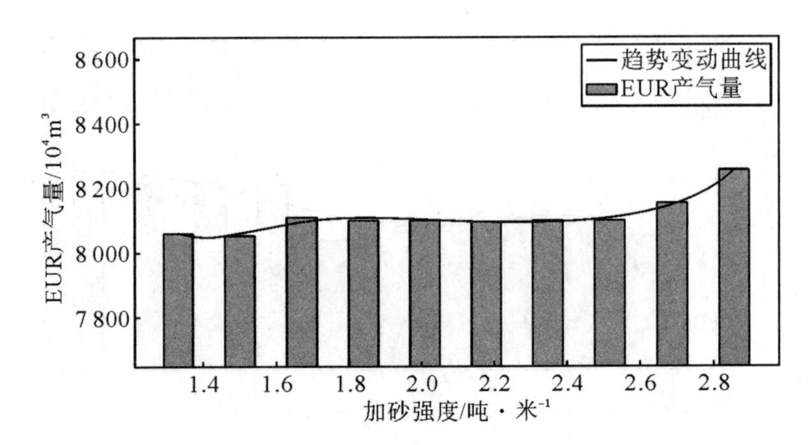

图 6-26 EUR 关于加砂强度的变化曲线（其余工程参数取 75%分位点）

6.3.2 基于参数搜索的气井产能优化模型

通过调整主控因素的取值，将待开发气井的不同参数组合输入产量预测模型，基于产能预测模型以及经验年递减率参数，能够得到待开发气井的生命周期产能估计。

此处以待开发气井极限产能为优化目标，搜索最优的主控参数组合，提升气井在 6 年内的产能上限，并得到最优的工程参数方案，具体步骤如下：

（1）通过待开发气井的工程参数与地质参数，输入气井产量预测模型，计算气井首年产气量；

（2）基于经验年递减率数据，计算气井在 6 年内的累计产气量；

（3）基于已开发气井的工程参数范围，构建参数搜索上下界，作为搜索空间；

（4）以气井最大化产能为优化目标，建立优化模型并进行求解。

此处选取气井的工程参数作为调整变量，以现有气井的主控参数的极大值作为搜索上界，以主控参数的极小值作为搜索下界，以单口气井的累计产能为目标，建立模型并求解最优开采方案。

气井建设方案中的工程参数组合为 $X = (x_1, x_2, \cdots, x_p)$，产能函数为 $P(X)$，所建立的最优化模型为

$$\max P(X)$$
$$x_{\min} \leqslant x_i \leqslant x_{\max}, \ i = 1, 2, \cdots, p \tag{6-8}$$

此处选择 $X_0 = \frac{1}{2}(X_{max} + X_{min})$ 作为初始搜索点，其中 $X_{min} = (x_{1,min}, x_{2,min}, \cdots, x_{p,min})$ $X_{max} = (x_{1,max}, x_{2,max}, \cdots, x_{p,max})$ 。

算法：产能优化模型伪代码

Input：搜索空间 $X_{min} = (x_{1,min}, x_{2,min}, \cdots, x_{p,min})$ ，$X_{max} = (x_{1,max}, x_{2,max}, \cdots, x_{p,max})$ 产能函数 $P(X_0)$

Output：最佳工程参数组合 $X_{optimal}$

Initialization：初始搜索参数组合 $X_0 = \frac{1}{2}(X_{max} + X_{min})$

1. 计算当前参数对应的气井产能 $P(X_0)$；
2. 基于参数搜索空间 X_{max}， X_{min} ，求解目标函数 $Max\ P(X)$；
3. 输出满足约束的最优参数组合 $X_{optimal} = \underset{X}{\operatorname{argmax}} P(X)$；
4. Return $X_{optimal}$。

基于以上思路，构建单口气井的收益主控因素分析模型，并进行求解。可从已开发气井中选取地质参数以及工程参数组合，构建模拟气井，并采用本节所构建的气井产能优化模型，对模拟气井的参数进行优化，评估参数优化对于气井产能的提升效果。

6.3.3 基于特征权重融合技术的产能优化模型

6.3.1 节中的气井产能优化模型仅从数学角度进行了参数搜索，但未能考虑工程参数的现实意义。为解决上述问题，在建立数学模型求解的同时考虑参数的工程意义，此处引入特征加权方法，将第 5 章的特征重要性作为权重系数，对特征数据进行加权处理，基于加权融合数据进行建模。

特征权重融合方法通过为数据集中的每个特征分配权重，赋予特征相对重要性，进而控制特征对于因变量的影响。特征权重融合方法需要计算每个特征的重要性，并为每个特征分配权重系数，以便在模型的训练和预测中更加关注对性能有贡献的特征。此处采用 5.2.5 节中的核心参数重要性指标值作为权重系数，首先对各项参数进行标准化处理，之后乘以各项参数对应的参数权重。

特征权重融合的基本思想如下：

（1）计算每个特征的权重：使用某种方法计算每个特征对因变量的贡献，可以通过特征信息熵、方差、离散度等指标进行评估。

(2) 为每个特征分配权重：将计算得到的每个特征的权重进行标准化，确保权重总和为1。

(3) 特征权重融合：对于每个样本，使用特征的权重对其进行加权组合，将每个特征乘以其权重，通过权重控制特征对于因变量的影响程度，得到融合后的样本。

具体如图6-27所示。

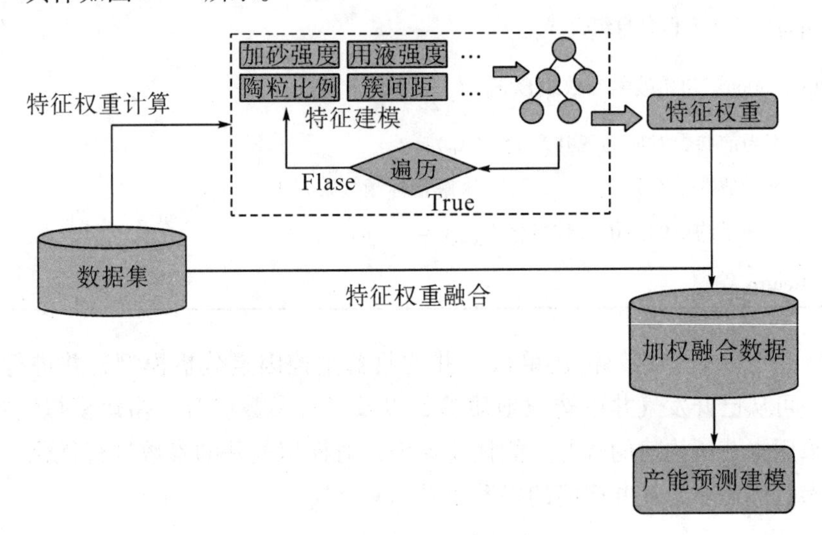

图6-27　特征权重融合方法技术路线

为验证特征加权法的有效性，此处对6.1.5节中所建立的Stacking模型引入特征权重融合技术，并在已开发气井数据集上进行模型的性能验证，详情如表6-27所示。

表6-27　基于特征权重融合的Stacking模型预测性能评价（242口气井数据）

分类	RMSE	MAE	R2
均值	0.914 5	0.780 3	−25.242 3
方差	0.568 2	0.568 2	85.471 0
最大值	3.284 9	2.878 8	0.921 573
最小值	0.022 8	0.017 9	−1 013.732 6

通过观察表6-27，可发现基于特征加权的Stacking模型在预测表现上与常规Stacking模型有进一步改善。其中，RMSE、MAE以及R-Square指

标的均值相较于原模型有所提升，且指标对应的方差有所减小，说明引入特征加权法的 Stacking 模型预测稳定性相较于常规 Stacking 模型有进一步提升，模型的泛化性能较好。

基于 6.3.2 节中不考虑特征加权的产能优化模型，考虑特征加权的气井产能优化模型采用智能搜索算法对模拟气井以及已开发气井进行工程参数调整，始参数取值和参数优化结果分别如表 6-28 和表 6-29 所示。

表 6-28　模拟气井初始参数取值

主控因素	参数取值
实际压裂段长/m	1 440
簇间距/m	24.79
加砂强度/$t \cdot m^{-1}$	1.33
用液强度/$m^3 \cdot m^{-1}$	18.60

表 6-29　模拟气井最优参数组合

主控因素	参数取值
实际压裂段长/m	1 980
簇间距/m	18.10
加砂强度/$t \cdot m^{-1}$	2.89
用液强度/$m^3 \cdot m^{-1}$	27.50

通过观察表 6-28 和表 6-29，可发现经过优化后，大部分主控因素都出现了显著增长，如实际压裂段长、加砂强度以及用液强度等。根据主控因素分析结论，此类变量对于气井的产能具有正向影响；簇间距指标出现了降低，根据主控因素分析结论，簇间距对于产能的影响较为复杂，在长周期下，簇间距与气井产能在大部分区间内呈现负向关系。表 6-30 记录了进行参数优化前后气井 6 年内的产能情况变动。

表 6-30　基于特征权重融合的模拟气井产能变动情况

单位：产气量单位/万方

初始产能（6 年内）	主控因素优化后产能（6 年内）	产能变动/%
4084.871	4397.24	7.64

由于实际压裂段长与气井的产能呈现较为显著的正向关系，即通过增大以上参数能够较为显著地提升气井产能，其参数变动对于产能的影响较为确定。为探究正向影响因素以外的工程参数，分析其变动对于气井产能的影响，此处将正向影响工程参数进行固定，仅变动影响机制尚不明确的主控因素，对其进行参数寻优，详情如表 6-31 所示。

表 6-31　待优化主控因素

主控因素类型	主控因素
待优化特征	簇间距/m
	加砂强度/t·m^{-1}
	用液强度/m^3·m^{-1}

此处固定部分影响机制较为明确的工程参数，并考虑特征权重，对影响机制尚不明确的主控因素进行优化，参数优化结果如表 6-32、表 6-33 所示。

表 6-32　基于特征加权模拟气井最优参数组合

主控因素	最优取值
簇间距/m	14.42
加砂强度/t·m^{-1}	2.46
用液强度/m^3·m^{-1}	25.7

表 6-33　基于特征权重融合的模拟气井产能变动情况

产气量单位：万方

初始产能（6 年内）	主控因素优化后产能（6 年内）	产能变动/%
4 084.871	4 168.79	2.27

通过表 6-32 和表 6-33 的结果，能够发现在固定实际压裂段长（m）参数的基础上，调整其余工程参数能够带来气井产能的提升。相较于变动全部主控因素的优化结果，变动部分主控因素所带来的产能提升效果较小。通过对比试验，该模型的结果符合实际情况，具有一定的参考价值。

图 6-28 中的横坐标为模拟气井的生产天数，纵坐标为气井的日产气量。气井的原始产能情况与主控因素优化后的气井产能情况用不同曲线绘

制。可以发现在50-150天内，优化后的气井产能情况显著优于未经过参数优化的气井产能，在150-250天，优化后的气井产气量与未经过优化的气井产气量走势基本一致；在250-300天，优化后的气井产气量略高于未经过优化的气井，在300天-330天，二者的日产气量基本一致。

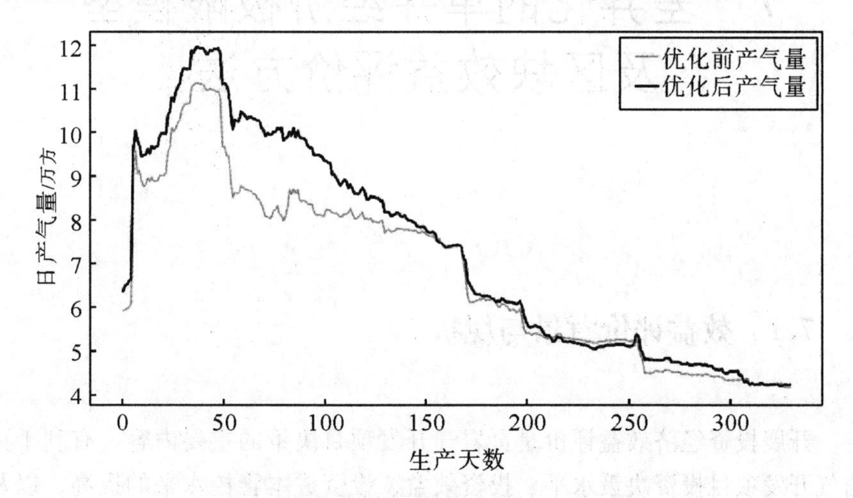

图6-28 参数优化对模拟气井首年产能影响

7 差异化的单井经济极限模型及区块效益评价方法

7.1 效益评价背景与现状

开展投资经济效益评价是页岩气开发项目决策的重要内容，有利于页岩气开发项目投资决策水平、投资效益、投资成本管控水平的提高，以及页岩气开发项目的可持续发展。

参考以往研究，现有页岩气的经济效益评价多是从技术方面考虑，提出了很多产能预测和计算方法，但经济方面研究较少、偏重于定性研究。同时，经济评价也主要集中于收益评价、投资回报评价等，对经济极限模型研究较少，特别是对泡排、气举、增压等增产措施的经济回报模式研究较少。

本章拟综合考虑经济和技术两方面，建立差异化的单井经济极限模型，利用盈亏平衡原理和动态经济评价方法、获得单井经济极限初期产能，并据此做出区块效益评价。

单井经济极限累产油可根据盈亏平衡原理求得，实际累产油量可根据产量预测模型计算求得，通过建立相应工程参数与经济极限类产油量的关系，进而求出单井经济极限产能。具体如图 7-1 所示。

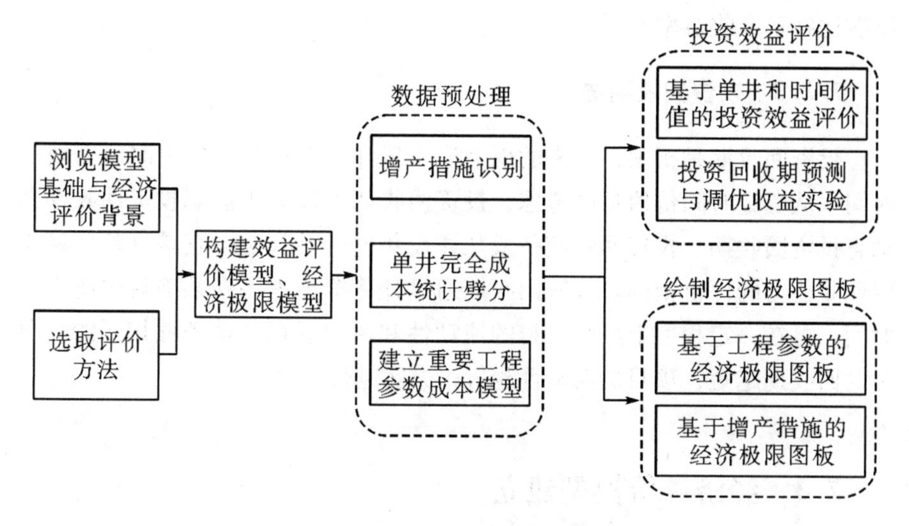

图 7-1　经济评价部分技术路线

7.2　经济极限模型构建与效益评价方法

7.2.1　经济极限方法

计算经济极限的方法有多种，常用的方法主要有三种，简易法（操作成本固定）、成本分解法（操作成本可变）和吨液成本法（吨液操作成本固定）。一般文献中对这三种方法多有论述，但各种计算方法应用范围却没有给出一个明确的答案，主要是针对售价、成本、增产措施等对经济极限的影响因素进行分析，给出在不同开发阶段运用不同经济极限产量计算方法，以便做出符合实际的产量预测。本模型主要参考成本分解法进行计算。

7.2.2　净现值法

净现值是指项目未来现金净流量现值与原始投资额现值之间的差额，即将项目评价期内各年的净现金流量按基准收益率折现到投资方案开始实施时的现值之和，其经济含义是项目所能获得的相对于基准收益率的超额净收益。净现值为零，表示项目达到了基准收益率标准；净现值大于零，表示项目可以获得比基准收益率更高的收益；净现值小于零，则表示项目不能达到基准收益率水平。

7.2.3 投资回收期法

投资回收期是指项目带来的现金流入累计至与投资额相等时所需要的时间。从资金时间价值角度考虑，投资回收期可以分为静态投资回收期和动态投资回收期。投资回收期一般从建设年份开始算起，它是反映项目投资回收能力的评价指标。投资回收期通过计算资金占用在某项目中所需的时间，可在一定程度上反映项目的流动性和风险。在其他条件相同的情况下，回收期越短，项目的流动性越好，方案越优。

7.3 经济评价模型建立

拟建立单井经济极限模型（含时间价值）如下：

单井经济净现值评价模型：

$$\mathrm{NPV} = \sum_{t=1}^{T} \{[wp_t(P_t - R_{\mathrm{Tex}}) - (C_t - D_t)]\} \times (1+i)^{T-t+1}\} - (I_d + I_b) \times (^{1} + i)T \tag{7-1}$$

参数说明：

NPV=单井经济净现值（万元）

i =贴现率（0%~100%）

T =单井投产年限

T =钻井投资（万元/井）

I_b =地面建设投资（万元/井）

C_t 单井在第 t 年的完全成本（万元）

D_t =单井在第 t 年的折旧成本（万元）

w =天然气商品率（0%~100%）

p_t =单井在第 t 年的产气量

P_t =第 t 年的天然气价格（元/方）

R_{Tex} =天然气税金（元/方）

模型构成说明：

$w(P_0 - R_{\mathrm{Tex}})$：净气价

$C_t - D_t$：各年完全成本（去除折旧）

$(1+i)^{T-t+1}$：各年贴现因子

$(I_d + I_b) \times (1+i)^T$：建井成本（含时间价值的净现值）

7.4 页岩气投资效益评价

根据页岩气项目历年财务数据，取页岩气商品率为96%，贴现率6%，根据历年实际气价取页岩气气含补贴、不含税价格。完全成本、增产措施成本、折旧摊销数据根据平台结算值，按产量法落实到单井。数据截至2024年一季度。

完全成本、折现成本根据N项目增产措施台账进行整理计算，按照产量法劈分到单井。为防止与建井成本重复计算，各生产年份完全成本中已剔除折现成本，并按照时间价值进行推算。

7.4.1 基于单井的页岩气投资效益评价试算

根据分别以A18-1井、B79-9井为例进行试算。

以A18-1井为例，该井2019年投产，投产期5年，建井成本 $I_d + I_b =$ 6 887万元，商品率w=96%，累计产量 $\sum p_t =$ 8 518.43万方，去除折旧的完全成本 $\sum (C_t - D_t) =$ 2 432.86万元。具体如表7-1所示。

表7-1 A18-1井主要参数

$I_d + I_b$/万元	w/%	$\sum p_t$/万元	$\sum (C_t - D_t)$/万元
6 887	96	8 518.43	2 432.86

代入模型测算得，截至2024年一季度，该井净现值为1 181.09万元。因净现值大于零，认为其已经完成成本回收，经济效益较好。进一步测算发现，其净现值首次为正的时间点出现在2022年，故其投资回收期为4年。具体如表7-2所示。

表 7-2　A18-1 井效益测算

NPV=单井经济净现值/万元	T=投产时长/年	T_B =投资回收期/年
1 181.09	5	4

以 B79-9 井为例，该井 2022 年投产，投产期 2 年，$I_d + I_b$ =5 397.99（万元），w=96%，$\sum p_t$ =4 242.46（万方），$\sum(C_t - D_t)$ = 1 007.806 7（万元）。如表 7-3 所示：

表 7-3　B79-9 井主要参数

$I_d + I_b$ /万元	w /%	$\sum p_t$ /万方	$\sum(C_t - D_t)$ /万元
5 397.99	96	4 242.46	1 007.806 7

代入模型测算得到，截至 2024 年一季度，该井净现值为-1 367.28 万元。因净现值小于零，认为其已经暂未完成成本回收。

因为其成本回收时间不确定，进一步应用产量预测模型。根据其首年累计产量测算发现，其净现值首次为正的时间点预计出现在 2028 年，故其预计投资回收期为 7 年。如表 7-4 所示：

表 7-4　B79-9 井效益测算

NPV =单井经济净现值/万元	T=投产时长/年	T_B =投资回收期/年
-1 367.28	2	7（预测）

7.4.2　全部单井的投资效益评价

测算得出了 N 页岩气项目全部气井的经济极限、投资回报情况、与极限产量相差的净产出。

对比分析表明，投资回收情况主要与投产时间相关。比例分布的拟合趋势显示，已完成投资回收的井，投产时长相对更长，平均时长为 5 年 10 个月。

有待投资回收单井的投产时长分布呈现厚尾趋势，新投产气井占比高，是有待回收的主要原因。目前项目新投产井多，有待投资回收的单井中，尚有 75.31%未达到该时长。具体如图 7-2 所示。

对投产时长的频次分布直方图进行趋势拟合可见，单井投资回收情况与投产时间的相关性比较显著。投产时间不足是有待投资回收井数量多的主要原因，属于气井投资回收期的正常现象。

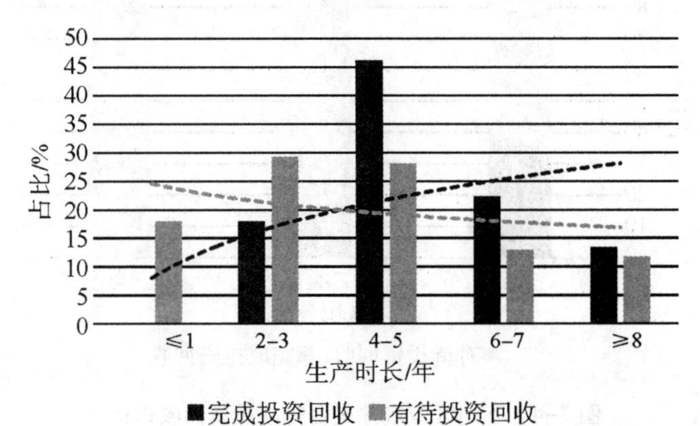

图 7-2 是否完成投资回收的气井投产时长分布

对有待投资回收的单井代入产量预测模型，进行投资回收期测算。未完成投资回收的投产井中，预测可以收回成本的平均回收期为 7.68 年。净现值亏损显著的井，呈现投资回收期更长的趋势。

同时，统计结果表明，平台投资回收情况与气井所处一类区存在相关关系。其分布比例显示，已完成投资回收的平台全部分布在一类/二类区，且一类区占比达到 83.58%，如图 7-3 所示。

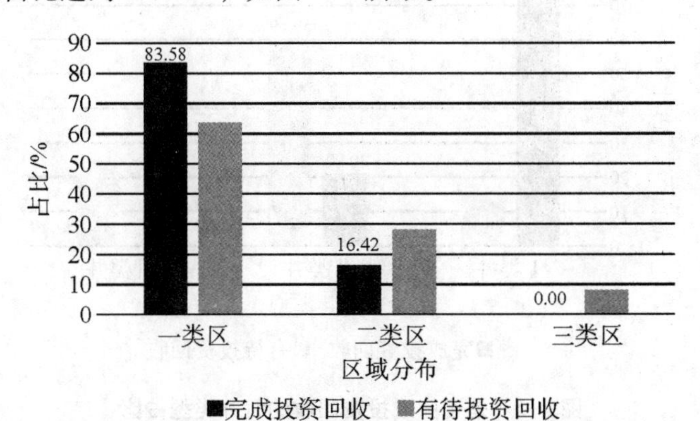

图 7-3 是否完成投资回收的单井区域分布

有待投资回收的平台中，一类区占比缩减为 63.68%，且二类区、三类区占比达到 36.33%。在相似时间尺度下，一类区相较二类区、三类区的投资回收表现更好，如图 7-4 所示。

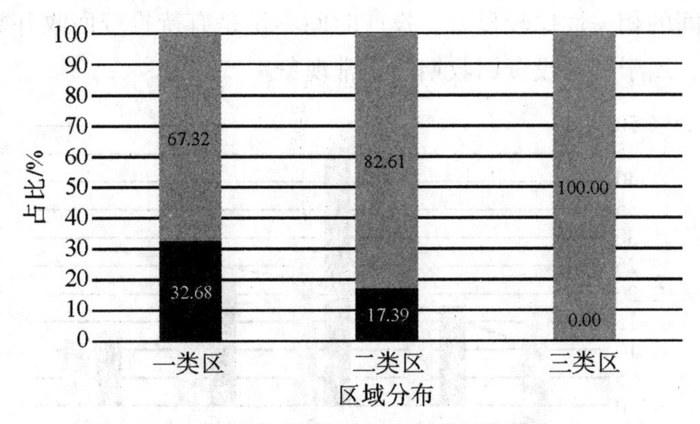

图 7-4　不同区域单井是否完成投资回收占比

类似地，气井投资回收情况与气井类型同样存在相关关系。从气井分类上看，如图 7-5 所示，已完成投资回收的气井全部为 I 类井、II 类井，且 I 类井占比达到 79.1%。有待投资回收的气井中，II 类井占比更高，达到 59.69%，且 III 类井全部暂未完成投资回收，可见 II 类井、III 类井投资回收进度更慢。

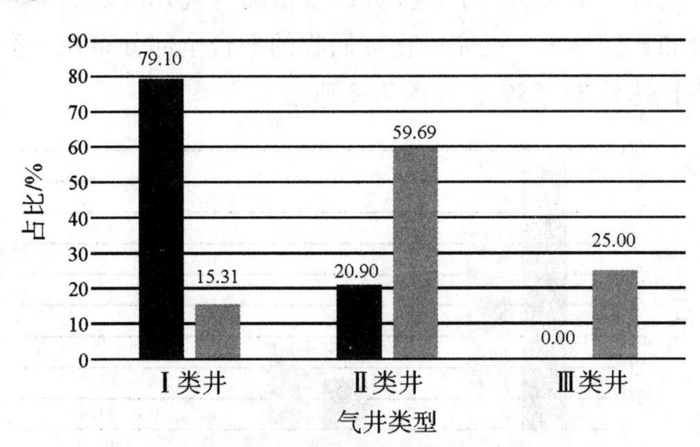

图 7-5　是否完成投资回收的气井类型占比

从投资回收进度上看，如图 7-6，I 类井中已完成投资回收的井占比 63. 86%，II 类井占比 10. 69%。I 类井相较次 II 类井和 III 类井的投资回收进度更快。

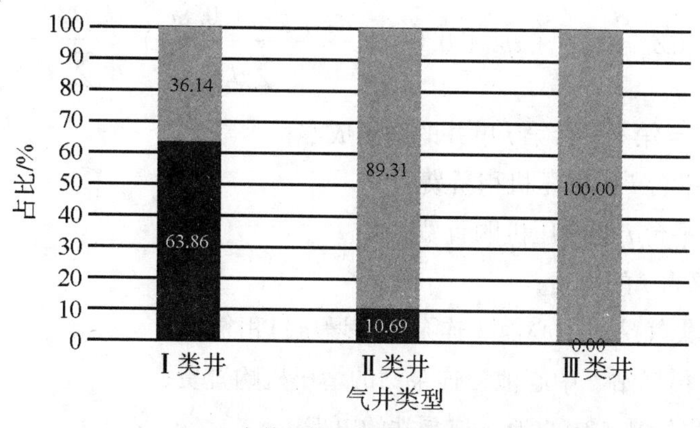

图 7-6　不同类型单井是否完成投资回收占比

7.4.3　单井的增产措施成本测算

增产措施方面，由于原始数据只有按平台汇总的增产措施成本台账、尚未精确到单井，在计算时，本节根据平台各井的增产措施落实天数，进行加权平均批分，得出相应的单井增产措施成本，用以支持增产措施投产比计算。

其中，泡排、气举按照相应成本加权计算。增压成本方面，包括该平台的压缩机购买成本、租赁成本、动力成本（按照总耗电量的 80%计算）的加权平均值，以及中心池、集气站、连泵站的压缩机购买成本、租赁成本、动力成本的简单平均值。

$$CP_{ij} = CP_i \times \frac{tp_{ij}}{\sum_j tp_{ij}} \tag{7-2}$$

其中：i =平台数；

j = 平台下的单井数；

CP_{ij} = 第 i 平台第 j 单井的泡排成本；

tp_{ij} = 第 i 平台第 j 单井的泡排实施天数。

$$CQ_{ij} = CQ_i \times \frac{tq_{ij}}{\sum_j tq_{ij}} \tag{7-3}$$

其中，CQ_{ij} 第 i 平台第 j 单井的气举成本；

t_{ij} =第 i 平台第 j 单井的气举实施天数。

$$CZ_{ij} = (zr_i + zp_i + 0.8e_i + \frac{zr_c + zp_c + 0.8e_c}{\sum j}) \times \frac{tz_{ij}}{\sum_j tz_{ij}} \tag{7-4}$$

其中，CZ_{ij} = 第 i 平台第 j 单井的增压成本；

zr_i = 平台 i 的增压机租赁费；

zp_i = 平台 i 的增压机购置费；

e_i =平台 i 的电费；

zr_c = 集气站、中心池、连泵站的增压机租赁费；

zp_c = 集气站、中心池、连泵站的增压机购置费；

e_c = 集气站、中心池、连泵站的电费；

$\sum j$ = 总井数；

tz_{ij} = 第 i 平台第 j 单井的增压实施天数。

其中，在计算增压成本时，整理了根据相关台账、确定了各压缩机的租赁、购买、技术服务金额，并对存在搬迁情况的压缩机按时长加权平均处理。

计算气举成本时，重点区分连续气举的零星气举，将电驱气举与常规增压措施进行区分，依据压缩机类型进行相应标记。用于电驱气举的压缩机费用将从增压费用中提取出，作为电驱气举费用。

计算泡排成本时，主要依据相应台账进行计算。

计算电费成本时，2021 年及其后的电费成本根据台账进行累加、劈分，并将其中的80%作为增压措施电费处理。针对 2020 年及之前电费数据的缺失，主要存在问题属于少部分 2020 年前已经购买过压缩机的平台，此处按照现有的电费数据、总结不同型号压缩机的年均电费，缺失数据进行填充。主要填充数据如表 7-5 所示。

表 7-5　缺失电费数据参考

压缩机型号	年均电费/元
DTY315M140×140×92×92	1 124 757. 245
DTY500M150×150×120×120	1 864 131. 730
DTY1800M280×280×200×200	4 102 786. 026

7.5　重要参数的经济极限图板

绘制经济极限图板时，参考经济极限方法，建立经济技术极限模型如下。

经济极限累计产气量模型：

$$N_{pc} = \frac{I_d + I_b + \sum (C_t - D_t)}{w(P_0 - R_t)} \tag{7-5}$$

参数说明：

N_{pc} = 单井经济极限累产气量

I_d = 钻井投资（万元/井）

I_b = 地面建设投资（万元/井）

C_t = 单井在第 t 年的完全成本（万元）

D_t = 单井在第 t 年的折旧成本（万元）

w = 天然气商品率

P_0 = 天然气价格（元/方）

R_t = 天然气税金（元/方）

其中，为度量时间尺度，P_0 按照 6 年期进行贴现计算，并按照经验产量对各年进行加权。此处 $P_0 - R_T = 1.098$（元/方）。

统计 N 项目数据有效的 45 个平台、289 口单井的相关工程参数数据，根据其建设成本与簇间距（m）、主体单段簇数、用液强度（m^3/m）、加砂强度（t/m）、分段段长（m）、完井深度（m）、压裂断长（m）七项工程参数进行透视，得出工程参数数据描述性统计情况。

根据页岩气项目现有财务数据，对上述工程参数进行多元线性回归拟合，得出关键参数在建设成本中的具体权重。拟合结果如表 7-6 所示。

表 7-6　单井工程参数拟合结果

工程参数	系数
常数项	2 120.96
簇间距/m	-23.66
主体单段簇数	0.64

表7-6(续)

工程参数	系数
用液强度/$m^3 \cdot m^{-1}$	34. 28
加砂强度/$t \cdot m^{-1}$	12. 89
分段段长/m	-21. 62
完井深度/m	0. 55
压裂断长	1. 41
R^2 = 0. 47*MeanAbsoluteError* = 361. 18	

在测算相应参数经济极限时，以单井投资含地面（万元）为基准，对合理范围内的各工程参数分 5 个分位点进行测算与累产量经济极限图板绘制。绘制时，根据收回成本的经济极限、6%内部收益率的经济极限、8%内部收益率的经济极限三种条件，相应绘制三条曲线。

其中，完全成本（除建井外）控制为均值 1 252. 08 万元，$P_0 - R_T$ = 1. 098 元/方，w=96%。

在经济极限产量下，预测得出建设的簇间距在经济极限上表现为斜率 -23. 66，该参数对成本回收影响适中。其中，在 6%和 8%内部收益率下，经济极限产量相比收支平衡时分别提升 515. 56 万方、687. 42 万方。如图 7-7所示。

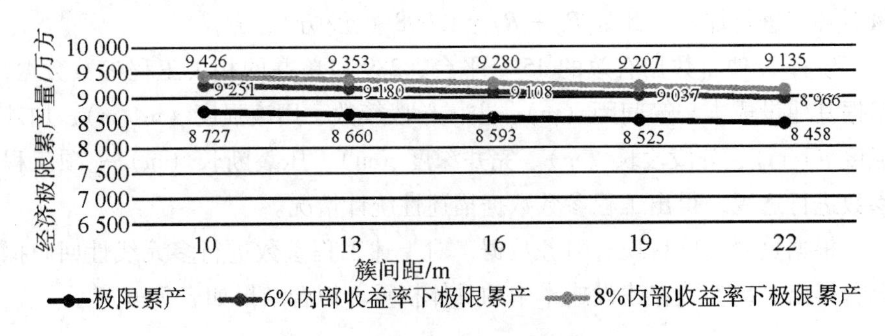

图 7-7　簇间距经济极限图板

用液强度在经济极限上表现为斜率 34. 28，该参数对成本回收影响较大。其中，在 6%和 8%内部收益率下，经济极限产量相比收支平衡时分别提升 524 万方、699 万方。如图 7-8 所示。

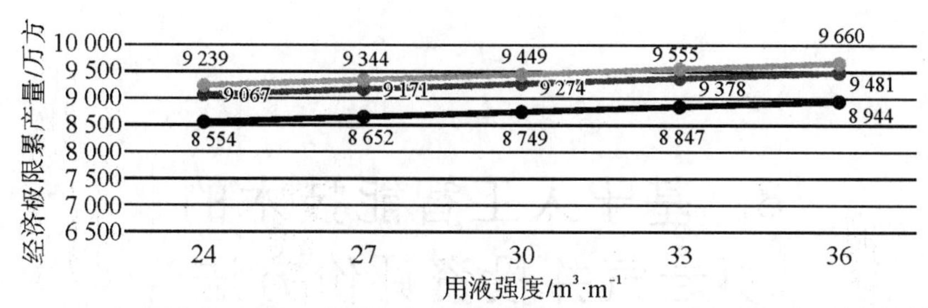

图 7-8　用液强度经济极限图板

加砂强度在经济极限上表现为斜率 12.89，该参数对成本回收影响适中。其中，在 6%和 8%内部收益率下，经济极限产量相比收支平衡时分别提升 518.64 万方、691.52 万方。如图 7-9 所示。

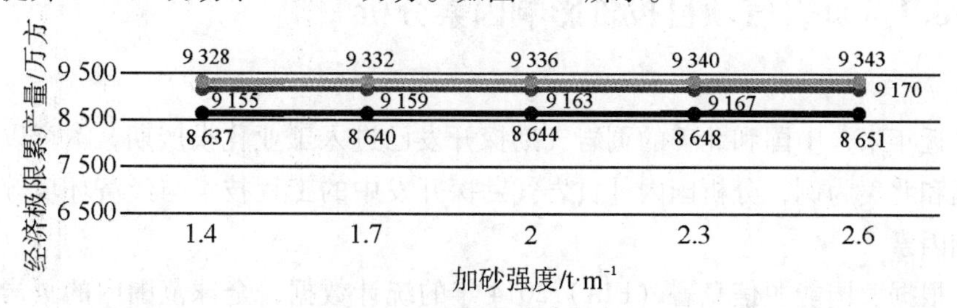

图 7-9　加砂强度经济极限图板

压裂段长在经济极限上表现为斜率 1.41，考虑实际单位，该参数对成本回收影响较大。其中，在 6%和 8%内部收益率下，经济极限产量相比收支平衡时分别提升 495.77 万方、661.03 万方。如图 7-10 所示。

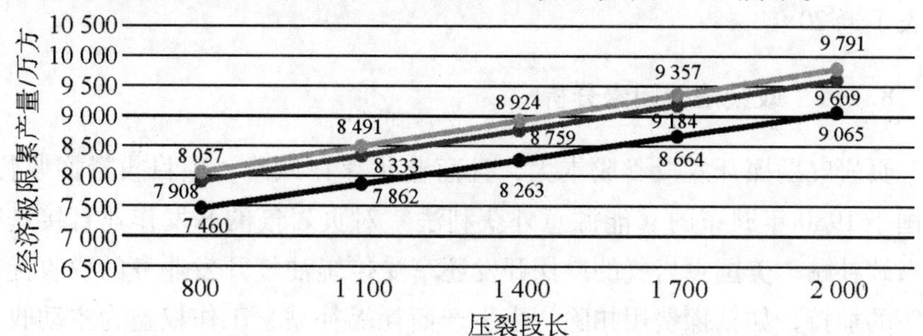

图 7-10　压裂段长经济极限图板

8 基于人工智能技术的页岩气井投资评价方法

8.1 页岩气项目投资影响因素分析

近年来，中国和北美的页岩气勘探开发已进入工业化投产期，本章以中国和北美为例，分析国内外页岩气勘探开发中的工程技术与经济环境等影响因素。

根据美国能源信息署（EIA）2014年的统计数据，全球范围内的页岩气矿产地质储量约为932.9万亿立方米，这其中的技术可采储量为196.9万亿立方米[①]。这些页岩气矿产资源主要分布在中国和美国等国家在内的亚洲和美洲地区。美国是最早成功开发和利用页岩气矿产资源的国家，在2000年开始采用工厂化与规模化的方式进行页岩气勘探开发，到2020年年底其页岩气日产气量达到726.2亿立方米，比2000年的37.1亿立方米增长了近20倍。

8.1.1 政策法律因素分析

页岩气勘探开发投资成本大，且商业化存在风险，项目投资回收慢。美国于1980年颁布的《能源意外获利法》对页岩气的开发作业直接进行了财政补贴。美国页岩气的勘探开发还享受传统油气开发业务的税收优惠政策的加持，如钻探费用扣除、小生产商耗竭补贴、工作权益为主动收入及租赁费用扣除等财税政策。美国还通过政府直接拨款、发放政府贷款和

① 数据来源：美国能源信息署。

科研资助等方式鼓励非常规天然气（包括页岩气）开发相关研究，以降低页岩气勘探开发成本。美国在2004年出台新的能源法案，规定对非常规气技术领域十年内投资45 000万美元，用于支持研究。这些优惠政策与补助政策在很大程度上推动了美国页岩气产业的发展。

此外，因为页岩气勘探开发存在一定的工程风险，美国各州对于页岩气开采技术的监管程度各异。尤其是对于页岩气开采过程中的水力压裂技术，宾夕法尼亚州代表的是积极推动水力压裂的法律制度，该州2011年发布的13号法案有效地限制了地方政府禁止水力压裂的权力，使得天然气公司可以在其已经租用的土地上更大限度地自主生产决策。但是，纽约州对于该技术更加谨慎，州政府发布了对水力压裂的禁令。

我国C公司主要开展石油行业上游业务，主要从事地质勘探和油气开发工作。我国国内长期以来只有中国石油、中国石化、中国海洋石油及延长石油等少数几家国有石油公司具有这一资质。2017年我国石油行业上游改革的两项新政让其他资本能够进入这一领域。其一为国家发展改革委改革了石油天然气对外合作的制度，将油气项目的总体开发方案由之前的审批制改为备案制，这也大大促进了国际石油公司对我国油气项目的投资热情。其二便是对油气勘查开采准入限制的放开，允许外资和民营两种企业进入。油气上游业务具有项目投资风险高、项目资金投入大和开采技术壁垒高的特点。从2017年的统计数据看，远东地区陆地发现井成功率为42.4%，海上发现井成功率为40%；中东地区陆地发现井成功率为35.1%，海上发现井成功率为20%；北美地区陆地发现井成功率为40.8%，海上发现井成功率为0%。从开发井看，以非常规能源为例，中国石化在东营凹陷地区钻了20多口页岩油井，但结果好坏参半。由此可见，石油勘探的风险较大。从投资成本看，2018年世界陆地平均单井成本为300万美元，海上则为2 597万美元。据不完全统计，目前我国国内页岩气勘探开发过程中探井的投资成本高达上亿元，这对于一般企业来说是难以承受的，更别说一个区域的页岩油井可能会有十余口的情况。从专业技术看，石油勘探开发的地球物理勘探、钻井、录井、测井、完固井等过程都涉及专业细分技术，需要专业技术人员参与。这是C公司目前完全具备的条件，但对一般民营企业而言，没有足够的技术储备、体量和风险承受能力是无法进入油气上游业务的。大型国际石油公司在勘探业务上具有足够的技术及经验，但油气品质、储层参数、井位坐标等都涉及国家安全，对外开放的区域和范围应受到限制，且采用合作开发还是独资开发也存在讨论的必要。石油勘探开发过程对环境、地层和居民生活有负面影响，一旦对外开放勘探开发权，就需要研究相关法律法规及地方政府配套政策。

在页岩气产业发展领域，我国同样给予了高度的重视，陆续出台了支持页岩气产业发展的多项政策。2011 年，我国国家科技重大专项中特别设立了页岩气项目，对这一领域进行深入技术攻关。同年年底，国土资源部批准页岩气为独立矿种，对页岩气资源开采利用按投资管理单独核算。2012 年，由国家多部委联合发布的《页岩气发展规划》提出 3 年后实现页岩气田年产气量 65 亿立方米的发展目标。2013 年，国家能源局发布的《页岩气产业政策》设立了 4 个国家级页岩气示范区，明确了页岩气监管措施、页岩气开发政策和生态环境保护相关内容，内容十分详尽。2016 年发布的《页岩气发展规划》提出 4 年后实现页岩气田产量达 300 亿立方米的目标。与此同时，针对页岩气资源开发利用的补贴也陆续出台实施（见图 8-1）。

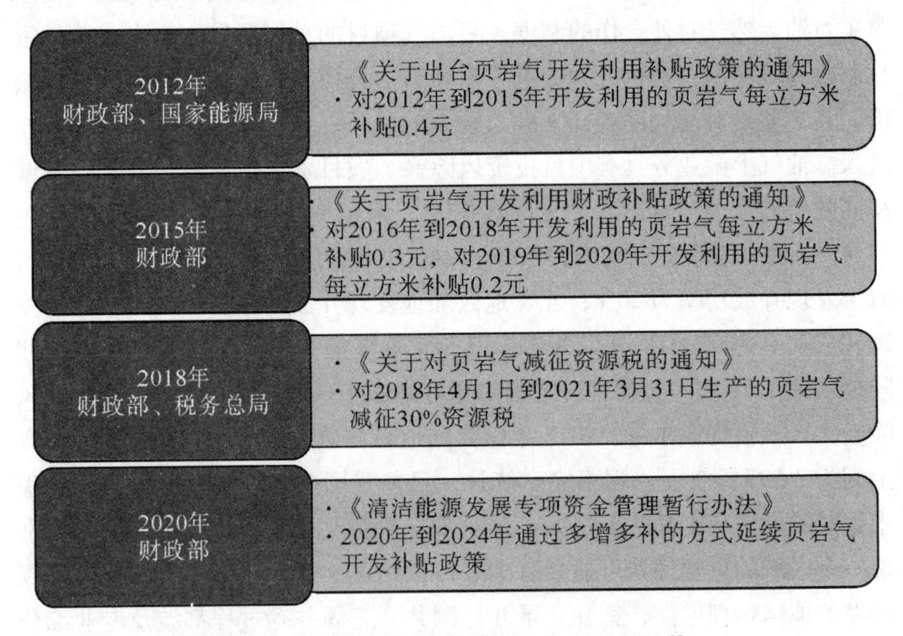

图 8-1　我国页岩气资源开发利用的补贴政策

此外，我国也在逐步完善页岩气资源评价和勘查开发标准体系。国家能源局于 2013 年批准成立了能源行业页岩气标准化技术委员会，该委员会负责页岩气相关标准的管理和建立工作，初步构建了由《页岩储层评价技术规范研究》《页岩气地质评价方法》及《页岩气开发方案编制技术规范》等技术标准构成的页岩气标准体系。2021 年，我国首个页岩气勘探开发的国家环保标准 GB/ T39139. 1—2020《页岩气环境保护第 1 部分：钻井作业污染防治与处置方法》发布实施，这也是我国页岩气勘探开发过程中关于环境保护的重要规范性文件。随着这些页岩气勘探开发标准与规范的逐步完善，我国页岩气资源得以更好地进行商业化和规模化开发。

财政补贴政策对于页岩气目标区块的开发至关重要，C 公司页岩气的目标开发区位于川渝地区，所处区域均有国家及地方政府对页岩气的勘探开发支持政策。页岩气开发行业中《关于对页岩气减征资源税的通知》《清洁能源发展专项资金管理暂行办法》以及《页岩气产业政策》等几个优惠政策均对 C 公司的页岩气目标开发区有效：在页岩气开发过程中减免 30%的资源税，2020 年到 2024 年采用多增多补的页岩气开采补贴，即超过上年度开采利用量的部分和取暖季页岩气产量增量部分，按照超额程度给予阶梯补贴。上述政策的实施有效支撑了开发区的页岩气开发产业。

8. 1. 2 经济环境因素分析

创造地区就业机会是美国页岩气开发过程中最突出的收益。据统计，2009 年宾夕法尼亚州 Marcellus 页岩地区创造了 23 385~23 884 个就业岗位，带来了 12 亿美元的劳动收入，并让整个宾州增加了 19 亿美元的经济收入。西弗吉尼亚州在油气行业创造了大约 24 400 个工作岗位，对该州的总价值影响超过 120 亿美元。2012 年，得克萨斯州 14 个县生产石油与天然气总的经济收益是 460 亿美元，创造了 86 000 个就业岗位。加上邻近几个不生产石油与天然气的县，整个 Eagle Ford 油气开发地区共创造了 116 000个就业岗位，经济总收益约 610 亿美元。Marcellus 页岩北部地区在 2007—2011 年创造了更多的就业机会，新的工作岗位主要分布在采矿及运输业，主要流向外地居民而非本地居民。此外，就业方面的影响更多体现为增加了现有劳动力的工资而不是就业人数，纳税申报的总薪酬平均增加了 4. 1%，而纳税申报的数量增长了 1. 3%。

从页岩开发出的天然气资源直接影响了电力经济，据华尔街日报报道，2012 年天然气价格下降到每千立方英尺（1 立方英尺≈0. 028 立方米）3 美元，燃气发电厂发电成本不到一个燃煤当量，这使得许多燃煤发电厂迅速倒闭。页岩气开发也对当地房地产有影响，北达科他州的 Williston 有

1.83 万人口，页岩气开发创造了 75 000 个工作岗位，房地产市场供不应求，当地租金比 5 年前上涨了 4 倍，以前价值 6 万美元的房子升值到了 20 万美元。页岩气勘探开发对宾夕法尼亚州 Washington 县房产价值则有不利影响，这种影响会随着时间与距离而逐渐消失。该州的 Bradford 县的住宅数量在 Marcellus 页岩地区开发期间增长了 2.5%，高于同期该州 2.2%和该地区 2%的增长幅度。

税收方面，在页岩气开发的上升期，Washington 县的机动车辆及非机动车辆的销售税收入有显著增长。在页岩气开发期间，Eagle Ford 页岩气地区的营业税收入有显著增加，涵盖了所有零售、租赁和应纳税劳务，给当地社区带来了新的收入来源。Karmes 县是该地区页岩气生产最活跃的县之一，2010—2012 年，其营业税收入上涨了 9.5 倍。De Witt 县因为页岩气开发道路受损，获得了当地两个钻井公司每口井 8 000 美元的道路维修费补偿。

根据我国国家统计局的数据，2020 年我国天然气消费量为 3 280 亿立方米，相比于 2000 年的 245 亿立方米，增长了十多倍①。由于天然气产量持续提升，2020 年我国天然气对外依存度（41.7%）比 2018 年最高点下降了 1.4%。2020 年 9 月，我国在第七十五届联合国大会上做出碳达峰和碳中和承诺，将加快清洁能源的开发和利用速度，在未来天然气（页岩气）将扮演更重要的角色。国家能源局发布的《中国天然气发展报告（2024）》显示，2023 年，我国天然气消费重回快速增长，消费规模再创新高。全年天然气消费量 3 945 亿立方米，同比增长 7.6%；天然气在一次能源消费总量中占比 8.5%，较上年提高了 0.1 个百分点。同时，我国天然气基础设施加快建设，储气能力进一步提升。2023 年，全国长输天然气管道总里程 12.4 万千米，较 2022 年新增长输管道里程超 4 000 千米；全年新增储气能力 76 亿立方米，全国液化天然气总接收能力 1.2 亿吨/年左右②。思亚能源咨询公司的中国用气结构报告显示，我国 2019 年发电及集中供暖、工业、交通、居民、商业与公共服务、其他用气消费量分别为 585 亿、1 311 亿、201 亿、434 亿、321 亿及 150 亿立方米，占比分别为 19.5%、43.7%、6.7%、14.4%、10.7%及 5.0%。工业、发电及集中供暖和居民这几个领域为主要消费端。

---

① 数据来源：国家统计局官网。

② 数据来源：国家能源局官网。

城市燃气也是天然气（页岩气）的重要组成部分，国内以昆仑能源、中国燃气、新奥燃气和华润燃气为代表的跨区域燃气公司占据了市场 33% 的份额。截至 2019 年年底，我国液化天然气加气站已经超过 3 900 座。随着天然气消费的高速增长，我国天然气本土产量已无法满足需求。据国家发展改革委、国家统计局和海关总署发布的数据，2021 年我国天然气年产规模为 2 053 亿立方米，表观消费量为 3 726 亿立方米，进口天然气规模为 1 675 亿立方米。其中进口液化天然气规模为 1 089 亿立方米，占天然气总进口规模的 65%；进口管道气规模为 585. 5 亿立方米，占比为 35%。我国天然气供需缺口为 1 673 亿立方米，对外依存度为 44. 9%①。

C 公司作为天然气（页岩气）的开采企业之一，为国内天然气增量提供了保障，在我国天然气需求不断扩大的情况下，未来其天然气（页岩气）勘探力度将不断提升。为此，C 公司将会对更多的新区进行勘探与开发。多年来我国天然气价格一直由国家进行行政性干预，天然气价格不能突破国家规定的基准门站价格，不同来源的天然气供应商之间没有形成真正意义上的市场化竞争关系。随着我国上海石油天然气交易中心和重庆石油天然气交易中心的设立，部分天然气交易打破了行政干预模式，由供需双方决定价格的局面开始出现。相信未来国内会形成燃气价格的新机制，天然气交易的灵活性也将提高。这也为天然气销售利润增长提供了一个契机，有利于 C 公司的经营管理。

石油化工产业是我国的支柱产业，依据企业的主营业务收入，该产业内的企业可分为三个竞争梯队②。第一梯队为营业收入大于 10 000 亿元的企业，分别是中国石化和中国石油；第二梯队是营业收入在 100 亿~10 000 亿元的企业，其中包括中国海洋石油、中国中化及延长石油等；第三梯队为营业收入在 100 亿元以下的一些小型企业。C 公司处于第一梯队之中，页岩气勘探开发的供应商主要处于工程技术服务环节。该环节主要从事从地球物理勘探、钻井工程到油气采输工程的一系列的技术服务活动。国内的油气工程技术服务（以下简称“油服”）领域竞争激烈，相关公司数量众多。国有油服公司主要为中国石油与中国石化旗下的公司；民营油服公司主要有安东石油、海隆控股、通源石油和宏华集团等；国际油服公司主要是哈里伯顿公司（Haliburton Company）、贝克休斯（Baker Hughes）和

① 数据来源：国家统计局官网。

② 数据来源：前瞻产业研究院。

斯伦贝谢（Schlumberger）等大型跨国石油公司。在国内油服市场中，国有油服公司占比 85%，民营公司占比 10%，国际油服公司占比 5%。但国际油服公司技术相对领先，利润率较高，在国内油服高端技术领域占据较大市场份额；民营油服公司人工成本低，其技术多以常规技术为主。因此，C 公司在页岩气勘探开发油服项目实施过程中引入市场竞争机制，对不同工程技术服务内容，依据工程技术要求与经济指标择优选取供应商，选择适用于开发区的钻井液体系、测井工艺和钻井与压裂过程中监测手段，调控钻井液体价格、测井服务施工价格、旋转导向服务单价和工程动态监测服务价格，进而控制项目投资成本。

8.1.3 社会文化因素分析

大规模的页岩气勘探和开发工作会给农村及偏远地区带来改变。租金和矿区使用费收入的增加，会使得农民改变他们的经营方式或停止耕种。在北美部分页岩气开发区域，奶牛场产奶量可能随着开采强度升高而下降，乳品业可能会因此减产，或者改变成其他农业形式。大量涌入的工人可能会改变小城镇的文化氛围。而人口变化会使房屋供应量下降或者供不应求，使得租金或住房成本增加，从而导致当地部分居民因缺乏能负担得起的房屋而离开该地。当页岩气开采活动结束，工人撤离该地区，当地房地产市场又会发生变化。

随着页岩气开发工业活动的增多，该地区的道路条件会逐渐恶化，交通流量也不断增加。运输钻机、油田设备、废水及化学品的大型卡车定期往返于许多县道和乡村道路，使得原本为轻型汽车而建的县道和乡村道路的维护费用增加。2012 年 Eagle Ford 地区所在的得克萨斯州的道路大约需要 20 亿美元的维护费，其中 10 亿美元用于损坏的州际高速公路，10 亿美元用于损坏的市级和县级道路。仅 De Witt 县，就大约有 400 英里（1 英里≈1.6 千米）的道路在未来二十年需要超过 4 亿美元的建设和维护费，比该县之前用于该段公路的拨款多了 3.5 亿美元。

铁路系统因为页岩气的开发而繁荣，在 Eagle Ford 地区进行页岩气开发的 2009—2012 年，整个铁路系统每年运输的碎石、砾石和砂增加了 37%，木材增加了 20%。该地所在的得克萨斯州轨道数量增加了 21%，从本地出发的轨道车数量增加了 11.5%。同时，伴随着压缩天然气产量的提升，燃气类汽车的使用数量也在增加。

美国于1986年修订了《安全饮用水法》，对页岩气开发过程中的多个污染领域进行了约束，并在之后多次对《清洁水法》和《安全饮用水法》进行了修订。水力压裂是页岩气勘探开发中的一个核心环节。在页岩气产业的发展初期，美国为了解决能源困境，在国内采取了先放松环境保护的做法。尽管有许多团体质疑水力压裂的环保问题，但没有禁止水力压裂。页岩气产业进入成熟期后，美国开始注重环保问题。到2016年，美国有28个州建立了对于水力压裂化学物质强制披露的制度。对于陆地油气勘探开发项目，美国环境保护署（EPA）规定油气开采过程中的产出水应进行地下回注，禁止其直接排放地表水体，并在2016年禁止非常规油气（页岩气是其中之一）开发废水向城镇污水处理厂排放。废物污染控制也是页岩气勘探开发中的重要监管内容，美国未将油气废物作为危险废物进行管理。考虑到其特殊性质，美国各州一般将油气废物视为特殊类型的固体废物，通过制定严格的法规对油气废物的收集、储存、利用、处置等过程进行管理与控制。

对页岩气开发过程中的环境保护，我国主要通过相关的产业政策与规划、环境保护政策和建设项目环境影响评价管理等进行规范。C公司的目标开发区块位于川渝地区。含油岩屑是油气开采产生的主要污染物之一，作为目前国内页岩气主产区的四川省，每年油气开采产生的含油岩屑约为20×10^4吨。目前，我国在政策上鼓励油气开采企业运用自身体量优势和产业完善模式配套建设油气开采过程中危险废物的利用处置设施。但由于国家尚未出台含油岩屑资源化利用污染控制的相关标准或技术规范，含油岩屑回收后的剩余固相的处置利用受到影响，这也制约着页岩气的规模化开发。开发过程中污水的回在实际应用过程中受相关回注政策限制，适用范围有限。目前在四川省，压裂返排液首选的处理方式是回用，对于剩余无法回用部分，则选择回注或由污水厂处理。在页岩气建产期，因为缺少输水管网及回用处理设施，需采用拉运方式处置，这也提高了开发成本。

随着2021年我国新的安全法和环保法的实施，对油气开发的安全环保要求更高了，对开发项目的安全评价和环境影响评价也更加细化。以四川盆地为例，中国石油的矿权区与保护区的重叠面积超过2.0×10^4平方千米，约占总开发矿权区的14%，资源量约为4.0×10^{12}立方米。同时，由于四川地区人口稠密，安全环保和生产建设管控难度也相应增大。为此，C公司在页岩气勘探过程中引入清洁化生产流程，通过对生产过程的前端、中期及末端的环境保护控制，使钻井废物做到全程“不落地”的清洁化生产。C公司使用自动化与撬装化的处理装置对生产废液进行分离、回用及处理，提升了开发过程的环保水平。但与此同时，清洁化生产也提升了生产成本，这是项目投资中需考虑的重要因素。

8.1.4 技术环境因素分析

根据研究，美国的页岩气产业生命周期可划分为初创期、成长期及成熟期三个阶段。在初创期，还没有形成针对性的页岩气勘探开发技术，采用传统油气技术开采页岩气的经济效益有限。随着气井压裂技术和水平井钻井技术的发展，到1999年，美国的页岩气年产量突破百亿立方米。早期页岩气开发市场的结构性壁垒较低，企业进入较为容易，但那时页岩气产量低，销售价格低，页岩气开发的经济效益较差，仅有一些小型新兴公司在坚持，因此该市场的竞争者规模小且数量少。从2000年开始，美国的页岩气产量和其在天然气中的占比均稳步上升。与此同时，天然气需求量也逐步提升，到2007年，美国的天然气对外依存度提升至16.4%，为当时历史最高。随着各类细分压裂技术取得突破，页岩水平井压裂技术逐渐成形，水力压裂技术使页岩储层改造成本降低了65%且产量增加了20%，同步压裂后的单井平均产量比此前的单井压裂提高了21%~55%，开发成本降低了50%以上。美国2000年的天然气价格比1999年提升近2倍，到2007年，从事页岩气开发业务的公司增至64家。页岩气市场的竞争开始加剧，竞争者的规模变大，数量增加，市场进入壁垒逐渐提高。从2008年开始，页岩气勘探开发技术变得成熟且得到规模化应用，页岩气产量逐年提升。截至2019年，页岩气产量达到7 210亿立方米，年均增长率为28%，占天然气的比例则增长至62.5%。天然气对外依存度从2007年的高位逐年大幅下降。到2017年，美国便实现了天然气自给自足并成为天然气的净出口国。与此同时，美国天然气消费需求仍在增长，天然气消费量至2019年达到8 782亿立方米。天然气价格受市场影响，自2015年开始保持在低位（约2.6美元/10^6千焦）。市场竞争加剧，企业成本随之增加，但页岩气的副产物乙烷可生产乙烯，其成本仅为传统石油工艺的一半，因此页岩气开发的经济效益良好。高额利润吸引了大批油气和化工企业巨头投资。

近年来，随着新能源和可再生能源技术的不断突破，这些新能源对传统化石能源的可替代性在逐步提升。

氢能作为最具应用前景的清洁能源，具有单位质量热值高和环保的优点。氢能是清洁能源，通常以氢气为载体，而氢气可从水、化石燃料、化工副产物等中获得，来源较为广泛。但氢气密度低和爆炸极限范围宽的问题，导致氢能的利用存在较大的安全隐患。目前，氢能相关技术还在不断进步，由于国内对环保的要求日益提高，氢能作为清洁能源逐渐得到重视。氢能的产业链主要包括制备、储存、运输和利用几个环节，每一个环节都有多条技术路线可供选择。氢气的制取主要有碱性电解水、质子交换膜电解水及固体氧化物电解水这三种类型的电解水技术。目前偏高的电价导致碱性电解水技术的制氢成本高昂。质子交换膜电解水技术则有待长寿命质子交换膜、高效低价催化剂等方面的技术创新以商业化。固体氧化物电解水技术仍然处于室内研究阶段，但是这种技术效率高、成本降低潜力大，是一种很有前景的技术。氢气的储存与运输技术主要有高压气态储运、低温液态储运、天然气掺氢管道输送。高压气态储运技术成熟，是目前应用广泛的储氢方法，但由于氢气密度低，实际储存量较低，整体经济性较差。低温液态储运技术显著提高了氢能的储存和运输效率，但它的技术门槛高、价格极高。天然气掺氢管道输送技术可以利用已有的天然气管网进行天然气和氢气混合输送以有效节约成本，但氢气分离成本较高。氢能的利用主要有掺氢燃机和燃料电池两个方向，西门子、通用电气、三菱动力等电力设备公司均在氢燃气轮机领域进行了探索且取得可观的成果。质子交换膜燃料电池的运行温度低、整体质量较小，功率和安全性高，但成本高、回收效果较差，影响了规模应用。固体氧化物燃料电池工作温度高，可实现高效热电联产，而且造价降低的空间巨大，容易实现大规模生产。

核能技术可实现温室气体零排放，可有效应对环境问题，并同时具有高经济性、高效和稳定供能，是一种可靠的清洁能源。截至 2021 年全球核电容量最大的四个国家依次是美国、法国、中国和日本，其核电容量分别是 91.5 吉瓦、61.3 吉瓦、50.8 吉瓦及 31.7 吉瓦。据 IEA 预计，到 2050 年，在全球 90%可再生能源电力中，核能将提供约 30%。核能和可再生能源相结合的混合能源系统，不仅可满足不同用户的用电需求，还可大幅减少温室气体排放。核能的非电力应用技术的发展可以满足海水淡化、制氢、石油化工及船舶运输等的生产要求。目前的核能大堆对选址有严格要求，前期投入高，建设周期长，使得项目回报速度较慢。近些年核能小堆已成为一种新的发展趋势。因为核能小堆减小了输出功率和堆芯源项，其安全性得以提升，进而提升了公众的可接受度；而且由于其小型化，其应用场景更多。美国 UX 咨询公司预测全球核电小堆装机容量到 2030 年将达到 8.8 吉瓦，到 2040 年则将达到 22.1 吉瓦。中国城镇供热协会技术委员会预测，到 2050 年我国北方城镇供热面积将为 200 亿平方米，如果其中 4%由核能小堆提供能量，则一个核能小堆可以为 500 万平方米的建筑面积和 10 万人供暖。

光伏行业近年来在我国快速发展，2020 年我国新增光伏并网装机容量为 48.2 吉瓦，累计光伏并网装机容量为 253 吉瓦，这两个数字均为全球第一。我国全年光伏发电产能约为全国全年总发电产能的 3.5%。目前在我国完善的光伏产业已经形成，2020 年全国高纯多晶硅、硅片和电池片的产量分别占全球产量的 75.24%、96.18%和 82.50%，我国光伏产业已实现规模、产能世界第一。2024 年上半年，我国可再生能源发电新增装机 1.34 亿千瓦，同比增长 24%，占全国新增电力装机的 88%。分领域来看，2024 年上半年，我国光伏发电量为 3 914 亿千瓦时，同比增长 47%，全国光伏发电利用率为 97%。风电光伏发电合计装机容量（11.8 亿千瓦）已超过煤电装机容量（11.7 亿千瓦）①。

从 2010 年开始，我国风电装机规模在 8 年内年均增长 21.3%。风力发电量占总发电量的比例稳步提升。2018 年我国风力发电量在总发电量中的占比达到 5.2%，与世界水平基本保持一致。2018 年我国风能发电投资额度占全球风能发电投资额度的 28.8%，风能发电已成为我国第三大电力来源。此外，海上风电市场随着风电技术的进步快速发展。2021 年全国累计风电装机容量约 32 848 万千瓦，同比增长 16.6%，其中陆上和海上风电累计分别装机 3.02 亿千瓦和 2 639 万千瓦②。

根据中国石油勘探开发研究院与国家能源页岩气研发（实验）中心的预测，2025 年中国的天然气年产量将达到 2 270 亿立方米，比 2019 年增长 29%，其中页岩气年产量将达到 300 亿立方米，占比 13.2%，占天然气产量增长的 29%；2030 年中国天然气年产量将有望达到 2 500 亿立方米，其中页岩气年产量将达到 350 亿到 400 亿立方米。页岩气这种清洁能源将会成为我国天然气能源领域中的重要组成部分。2019 年四川盆地天然气总年产量为 504 亿立方米，其中页岩气产量占比为 51%。未来四川盆地将成为

① 数据来源：国家能源局

② 数据来源：国家能源局官网。

我国最大的油气资源产区之一，川渝地区将成为我国天然气的重要生产基地。

我国非常规气（页岩气属于非常规气）的开发技术和效益与北美差距较大。我国页岩气开发在钻完井速度、施工质量、单位成本和开发实施效果等方面均落后于北美。除了页岩气储层本身条件有一定的差异外，主要原因是钻井过程中旋转导向等核心技术与北美存在较大差距，北美页岩气开发采用石油公司主导的日费制，对重要技术环节实施全球招标，优选工程技术服务公司，以保障实施效果。而国内从事页岩气开发的石油公司以大包为主，大包费用对开发成本的限制，使得承包方的技术和质量难以最优化。

页岩气勘探开发属于科技含量较高的战略系统工程，需要机械精加工、电子电路、高分子化学等专业解决靶区定位、井漏及控制钻井轨迹等难题。通过“十二五”与“十三五”的技术攻关，我国在页岩气储层评价、水平井完井、水力压裂改造等方面取得了技术创新：成功研制高压压裂车等具有自主知识产权的开采装备，初步形成适合我国页岩气地质条件的且具有国际领先水平的页岩气勘探开发成套技术装备体系；创造了海相页岩埋深3 500米浅储层的页岩气有效开发技术，实现了川南海相页岩气的规模有效开发，对推动成渝地区双城经济圈建设发展具有重要的支撑作用。C公司在工程实施中采用多簇射孔+高强度加砂+暂堵转向的压裂工艺技术，全面提升了页岩气井的压裂改造效果，提升了气井产量。开发区的水平井水平段钻井长度、水力压裂分级段数、水力压裂加砂强度和气井测试产量等一些关键技术指标全面提升。开发过程中采用一体化设计、一体化管理和一体化滚动优化的方式进行作业，完成了集钻完井、压裂、生产和开发于一体的地质工程一体化流程，实现了页岩气储层目的层水平井箱体、压裂工程改造参数、气井生产制度和气藏开发技术政策等几个指标的优化。

页岩气的工厂化生产模式起源于美国，到2016年日益成熟，并在各大页岩气产区推广应用。在工厂化模式下，在同一平台部署多口水平井，极大地减少了井场用地，从而降低了开发成本。同一平台气井依次开展同一阶段施工，钻井、固井及测井设备连续工作，钻井液回收后可重复利用。工厂化、规模化的压裂施工则大幅度提升了水力压裂工程设备的使用效率，减少了设备安装时间，降低了路途运输成本和企业员工的劳动强度。

C公司在川南页岩气勘探开发时借鉴并形成了工厂化生产模式，采取了平台+丛式井的布井模式。这种模式不仅有利于页岩气储层的利用，而且可以实现作业的集成化，降低开发成本。布井模式以双排型和单排型布井模式为主。在钻井流程中采用批量化作业，一个平台采用双钻机钻井模式，钻井期间的钻井液可以在井间回收再利用，大幅缩减材料成本。在压裂流程中采用拉链式压裂作业，即对两口平行水平井，压完第一口井第一段后压裂第二口井第一段，再回到第一口井开始第二段的压裂。这种方式取代了之前一口井压完所有段后再开始第二口井作业的传统方式。这样既有助于形成更大的储层改造体积，也提升了压裂流程实效，而压裂液连续混配工艺也节约了材料。应用工厂化、规模化开发模式后，页岩气平台的钻前工程周期缩短 30%，各类工程钻井设备安装时间减少 70%，钻机的作业效率提高 50%以上。根据对不同区块的统计，压裂作业效率提高 50%以上，平均单日压裂 3 段。地面配套设备与工艺全面采用标准化工艺、集成化功能、模块化设计、规模化采购和撬装化智造，平均建设周期缩短 80 天，设备重复利用率达到 2. 3 倍以上。

通过页岩气工厂化部署、钻井、压裂及地面建设模式，南方区块单井建井成本、钻前平台建设费用、生产期间操作成本大幅降低，实现了页岩气的规模效益开发。平台+丛式井的布井模式节约用地 70%，单井建井成本降幅达到 60%，井均平台地面投资降幅达到 40%，生产期间操作成本降幅达到 50%。

C 公司页岩气勘探开发目标区块位于川渝地区，川渝地区的地质工程条件决定了工程实施过程中的钻井深度、钻井靶区水平段长度、水力压裂改造段数、钻井平台建设面积等多个因素，而这些直接关系到单井投资成本。相关的工程参数既要达到页岩气勘探开发的工程目标，也要达到企业经营的经济效益指标。

8. 1. 5 小结

根据上述针对行业与 C 公司的页岩气勘探开发项目的 PEST 分析（政策法律、经济环境、社会文化、技术环境因素分析），筛选出经济环境中的钻井液体价格、测井服务施工价格、旋转导向服务价格和工程动态监测服务价格，社会文化中的清洁化生产投资，技术环境中的钻井深度、钻井靶区水平段长度、水力压裂改造段数、钻井平台建设面积等多个指标作为页岩气勘探开发项目投资中的项目投资与单井投资的主要影响因素。

8.2 基于 BP 神经网络的页岩气项目投资评价方法

8.2.1 项目投资单井成本影响因素解释模型

8.2.1.1 基于主成分分析的单井成本敏感性分析

页岩气勘探开发中的投资主要发生在单井部分，上一节运用 PEST 分析，从政策法律、经济环境、社会文化与技术环境中筛选出了影响页岩气项目单井投资的重要影响因素。在经济环境方面，因为页岩气项目勘探开发的技术壁垒对国内外公司而言相对较低，在项目招标过程中油服企业竞争激烈，项目运行过程中的钻井液体价格、测井服务施工价格、旋转导向服务价格和工程动态监测服务价格等成本可控。在社会文化方面，因国内日益提高对环境保护的要求，页岩气勘探开发过程对环境保护的措施也不断完善，此过程产生的清洁化生产投资成为必须。在技术环境方面，页岩气勘探开发目标区域的开发技术政策决定了项目实施中要考量钻井深度、钻井靶区水平段长度、水力压裂改造段数、钻井平台建设面积等多个指标。综上，本章筛选了上面多个指标作为页岩气勘探开发项目投资中的单井投资的主要影响因素。

为明确这些影响因素中的主要控制因素，本章以某油气公司已决算的项目投资数据为样本，运用 SPSS（statistical product and service solutions）商业软件对上述初选因素进行主成分分析，从初步影响因素中集中提取出累积贡献率达到 75.8%的 4 个主成分因素。主成分分析总方差解释如表 8-1所示。

表 8-1 主成分分析总方差解释

成分	初始特征值			提取载荷平方和			旋转载荷平方和		
	总计	方差百分比/%	累积/%	总计	方差百分比/%	累积/%	总计	方差百分比/%	累积/%
1	2.954	32.821	32.821	2.954	32.821	32.821	2.535	28.164	28.164
2	1.599	17.767	50.588	1.599	17.767	50.588	1.659	18.432	46.596
3	1.246	13.849	64.437	1.246	13.849	64.437	1.447	16.080	62.675

表8-1(续)

成分	初始特征值			提取载荷平方和			旋转载荷平方和		
	总计	方差百分比/%	累积/%	总计	方差百分比/%	累积/%	总计	方差百分比/%	累积/%
4	1.024	11.375	75.812	1.024	11.375	75.812	1.182	13.136	75.812
5	0.796	8.849	84.661						
6	0.554	6.152	90.813						
7	0.387	4.296	95.109						
8	0.288	3.199	98.307						
9	0.152	1.693	100.000						

用4个指标表示主成分的系数，利用主成分分析成分矩阵（见表8-2）所对应的值除以对应主成分的特征值的平方根，进而求得主成分的权重。从主成分权重分析来看，水平段长、井深、旋转导向服务价格和压裂段数这4个因素影响最大，如图8-2所示。

表8-2 主成分分析成分矩阵

项目	成分			
	1	2	3	4
射孔施工	0.826	0.168	−0.397	−0.059
压裂段数	0.824	0.247	−0.301	0.055
水平段长	0.803	0.182	0.272	−0.188
井深	0.686	−0.109	0.496	−0.049
测井服务	0.471	−0.302	−0.008	0.220
清洁化生产	0.034	0.808	−0.338	0.111
工程动态监测	−0.426	0.692	0.170	0.317
井场建设	0.053	0.479	0.683	−0.254
旋转导向服务价格	0.264	−0.111	0.262	0.868

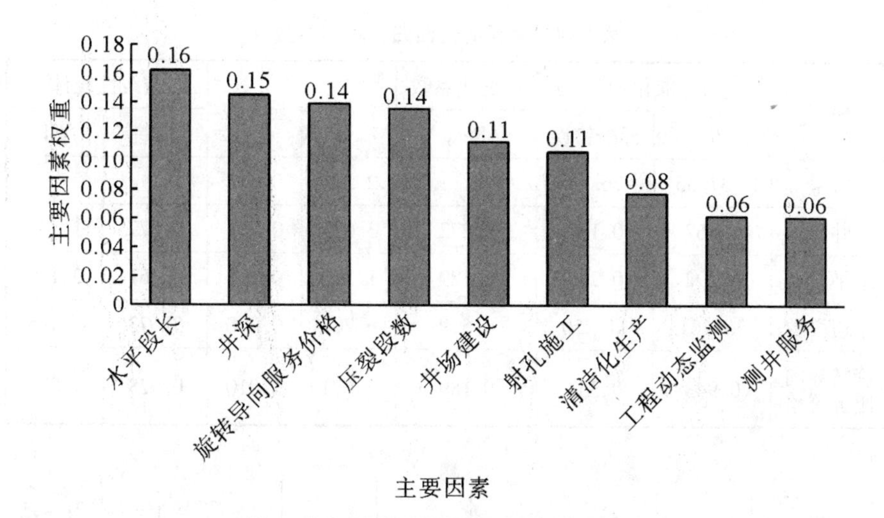

图 8-2 页岩气投资影响主要因素权重

8.2.1.2 基于多元线性回归分析的单井成本影响因素解释

基于上述分析，为进一步论证页岩气项目单井投资的 4 个影响因素的可表征性，引入多元回归方法将通过主成分分析得到的主要影响因素（水平段长、井深、旋转导向服务价格和压裂段数）以及勘探开发过程的单井静态投资额进行多元线性回归分析，用以解释主成分分析得到的主要影响因素对单井投资额的可解释程度。本章运用 SPSS 商业软件中的分析模块开展数据间的多元线性回归分析，输出结果如表 8.3 和表 8.4 所示。通过 SPSS 商业软件计算的拟合优度的输出结果显示，调整后的 R^2 为 0.72，这代表项目投资中 72%的页岩气勘探开发单井投资额变化情况可以用这几个主成分因素进行解释，拟合度较高（见表 8-3）。

表 8-3 多元线性回归分析的拟合度

模型	R	R^2	调整后的 R^2	标准估算的错误
1	0.859[a]	0.738	0.720	285.169

通过显著性系数水平的分析，水平段长、井深、旋转导向服务价格和压裂段数这 4 个因素的共线性统计值小，变量之间不存在多重共线性（见表 8-4），残差分析上基本符合正态分布关系（见图 8-3）。水平段长、井深、旋转导向服务价格和压裂段数这 4 个因素可以作为页岩气项目中单井投资的显著性影响因素。

表 8-4 多元线性回归方程的系数

模型	未标准化系数		标准化系数	t	显著性	共线性统计	
	B	标准错误	Beta			容差	VIF
（常量）	1 237. 354	476. 856		2. 595	0. 012		
井深	0. 367	0. 121	0. 272	3. 027	0. 004	0. 577	1. 735
水平段长	0. 292	0. 227	0. 129	1. 290	0. 203	0. 467	2. 140
压裂段数	75. 461	11. 250	0. 559	6. 708	0. 000	0. 673	1. 485
旋转导向服务价格	0. 943	0. 353	0. 189	2. 671	0. 010	0. 928	1. 077

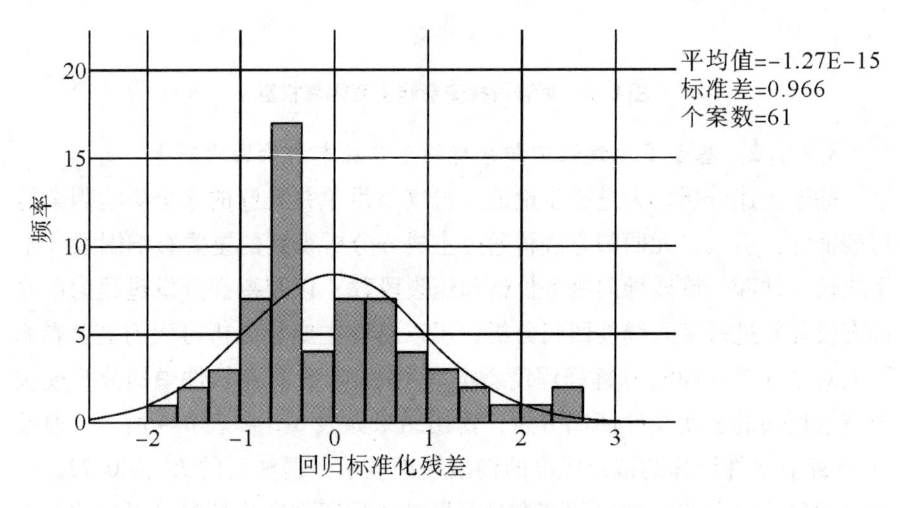

图 8-3 多元线性回归残差分析

综上所述，通过多元线性回归分析，水平段长、钻井井深、旋转导向服务价格和压裂段数这 4 个因素可以较好地解释单井投资额的变化。在主成分分析的基础上，进一步证明了这 4 个因素为页岩气项目单井投资的关键影响因素。

8. 2. 2 基于 BP 神经网络的项目投资预测模型

8. 2. 2. 1 采用 BP 神经网络的项目投资预测模型

BP 神经网络是一种采用后向传播算法的多层次前馈神经网络，主要通过最速下降法不断地进行误差反向学习，进行神经网络内部的权值和阈值调整，最后最小化整个神经网络各项误差的平方和。因为页岩气勘探开发投资成本影响因素多且不确定性强，本书采用 BP 神经网络模型预测单井投资成本，改变之前依靠经验法的投资成本确定方式，构建新的页岩气勘探开发项目投资预测模型。以国内页岩气勘探开发投资为例，运用经过主成分分析与多元线性回归获得的 4 个因素，构建页岩气勘探开发项目投资预测模型，选用三层网络：

（1）输入层

根据前文对页岩气勘探开发工程投资影响因素的分析，水平段长、井深、旋转导向服务价格和压裂段数这 4 个因素对于页岩气勘探开发单井投资价格影响显著，以此作为神经网络模型的 4 个输入参数，用这四个参数作为输入值来构建 BP 神经网络模型，预测页岩气勘探开发单井投资价格。

（2）隐含层

如之前章节所阐述的原理，网络中隐含层设计的神经元数目会直接决定整个算法的训练速度和预测效果。隐含层神经元个数太少会使得 BP 神经网络在输入层可提取到的有价值的特征信息数量受限，从而使得整个算法模型的训练结果无效和模型的容错性降低。隐含层神经元个数过多，便会导致算法模型的训练时长增加，且不一定能计算出模型的最小误差。通常研究者会将算法模型中隐含层的神经元个数设置为输入层参数的两倍且加一。根据前文对页岩气勘探开发工程投资影响因素分析，按输入层的 4 个输入参数计算，应该在页岩气勘探开发项目投资预测模型中选取神经元个数为 9 个的隐含层的 BP 神经网络。

（3）输出层

本章构建 BP 神经网络模型的目的是实现页岩气勘探开发工程单井投资费用的预测，模型的输出变量是项目的单井投资额，神经网络模型的输出层设置为 1 个。

综上所述，本章便构建出一个具备 4 个输入参数、9 个隐含节点和 1 个输出参数的三层 BP 神经网络模型结构。选择 C 公司已竣工结算的部分页岩气勘探开发工程历史数据开展实证研究。从 224 个总样本中随机选择出其中的 213 个样本作为 BP 神经网络的训练样本，再将剩余的 11 个样本作为 BP 神经网络的测试样本。

在页岩气投资项目的单井成本取值上，通常采用经验法，将邻近区域的单井投资成本直接套用。这主要是因为单井投资涉及的结算财务科目多，包含了钻井、地面建设、物探测井、水力压裂等多种工程作业费用，且费用结算差异大，因此难以精确计算某一区块的单井投资成本。C 公司已开发了多个页岩气区块，掌握了大量竣工结算数据。针对目前区块单井投资成本取值难这一问题，考虑引入大数据分析，将目前已有的数据充分利用。对于这类问题，运用 BP 神经网络预测单井投资成本价值显著。

由于输入层和输出层的各个变量间的量纲不同，有价格、长度、段数等单位，不适合直接将训练样本数据输入 BP 神经网络进行训练，因此，本章会对训练样本数据进行归一化处理，去除量纲的影响。本书运用商业数学软件 MATLAB 中的 BP 神经网络分析模块，对建立好的算法模型进行训练。从训练结果可以看出，训练之后模型得到的输出值与实际值之间在训练集的拟合度 R 为 0.89，在验证集的拟合度 R 为 0.96。这表明经过学习后的 BP 神经网络输出值达到预期要求，模型预测结果可靠，可以开展投资值预测。训练样本误差和训练样本拟合如图 8-4、图 8-5 所示。

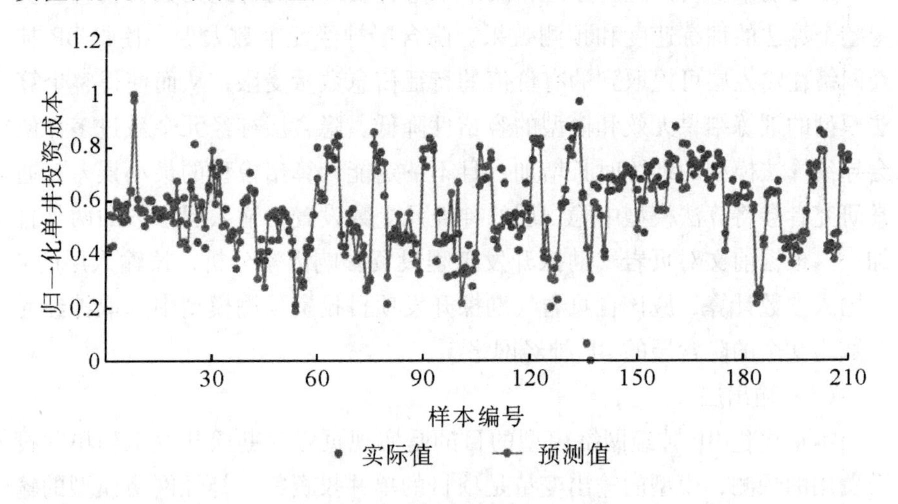

图 8-4　训练样本误差

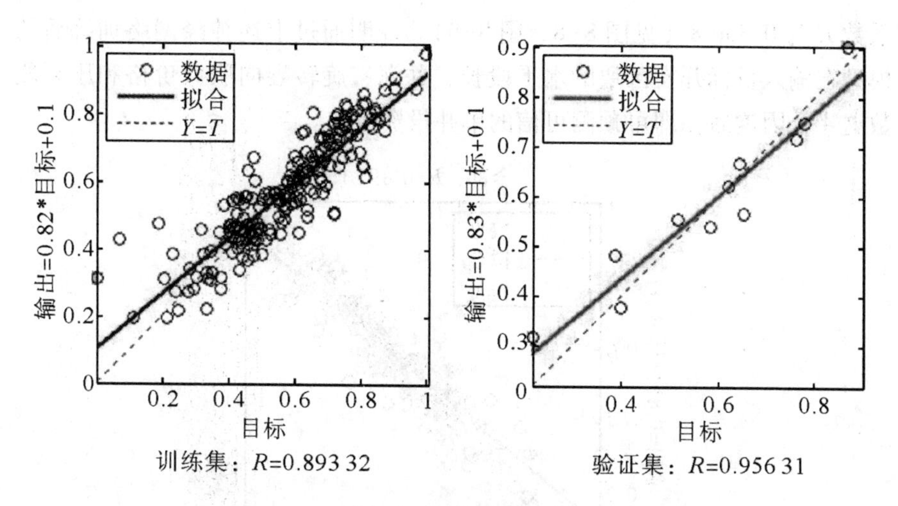

图 8-5　训练样本拟合

在以上数据经过 BP 神经网络学习后，采用学习好的神经网络模型对之前选择的 11 个测试样本进行投资值预测。将测试样本的 4 个影响因素在输入网络之前进行数据的归一化处理后，代入之前已训练好的 BP 神经网络模型，通过 BP 神经网络模型预测输出值，从预测结果可以得到如图 8-6所示的测试样本误差，测试集的拟合度 R 为 0. 89，证明测试集通过神经网络预测的投资值可信。

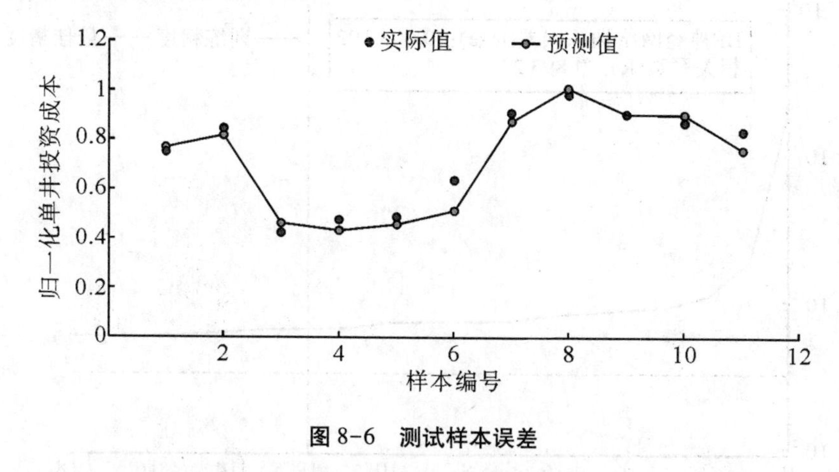

图 8-6　测试样本误差

BP 神经网络的训练误差为 0. 003 2，相关系数 R 为 0. 893 2。如图 8-7 所示，BP 神经网络的实际输出值与期望输出值之间的误差不断减小。同时，对模型进行了 10 折交叉验证计算，计算后训练误差为 0. 008 39，相关

系数 R 为 0.856 8（见图 8-8、图 8-9）。证明通过上述神经网络训练后的模型在输入目标开发区块的水平段长、井深、旋转导向服务价格和压裂段数这 4 个因素后，即可预测可信的单井投资成本。

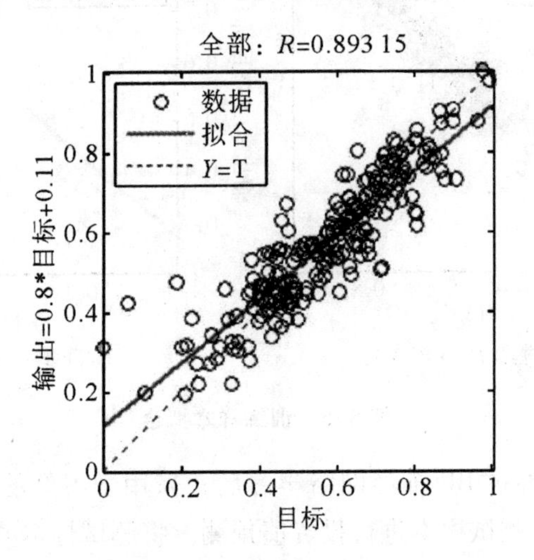

图 8-7　测试样本拟合

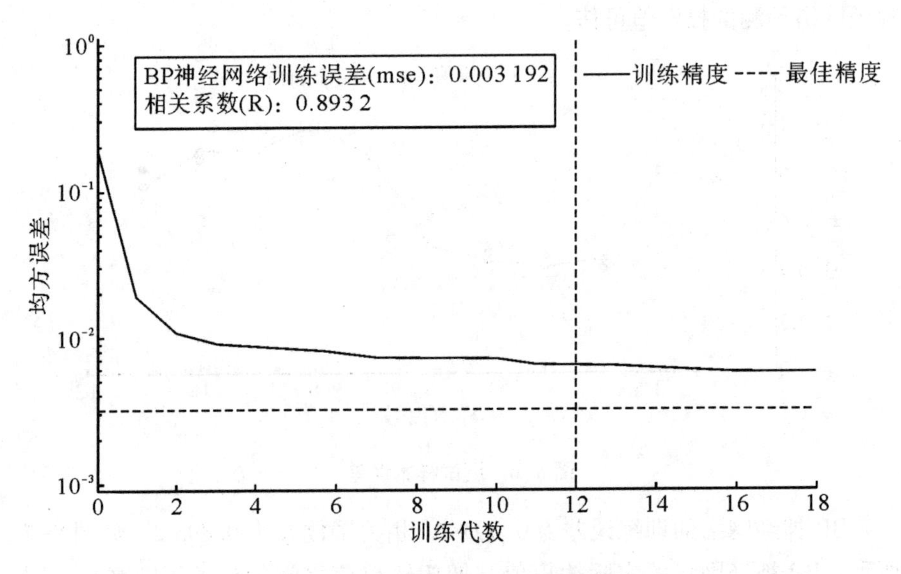

图 8-8　BP 神经网络训练过程曲线

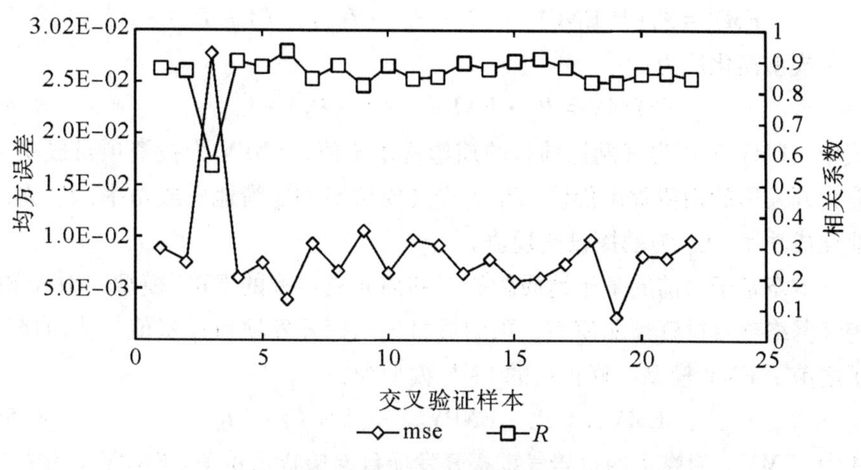

图 8-9　10 折交叉验证曲线

8.2.2.2　修正的期望货币价值模型

期望货币价值方法是通过计算各种概率及其分布情况，定量判断事件的风险性与不确定性，目前主要有决策树方法和蒙特卡洛模拟法。对于不确定风险较高的油气开发项目，我们可以计算期望货币价值（EMV），然后对不同的投资项目进行方案比选。期望货币价值的计算公式如下：

$$\mathrm{EMV} = P_1 \times \mathrm{NPV}_1 + P_2 \times \mathrm{NPV}_2 + \cdots + P_n \times \mathrm{NPV}_n \tag{8-1}$$

式中，P_n 为第 n 种可能结果发生的概率，NPV 各项 P 值的和为 1，即概率之和为百分之百。当 EMV<0，则该投资项目没有投资价值；当 EMV>0，则可以比较不同方案数值。

页岩气勘探开发项目中的地质风险和商业风险是项目的主要风险来源。地质风险代表待投资区块有无页岩气资源，商业风险代表该区块的页岩气资源是否具有工业化开发价值。将地质风险和商业风险这两种风险因素相结合后，便得到了页岩气勘探开发项目的经济成功率。这个经济成功率可以用于预测项目投资是否达到可以工业化开发的经济概率值。因此，页岩气勘探开发项目的经济成功率=地质成功率×商业化成功率，即：

$$P_E = P_G \cdot P_C \tag{8-2}$$

式中，P_E 为经济成功率，P_G 为地质成功率，P_C 为商业化成功率。

页岩气勘探开发项目经济性评价中的期望经济价值可以采用 EMV 这个指标进行衡量。

页岩气勘探开发项目的风险价值评估计算模型如下：

$$EMV = P_G(P_C ENPV - (1 - P_C) \cdot I_{exp}) - (1 - P_G) \cdot I_{exp} \quad (8-3)$$

模型简化后为：

$$EMV = P_E \cdot ENPV - (1 - P_E) \cdot I_{exp} \quad (8-4)$$

式中，EMV 为页岩气勘探项目的期望货币价值，ENPV 为投资项目成功工业化开发后的期望货币价值，P_E 为经济成功率，P_G 为地质成功率，P_C 为商业化成功率，I_{exp} 为勘探投资现值。

本章基于之前的基于地质勘探率和商业成功率的 EMV 模型，引入 BP 神经网络项目投资预测模型，预测页岩气勘探开发项目投资值，从而修正了之前了 EMV 模型。修正后的 EMV 模型为：

$$EMV_{BP} = P_E \cdot ENPV_{BP} - (1 - P_E) \cdot I_{BP} \quad (8-5)$$

式中，EMV_{BP} 为修正的页岩气勘探开发项目期望货币价值，$ENPV_{BP}$ 为成功工业化开发后的基于 BP 神经网络预测的项目期望价值，P_E 为经济成功率，I_{BP} 为基于 BP 神经网络预测的项目勘探投资现值。

计算项目的期望货币价值主要有以下几个步骤：

（1）通过对目标开发区块的地质勘探研究与分析，确定该项目的勘探开发地质成功率（P_G）。

（2）通过三维地质建模与气藏数值模拟手段，对目标开发区块页岩气项目资源量进行模拟，统计和对比模拟资源量与最小经济资源量间的关系，得到区块商业化成功率为 n/M，其中 n 为大于最小经济资源量的模型个数，M 为模拟次数。之后，再对这 n 个模拟资源量值求平均值，计算待开发区块满足工业开采成本要求的期望资源量（V_C）。

（3）根据页岩气勘探开发项目的地质工程条件，针对期望资源量（V_C）设计气田开发方案，结合勘探开发项目补贴政策及财税经济指标，求解期望资源量（V_C）的经济价值，即目标区块实现工业化开发后的期望货币价值（$ENPV_{BP}$）。

（4）采用之前获取的目标开发区块的地质成功率（P_G）、商业化成功率（P_C）、区块工业化成功开发后的期望货币价值（$ENPV_{BP}$）以及根据神经网络预测的项目勘探投资现值 I_{BP}，建立页岩气勘探开发项目风险价值评估模型，计算其期望经济价值 EMV_{BP}。

8.3　页岩气投资效益模型应用与分析

8.3.1　目标开发区块概况

8.3.1.1　目标开发区块地质勘探概况

我国页岩气资源在我国南方地区广泛发育，尤其是在扬子地块中的四川盆地最为发育，其中发育了几套古生代期间的海相地层，其中发育的黑色页岩沉积面积广阔、页岩储层厚度大、地层的构造变动强、储层埋深变化幅度大。

四川盆地位于我国川渝地区，总面积约 19 万平方千米。这一地区已有 60 余年油气勘探开发历史，一直都是我国重要的天然气产区。四川盆地有富含有机质页岩 6 套，在这几套页岩中五峰组—L 组是最优质的页岩气勘探开发层系。页岩气矿产资源开发有利区面积约 48 000 平方千米，可采页岩气资源量为 42 000 亿立方米，资源埋藏深度在 2 500 米到 4 500 米，页岩储层平均厚度为 45 米。

早在 16 世纪四川自贡便开发出了自流井气田，它是世界上大规模开发的第一个气田，不过那时的天然气仅用作采卤制盐的燃料，盐井的钻井深度均小于 200 米。1835 年在四川自贡大安区由人工钻凿的燊海井，是世界上最早挖掘的天然气深井。燊海井井深 1 001. 42 米，生产卤水和天然气。中华人民共和国成立后至 1976 年，我国的天然气工业首先在四川发展起步，主要以四川盆地小型构造气藏为主，其天然气产量达到 100 亿立方米以上。1977 年在相国寺钻遇石炭系天然气藏，拉开了川东地区石炭系天然气藏勘探开发的序幕，在此过程中开发了一批中小型裂缝—孔隙型背斜构造气藏。2005 年以后，地质勘探领域中有机质接力生气理论、全过程生烃模式及连续型“甜点区”油气聚集理论的提出与发展，指导油气公司发现与开发了安岳、元坝等深层古老碳酸盐岩大气田以及 FL、CN—N 等页岩气藏，开启了我国天然气开采新的发展阶段。

四川盆地是大型含油气叠合盆地，受构造与海侵影响，四川盆地及其周缘地区有大面积沉积五峰组—L 组的储层。储层以硅质、粘土质、钙质和粉砂质页岩为主体，是目前页岩气勘探开发的核心地质层系。受密集发育的层理缝与层间缝作用，页岩储层内多种类型裂缝共生形成了有利的天然缝网系统。

本书所研究的页岩气目标开发区位于四川盆地。通过多年理论研究，国内相关学者基于地质评价确定四川盆地五峰组—L 组和筇竹寺组的页岩储层为我国页岩气产业开采重点有利地区和“甜点层系”。通过多年技术攻关，我国建立了 CN、N 和 FL 等多个页岩气开发有利示范区。2008 年在 CN 页岩气开发有利示范区成功钻探出我国第一口页岩气地质资料井，确定了四川盆地五峰组—L 组为页岩气开发工作的主力生产层系。2010 年我国第一口页岩气井在 N 区完井。2011 年在 CN 区块实施了我国第一口具有商业开发价值的页岩气井。2012 年中国石化在重庆 FL 地区五峰组—L 组发现 FL 页岩气田。截至 2019 年年底，CN—N 和昭通等区块累计探明页岩气地质储量超过一万亿立方米。

地质专家对我国南方海相页岩气储层的分析研究表明，四川盆地的五峰组—L 组海相页岩储层具有高有机质含量和高纳米级孔隙度的特征。L 组页岩储层底部总有机碳含量值（TOC）超过 3%的页岩，其厚度介于 10~20米，储层有机质含量高。页岩储层中的孔隙是页岩气的主要储集空间。四川盆地五峰组—L 组页岩目标储层的孔隙度介于 3%~8%，这一孔隙度数值也是储层优质的表征。四川盆地五峰组—L 组海相页岩主要发育水平层理、韵律层理、块状层理、递变层理和交错层理这 5 大类层理，其中条带状粉砂型水平层理储层品质较好。储层中裂缝系统中的顺层缝发育，使得储层水平渗透率较高，大幅提升了页岩储层的水平渗流能力；在开采过程中配合水力压裂改造，可以在储层内与井筒间形成复杂裂缝网络结构，以提高气井的页岩气产量。

五峰组—L 组在多个地质事件的共同作用下形成了深水陆棚优质页岩有利区。页岩储层在地下分布连续、保存条件好、储层“超压”等地质因素有利于页岩气井开采实现高产量。川南深层页岩气储层的优质页岩储层“甜点段”厚度达 8~17 米，页岩储层上覆巨厚地层，构成了很好的气藏密闭条件，有机质生烃后使得页岩气储层内形成高压力封存。开采过程中地层能量充足，有利于气井产量的稳定持续。同时，学者针对我国页岩气藏提出的深水沉积和有效保存“二元富集”规律，奠定了地质“甜点区”的地质理论基础。

8.3.1.2 目标开发区块宏观环境概况

财政补贴政策对页岩气目标区块的开发至关重要，就目标开发区而言，国家及地方政府均重视并支持页岩气的勘探开发。在政策上，《关于对页岩气减征资源税的通知》《清洁能源发展专项资金管理暂行办法》以及《页岩气产业政策》等几个政策优惠条件均对目标开发区有效，有效支持了开发区的页岩气开发产业。

开发目标区块主要位于四川N县与CN县境内。N县位于四川盆地中南部的内江市西北部。其管辖面积为1 289平方千米，管辖14个镇。截至2020年年底，根据第七次人口普查数据，N县常住人口为547 059人。N县有天然气、黏土、煤、页岩气、石灰岩等13种矿产，矿产资源丰富。其工业主要以冶金、建材、化工和食品四大产业为主。2020年N县的生产总值为355.8亿元，县生产总值中第一产业、第二产业及第三产业增加值分别是45.5亿元、159.7亿元和146.0亿元。CN县位于我国四川盆地南部的宜宾市腹心地带。截至2020年年底，根据第七次人口普查数据，CN县常住人口为327 904人。2020年CN县生产总值为180.08亿元。县生产总值中第一产业、第二产业及第三产业增加值分别是33.77亿元、72.94亿元及73.37亿元。

在页岩气勘探开发过程中用水量较大，开发区目标区块所在的N区块位于四川省内江市，区块内水系发育较为发达，多年平均降水量为960.36毫米，多年平均蒸发量为801.6毫米，多年平均径流深为344.6毫米，总水资源量为47 072×10^4立方米，人均水资源量为639立方米，地下水储量为2 715×10^4立方米。CN区块位于兴文县与珙县境内，其中兴文县共有大小溪河19条，全县溪河总长度为313.9千米，均属于长江水系。根据四川省内江水文资源勘探局的页岩气开发项目水资源论证报告，2012年N县全县用水总量为8.79×10^7立方米，全县的水资源开发利用率为19.8%，全县的总体水资源的开发利用程度不高。按水资源开发利用率不超过40%计算，年均水资源利用量约为1.77×10^8立方米。CN区块各类水利工程多年平均供水总量为1.44×10^8立方米，水资源开发利用率为5.4%。根据CN区块页岩气开发项目水资源论证报告，区块年取水量为207.36×10^4立方米，工程所在地水资源用量占比很小。

在环境保护上，我国于2007年颁布了《环境影响评价技术导则：陆地石油天然气开发建设项目》，明确制定了油气开采过程中的污染物排放标准。此后，我国环保部门在2012年发布了《石油天然气开采业污染防治技术政策》。该文件强调了油气开采过程中废水回收利用的重要性，并对开采过程中压裂液体的使用提出了指导意见。2012 年国家能源局发布的《页岩气发展规划（2011—2015 年）》也对水力压裂的废水回收利用及排放监控提出了具体要求。为实现上述要求，在目标区块开发过程中应采用多层套管封隔地层含水层，避免表层土壤与地下水受到污染。同时，在井场建设过程中要用防渗混凝土对地面进行硬化处理，对污水池及岩屑池都要采用防渗措施，对天然气输送管网也要采用防渗措施，以中粗砂回填+中砂垫层+原土夯实。页岩气井场复垦填充工程则应采取拆除、挖方回填、机械翻耕、表土覆盖、修建田埂和挡土墙修建等工程技术措施。这些成本均会计入投资开发成本。目标区的页岩气开发以国家石油公司为主。通过页岩气工厂化部署、钻井、压裂及地面建设模式，南方区块单井建井成本、钻前平台建设费用、生产期间操作成本均大幅降低，实现了页岩气的规模效益开发。平台+丛式井的布井模式节约用地 70%，单井建井成本降幅达到 60%，井均平台地面投资由 1 200 万元下降至 700 万元，降幅达到 40%。生产期间操作成本由 0. 36 元/立方米下降至 0. 18 元/立方米，降幅达到 50%。但是，国内石油公司对工程服务均采用以大包为主的方式进行，大包费用总额固定，限制了开发成本，使得承包方的技术和质量难以最优化。

我国经过多年的技术攻关，已建立了符合国内情况的页岩气有效开发技术体系，促使海相页岩埋深 3 500 米的页岩气资源开发关键技术指标大幅提升，“多簇射孔、高强度加砂、暂堵转向”这一压裂工艺技术是其中为代表性技术，页岩气井压裂改造后的生产效果得到了全面提升。以页岩气开发示范区中的 B 区为例，页岩气开发过程中的水平井水平段长度、压裂段数、压裂加砂强度和测试产量这几个关键技术指标，由 2016 年的 1 506 米、19. 9 段、1. 7 吨/米和 16. 4×10^4立方米/天，分别提升至 2020 年的 1 965 米、23 段、2. 7 吨/米和 29. 2×10^4立方米/天，页岩气井单井最终可采储量由 0. 49×10^8立方米提升至 1. 02×10^8立方米。在川南地区页岩气勘探开发过程中，中国石油通过一体化设计、管理和滚动优化三个措施，实现了示范区高产量、高 EUR 和高采收率的工程目标。通过钻完井、压裂、生产、开发四大工程节点的地质工程技术全方面与全方位的高效组织协调与高质量节点衔接，实现了页岩气储层开发目标层系水平井箱体、水平井改造参数、气井生产制度和气藏开发技术政策等方面的最优化。目前，国内石油公司在四川盆地页岩气开发过程中充分结合信息技术，实现了页岩气田数字化开发管理以及井场的无人值守，大幅度降低了页岩气田开发现场的工作强度，有效降低了页岩气田的开发管理成本。针对页岩气勘探开发中的难题，各公司正在逐步实施人工智能、机器学习及大数据应用等技术集成，深度挖掘页岩气田开发过程中的有效信息，进一步提高气田开发效率。

8.3.2 投资效益模型应用与评估

8.3.2.1 目标开发区块评价模型构建

目标开发区块的项目投资效益模型构建主要需要确定地质成功率、商业化成功率、项目的经济成功率及投资成本。

国内学者以蜀南地区 X 区块为例，采用灰色关联方法评价了页岩气工业建产区选区地质评价指标，研究区主力产层小层钻遇率和 TOC（总有机碳）对页岩气测试产量的影响最大，主力产层小层钻遇率与测试产量的关联度最大（达到了 0.729)，优质储层钻遇率、TOC 含量、有效孔隙度和脆性指数 4 个指标是影响页岩气井产能的主控因素。他们进而通过数据统计发现，当主力产层小层钻遇率达到 65%以上时，研究区气井的测试产量较高，其中测试产量达到 8.0×10^4立方米/天（工业油气流下限标准）的页岩气井占比为 95.45%。

为了达到商业化开采的条件，目标区开发区页岩储层优质储层钻遇率不能低于 65%，这样才可满足页岩气区块效益开发的基础条件。同时为了满足钻遇率要求，建议利用随钻地质导向技术及旋转导向技术，随时调整钻头方向以提高优质储层钻遇率、目标开发区页岩气产能及最终可采储量。

综上所述，在目标开发区块期望货币价值模型中，地质成功率确定为 65%，商业化成功率（P_C）选取勘探评价通用值 30.9%。经过计算可知，本项目的经济成功率 $P_E = P_G \cdot P_C = 65\% \times 30.9\% = 20.1\%$。

根据目标开发区块的地质、测井及气藏等参数，建立地质工程一体化数值模型，通过数值仿真获取最小经济资源量，并通过模拟资源量设计气田开发方案及财税模型。财税模型中税率的取值按开发区所在地方政府最新发布的相关政策设置。目标开发区财税政策规定油气田企业缴纳的增值税中提供建筑服务的适用一般计税办法与简易计税办法的分别按 2%和 3%的预征率计算。

根据本章建立的 BP 神经网络模型，从目标勘探区的气田开发方案中确定了几个关键工程技术参数：页岩气井钻井井深为 3 000 米、页岩气储层目的层中井轨迹水平段长为 2 000 米、水平段钻进过程采用地质旋转导向服务、页岩气水平井水力压裂分段段数为 25 段。之后，采用本章前期训练的 BP 神经网络模型的预测，在项目目标开发区域的单井投资成本为 0.65 亿元。

8.3.2.2 目标开发区块经济评价分析

在目标开发区块的宏观环境分析上，主要针对页岩气勘探开发中的政策法律因素、经济环境因素、社会文化因素及技术环境开展评价。

总结了之前的经验，川南页岩气开发全面采用工厂化部署、钻井、压裂及地面建设模式，使单井投资成本、平台地面建设费用、生产操作成本都有所下降。平台+丛式井的布井模式节约用地 70%，单井投资成本下降 60%，井均地面建设投资减少 40%，生产期间的操作成本下降 50%。

采用本书之前建立的修正的期望货币价值模型，假设投资者期望的最低收益率为 6%，基于 BP 神经网络预测的目标开发区块的单井投资成本为 0.65 亿元，本项目的经济成功率为 20.1%，成功工业化开发后的项目开发期望货币价值（$ENPV_{BP}$）为 2.92 亿元，基于 BP 神经网络计算的开发期望内部收益率（$EIRR_{BP}$）为 7.1%。综合项目经济成功率、商业化成功的期望资源量以及基于神经网络计算的预计的项目投资，求解项目期望货币价值（EMV_{BP}）：

$$EMV_{BP} = P_E \cdot ENPV_{BP} - (1 - P_E) \cdot I_{BP} \tag{8-6}$$

此处 $EMV_{BP} = 20.1\% \times 2.92 - (1 - 20.1\%) \times 0.65 = 0.0997$ 亿元，通过改进后的数学模型计算，该区块页岩气开发项目实现后，投资期望收益（EMV_{BP}）997 万元，投资期望收益率（$EIRR_{BP}$）为 7.1%，大于投资者期望的最低收益率 6%，说明该项目具有经济开发价值。

本次经济评价以方案投资期望内部收益率 7.1% 为基本方案，测算了方案的风险承受能力，对项目的敏感性因素如价格、成本、产量、投资等进行了敏感性分析。

期望内部收益率敏感性分析见表 8-5、图 8-10。

表 8-5 内部收益率敏感性分析 单位:%

项目	-20	-10	基本方案	10	20
产量	3.42	5.25	7.10	8.98	10.93
销售价格	3.18	5.01	7.10	9.22	11.17
经营成本	7.75	7.42	7.10	6.77	6.45
投资	11.05	8.82	7.10	5.71	4.57

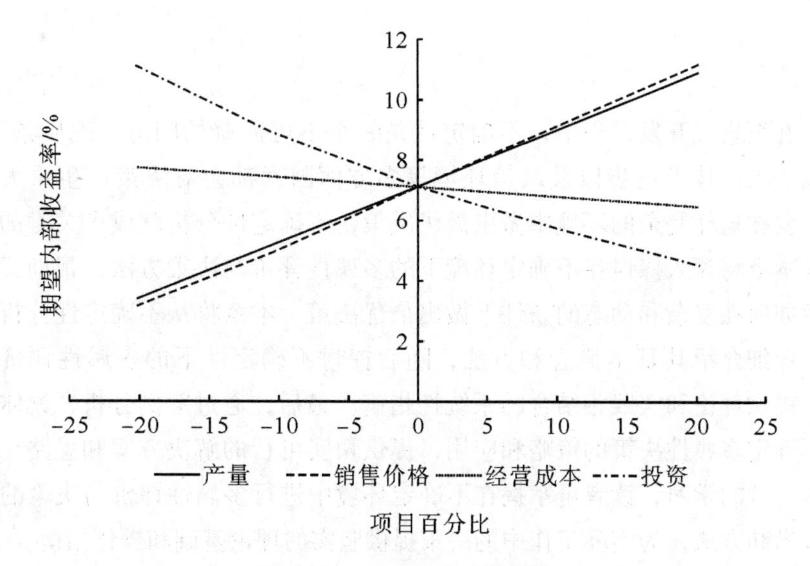

图 8-10 内部收益率敏感性

通过敏感性分析可看出，销售价格、产量和投资的敏感度大，而经营成本的敏感度稍低。因此，目标开发区块应针对页岩气微观机理、水平井射孔改造簇数优化和页岩气井开发中后期排水采气措施方法等关键技术与工艺，加大科技攻关力度，实现页岩气勘探开发配套技术新的突破，降低开发成本，提升页岩气田规模开发效益。同时，伴随天然气需求的提升，页岩气资源的开发需要国家政策的持续扶持。建议加大补贴力度、减免资源税以及推行科研费用抵扣所得税等。

9 页岩气开采过程的多目标评价与决策

在页岩气开发过程中，不确定性是一个不可回避的问题。地质条件、市场需求、技术进步以及政策环境等多方面因素都会对决策产生重大影响。要在这样复杂的环境中做出最优决策，不确定性分析就成了关键的一环。本章将深入探讨在不确定环境下的多属性评价与决策方法，帮助读者理解如何在复杂和动态的条件下做出最优决策。本章将从不确定性分析入手，详细介绍其基本概念和方法，随后探讨不确定性下的多属性评价方法，提供理论和实践相结合的系统性指南。最后，通过案例分析，具体展示不确定多属性决策的策略和应用，提供切实可行的解决方案和思路。通过这一章的学习，读者可掌握在不确定环境中进行多属性评价与决策的核心技术和方法，为实际工作中的决策提供坚实的理论基础和操作指南。

9.1 不确定环境下的评价与决策方法

9.1.1 不确定性分析

9.1.1.1 随机数学方法

随机数学方法是处理不确定性问题较普遍的方法之一，尤其是在不确定性参数的概率分布函数已知的情况下。随机现象在现实生活中广泛存在，而随机方法主要考虑客观事物的随机性。近年来，随机数学方法已被证明是科学、工程、商业、计算机科学和统计学的重要工具。要研究随机性，通常通过两种方式引入问题：一种是成本函数，另一种是约束集。尽管随机数学方法在各个领域有很高的适用性，但在项目环境中使用相对较少。主要原因在于项目的独特性，有时无法获得项目的历史数据。不过，在某些项目中，可以利用过去类似项目的数据来克服这一缺陷。随机数学方法主要包括以下几种：

（1）传递函数法

根据误差传递理论，从初始变量的不确定性出发，逐步分析计算结果的不确定性，其主要理论基础是随机变量函数方差的计算。例如，赵大萍和房勇①结合风险测度方法 VaR 提出基于在险价值的风险平价投资策略，建立了相应模型，并给出了有效的算法。最后使用中国股票、债券和商品期货市场数据给出数值算例，并与多种常用的投资策略进行了对比分析。结果显示，三种风险平价投资策略均优于全局最小方差组合等其他参照投资策略，其中基于在险价值的风险平价投资策略表现最优。

（2）数值模拟法

数值模拟法又称蒙特卡罗法或统计抽样法，属于计算数学的一个分支。它的基础是使用随机输入参数值构建相互竞争的模型，并根据参数和数据的统计分布得出测量数据。分析某些复杂模型的不确定性来源极为困难，而使用蒙特卡罗法处理复杂模型的不确定性则较为容易。例如，王学强和庄宇②运用蒙特卡罗法模拟模型和程序，分析评估了实际工程项目的主要风险因素，借助 EXCEL 软件对项目风险进行了模拟和测试，并给出了项目风险模拟的结果。结果表明，项目风险评估中的蒙特卡罗模拟方法占用的资源少、操作性强，对于项目风险评估是有用的。

（3）回归分析法

回归分析法是数理统计的一个分支，它研究两个或多个随机变量之间的关系及其性质：随机变量之间的关系是一种非确定关系，不同于通常的函数关系。回归是用条件期望来表达随机变量之间关系的一种形式。使用回归分析法的目的是有效利用现有信息，减少信息不足造成的不确定性，目前使用的方法主要是参数回归分析。例如，高武等③运用非线性回归计量方法研究大型 PPP 项目风险受宏观环境、微观环境、主体能力及合作关

① 赵大萍，房勇．基于 VaR 的风险平价投资策略及应用［J］．系统工程学报，2020，35（5）：10.

② 王学强，庄宇．基于蒙特卡罗模拟模型的投资项目风险分析［J］．工业工程，2007，10（5）：4.

③ 高武，洪开荣，潘彬．大型 PPP 项目平稳演化风险非线性回归测度模型及实证分析［J］．科技管理研究，2017（8）：7.

系等多种因素影响而平稳演化的规律。研究发现，在无突变因素情况下，项目风险与影响变量之间存在稳定均衡的非线性关系，宏观环境对风险变化的影响最为显著。

（4）非参数回归方法

非参数回归方法是在回归分析中分布未知时采用的一种方法。该方法可以直接从样本的实际统计特征出发研究问题，避免了模型假设与实际情况差距较大或在模型选择过程中带来不确定性。

9.1.1.2 模糊集理论

在项目环境中，除了信息不精确和缺乏适当的数据之外，模糊性也是一个不可避免的问题。评估不确定性的一个适当方法就是模糊集理论。许多研究利用模糊集理论来处理项目投资中的不确定性。然而，随着模糊集理论在现实世界中的应用越来越多，不少问题也逐渐涌现。经典模糊集理论的一个不足之处是专家需要给出一个［0，1］区间内数字的精确意见。为了克服这一问题，人们提出了几种模糊扩展方法。例如，使用直觉模糊集理论，用隶属度与非隶属度同时表示决策者对方案的支持与反对，可以有效处理决策信息不确定的问题。然而，对多名决策者因犹豫和迟疑无法达成统一意见的情况，直觉模糊集就很难表示出来。因此，Torra 等[①]于 2010 年提出了犹豫模糊集的概念，使用一组数据表示决策者的犹豫程度。该方法对有多个决策者参与的决策问题十分适用。使用直觉模糊集还存在一个限制，即隶属度与非隶属度之和等于 1，但现实生活中往往并不存在非黑即白的问题。因此，Yager[②] 在 2013 年提出了毕达哥拉斯模糊集，使其能够描述隶属度与非隶属度之和大于 1 但其平方和不超过 1 的情况。毕达哥拉斯模糊集相较于直觉模糊集来说更加适合于信息错综复杂的实际问题，因此受到了广大学者的普遍关注。在此基础上，不少学者将不同的模糊集理论相结合，形成了毕达哥拉斯犹豫模糊集、毕达哥拉斯模糊软集等概念，并在项目环境下取得了较好的结果。模糊集理论主要包括以下几种：

---

① TORRA V. Hesitant fuzzy sets [J]. International journal of intelligent systems, 2010, 25 (6): 529-539.

② YAGER R R, ABBASOV A M. Pythagorean membership grades, complex numbers, and decision making [J]. International journal of intelligent systems, 2013, 28 (5): 436-452.

（1）区间数

在许多实际问题中，常常需要处理一些具有不确定性和模糊性的数据信息。传统的实数表示方法在处理这种不确定性时显得力不从心。区间数不仅可以有效地表示数据的不确定范围，还能通过一系列运算规则来处理这些数据，为各种应用提供了理论基础。以下将详细介绍区间数的定义、位置关系以及相关的运算规则。

①区间数的定义

设 $A=[a^-,\ a^+]$，表示为实数空间中的一个有界闭区间数，其中 a^+ 和 a^- 分别是区间数的上限和下限。特别地，当 $a^-=a^+$ 时，区间数 A 退化为一个实数。若 $a^-\leqslant 0$，则称 $A=[a^-,\ a^+]$ 为非负有界闭区间数。

②区间数的二元序关系

在全体区间数的集合 $I(R)$ 上定义一个二元关系 $<$，其中 $A=[a^-,\ a^+]$，$B=[b^-,\ b^+]$，$C=[c^-,\ c^+]$ 分别表示区间数。如果 $<$ 满足以下六个条件，则称其为 $I(R)$ 上的一种序关系：

自反性：$A<B$。

传递性：若 $A<B$ 且 $B<C$，则 $A<C$。

完全性：对于所有 $A,\ B\in I(R)$，要么 $A<B$，要么 $B<A$。

分离性：如果 $a^+<b^-$，则 $A<B$。

相容性：若 $A<B$，则对于所有 $A,\ B\in I(R)$，总有 $A\leq B$。

线性性：若 $A<B$，则对于任意 $C\in I(R)$ 以及正实数 k，总有 $A+C\leq B+C$，以及 $kA\leq kB$。

③区间数的运算规则

设 $A=[a^-,\ a^+]$ 和 $B=[b^-,\ b^+]$ 是实数空间中的任意两个非负有界闭区间数，则区间数的运算规则如下：

区间数的加法：

$$A+B=[a^-+b^-,\ a^++b^+] \tag{9-1}$$

区间数的减法：

$$A-B=[a^--b^-,\ a^+-b^+] \tag{9-2}$$

区间数的乘法：

$$A\times B=[a^-\times b^-,\ a^+\times b^+] \tag{9-3}$$

区间数的除法：

$$A/B=[a^-/b^+,\ a^+/b^-],\quad 0\notin B \tag{9-4}$$

区间数的幂运算为：

$$\lambda A=\begin{cases}[\lambda a^-,\ \lambda a^+] & 若\ \lambda>0\\ [\lambda a^+,\ \lambda a^-] & 若\ \lambda<0\\ [0,\ 0] & 若\ \lambda=0\end{cases} \tag{9-5}$$

区间数的 Hausdorff 距离为：

$$d_H=\max\{|a^- - b^-|,\ |a^+ - b^+|\} \tag{9-6}$$

此外，当 $A=B$ 时，仅当 $a^-=b^-$ 且 $a^+=b^+$ 成立。

④区间数的位置关系

设定两个区间数 $A=[a^-,\ a^+]$ 和 $B=[b^-,\ b^+]$，这两个区间数在数轴上的相对位置由它们的上限和下限的大小决定。区间关系主要有包含、相离和相交三种情况。

设 $A=[a^-,\ a^+]$ 和 $B=[b^-,\ b^+]$，若 $a^+<b^-$ 或 $b^+<a^-$，则称两个区间数相离；若 $a^-<b^-<a^+$ 或 $b^-<a^-<b^+$，则称两个区间数相交。特别地，当 $a^-=b^-$ 或 $a^+=b^+$ 时，称两个区间数相接；当 $a^-\leqslant b^-\leqslant a^+\leqslant b^+$ 时，称区间数 B 包含 A，记为 $B\supseteq A$。

⑤区间数的度量关系

对于任意两个区间数 $A=[a^-,\ a^+]$ 和 $B=[b^-,\ b^+]$，定义 $d(A,\ B)$ 为两区间数的距离：

$$d(A,\ B)=[\min(|a^- - b^-|,\ |a^+ - b^+|),\ \max(|a^- - b^-|,\ |a^+ - b^+|)] \tag{9-7}$$

两个区间数的相似程度可以用上述距离定义来表示。

注：

$d(A,\ B)$ 越小，表示区间数 A 和 B 越相似；反之，$d(A,\ B)$ 越大，表示区间数 A 和 B 相差越大。特别地，当 $d(A,\ B)=0$ 时，区间数 A 和 B 完全重合。

若区间数 A 和 B 的距离为零，则两个区间数完全一致。

假设区间数 $A=[a^-,\ a^+]$，是服从均匀分布的随机变量，则根据概率密度函数可知：

$$\begin{aligned}E(A)&=\frac{1}{2}(a^- + a^+),\\ D(A)&=\frac{1}{12}(a^+ - a^-)^2,\end{aligned} \tag{9-8}$$

当满足下列其中一种情况时：a. $E(B) \geqslant E(A)$ ，b. $E(A) = E(B)$ 且 $D(A) \leqslant D(B)$ ，则称区间数 A 优于 B 。把这种排序法称为期望—方差法。

（2）语言术语集

①语言术语集的定义

语言术语集 $S = \{s_i | i = 0, 1, \cdots, l, l \in \mathbb{N}^*\}$ 是一个有序离散集合，s_i 表示所给出的可能的语言变量值，其中 $l \in N$，N 是正整数的集合。同时，S 满足下列条件：① 若 $i > j$ ，则 $s_i > s_j$（即 s_i 优于 s_j ）；② 存在负算子 $\mathrm{neg}(s_i) = s_j$ ，使得 $j = l - i$ 。

设 $s_i \in S$ 是语言术语 S 中的一个语言 $s_i \oplus s_j = s_{i+j-\frac{ij}{l}}$ 术语，$\theta_i \to [0, 1]$ ，语言尺度函数 $H(s_i)$ 是从 s_i 到 θ_i 的一个映射，定义为

$$H: s_i \to \theta_i, (i = -\tau, -\tau+1, -\tau+2, \cdots, \tau) \tag{9-9}$$

其中，$0 \leqslant \theta_{-\tau} \leqslant \theta_{-\tau+1} \leqslant \cdots \leqslant \theta_0 \leqslant \theta_1 \leqslant 1$，$\theta_i$ 反映了决策者的偏好，所以事实上 $H(s_i)$ 是对语言术语 s_i 语义的一种解释说明，语言尺度函数是随语言术语集中语言术语下标增长严格增长的函数。

通常在集成决策信息的过程中，用具体的语言信息来进行描述，同时利用刻度函数将语言信息转化为实数，可以减少语言信息的损失。则语言信息集合表示为 $s = (s_0 =$ 非常差，$s_1 =$ 很差，$s_2 =$ 较差，$s_3 =$ 差，$s_4 =$ 中，$s_5 =$ 好，$s_6 =$ 较好，$s_7 =$ 很好，$s_8 =$ 非常好)

②运算法则

假设 s_i 和 s_j 是两个语言术语集，将它们之间的运算法则定义为

加法：

$$s_i \oplus s_j = s_{i+j-\frac{ij}{l}} \tag{9-10}$$

数乘：

$$\lambda s_i = s_{l-l\cdot\left(1-\frac{i}{l}\right)^{\lambda}}, \ \lambda > 0 \tag{9-11}$$

乘法：

$$s_i \otimes s_j = s_{\frac{ij}{l}} \tag{9-12}$$

幂运算：

$$(s_i)^{\lambda} = s_{l\cdot\left(\frac{i}{l}\right)^{\lambda}}, \ \lambda > 0 \tag{9-13}$$

（3）区间语言术语集

①区间值语言术语集的定义

设 X 是一个论域，$S = \{s_i \mid t = -\tau, \cdots, -1, 0, 1, \cdots, \tau\}$ 是一个语言术语集，则连续区间值语言术语集可以定义为

$$\widetilde{H}_s = \{ < x_i, \tilde{h}_s(x_i) | x_i \in X > \} \tag{9-14}$$

其中，$\widetilde{h_s}(x_i)$ 是定义在语言术语集 S 上的一个以连续区间值形式表示的子集，其数学形式可以表示为 $\widetilde{h_s}(x_i) = [s_L, s_R]$，$L_i$，$R_i \in [-\tau, \tau]$ 且 $L_i \leqslant R_i$。$\widetilde{h_s}(x_i)$ 称作连续区间值语言元素，S_{Li} 和 S_{Ri} 分别是 $\widetilde{h_s}(x_i)$ 的上界和下界。

连续区间值语言术语集和不确定语言变量的主要区别在于连续区间值语言术语 $\widetilde{h_s}(x_i)$ 中的下标 L_i 和 R_i 可以是实数，而不确定语言变量中的下标只能是整数。不确定语言变量与连续区间值语言术语集是特殊与一般的关系。

②连续区间值语言元的运算法则

交集：$\widetilde{h_s^1} \cap \widetilde{h_s^2} = [\max\{s_L, s_{L2}\}, \min\{s_R, s_{R2}\}]$，如果 $\max\{s_L, s_{L2}\} > \min\{s_R, s_{R2}\}$，则 $\widetilde{h_s^1} \cap \widetilde{h_s^2} = \varnothing$；

并集：$\widetilde{h_s^1} \cup \widetilde{h_s^2} = [\min\{s_L, s_{L2}\}, \max\{s_R, s_{R2}\}]$；

补集：$\widetilde{h_s^c} = [s_{-\tau}, s_L] \cup [s_R, s_\tau]$；

加法：$\widetilde{h_s^1} \oplus \widetilde{h_s^2} = [s_{L1}, s_{R1}] \oplus [s_{L_2}, s_{R_2}] = [f^{-1}(f(s_{L_1}) + f(s_{L_2})), f^{-1}(f(s_{R_1}) + f(s_{R_2}))]$；

数乘：$\lambda \widetilde{h_s} = \lambda [s_L, s_R] = [f^{-1}(\lambda f(s_L)), f^{-1}(\lambda f(s_R))]$，其中 $\lambda \in [0, 1]$；

幂运算：$(\widetilde{h_s})^\lambda = [f^{-1}((f(s_L))^\lambda), f^{-1}((f(s_R))^\lambda)]$，其中 $\lambda \in [0, 1]$。

③比较连续区间值语言元素

为了比较连续区间值语言元素，连续区间值语言元素 $\widetilde{h_s} = [s_L, s_R]$ 的得分函数和精确函数，即：

$$\begin{aligned} E(\widetilde{h_s}) &= \frac{1}{2}(f(s_L) + f(s_R)), \\ D(\widetilde{h_s}) &= \sqrt{(f(s_L) - E(\widetilde{h_s}))^2 + (f(s_R) - E(\widetilde{h_s}))^2}, \end{aligned} \tag{9-15}$$

对于任意的两个连续区间值语言元素 $\widetilde{h_s^1} = [s_{L_1}, s_{R_1}]$ 和 $\widetilde{h_s^2}$

$= [s_{L_2}, s_{R_2}]$ ，

若 $E(\widetilde{h_s^1}) > E(\widetilde{h_s^2})$ ，则 $\widetilde{h_s^1} > \widetilde{h_s^2}$ ；

若 $E(\widetilde{h_s^1}) < E(\widetilde{h_s^2})$ ，则 $\widetilde{h_s^1} < \widetilde{h_s^2}$ ；

若 $E(\widetilde{h_s^1}) = E(\widetilde{h_s^2})$ ，则需要通过精确函数进一步确定二者的关系。如果 $D(\widetilde{h_s^1}) < D(\widetilde{h_s^2})$ ，则 $\widetilde{h_s^1} > \widetilde{h_s^2}$ ；如果 $D(\widetilde{h_s^1}) > D(\widetilde{h_s^2})$ ，则 $\widetilde{h_s^1} < \widetilde{h_s^2}$ ；如果 $D(\widetilde{h_s^1}) = D(\widetilde{h_s^2})$ ，则 $\widetilde{h_s^1} \sim \widetilde{h_s^2}$ 。

设 X 是一个论域，$S = \{s_t \mid t = -\tau, \cdots, -1, 0, 1, \cdots, \tau\}$ 是一个语言术语集，$\widetilde{h_s}(x_i) = [s_{Li}, s_{Ri}]\ (i = 1, 2, \cdots, m)$ 为一系列定义在语言术语集 S 上的连续区间值语言元素，$\omega_i (i = 1, 2, \cdots, m)$ 为对应的权重信息，且满足 $\omega_i \in [0, 1]\ (i = 1, 2, \cdots, m)$ ，$\sum_{i=1}^{m} \omega_i = 1$，则连续区间值语言加权平均（continuous interval-valued linguistic weighted averaging，简称 CIVLWA）算子可表示为：

$$\text{CIVLWA}(\widetilde{h_s}(x_1), \widetilde{h_s}(x_2), \cdots, \widetilde{h_s}(x_m)) = \left[\sum_{i=1}^{m} \omega_i s_{L_i}, \sum_{i=1}^{m} \omega_i s_{R_i}\right] \tag{9-16}$$

（4）概率语言术语集

在实际决策问题中，专家可以使用如“差”“中”“好”等语言术语来表达意见。而由于真实问题的复杂性和不确定性，专家可能会在几个可能的语言术语之间犹豫不决，很难通过一个语言术语来表达偏好。考虑到这一问题，Rodriguez 提出了犹豫模糊语言术语集（HFLTSs），允许专家使用多个语言术语来表示一条评价信息。然而，犹豫模糊语言术语集无法表示专家评价信息中语言术语可能会具有的不同的重要程度。针对这一问题，Pang 等提出概率语言术语集（PLTSs）的概念，使 PLTSs 由所有可能的语言术语及对应的概率组成，并规定其基本的运算规则，具有较强的现实应用性。

①概率语言术语集定义

给定一个离散的语言术语集 $S = \{s_0, s_1, \cdots, s_\tau\}$ ，则一个概率语言术语集可以表示为：

$$L(p)=\{L^{(n)}(p^{(n)})\mid L^{(n)}\in S,\ p^{(n)}\geqslant 0,\ n=1,2,\cdots,\#L(p),\ \sum_{n=1}^{\#L(p)}p^{(n)}\leqslant 1\}\tag{9-17}$$

式中，$L^{(n)}$ 表示对应第 n 个术语，$p^{(n)}$ 表示对应第 n 个术语的概率，$\#L(p)$ 表示在概率语言术语集中的术语个数。$L(p)$ 中所有元素基于概率大小进行排序。当 $\sum_{n=1}^{\#L(p)}p^{(n)}<1$ 时，表示评价信息不完整，在后续计算之前需要先将信息进行归一化处理。当 $\sum_{n=1}^{\#L(p)}p^{(n)}=1$ 时，表示评价信息是完整的。

②概率语言术语集比较

概率语言术语集更能反映专家的犹豫程度、语言变量和各个语言变量的相对重要程度。对两个语言术语集的比较，可以通过以下步骤实现：

第一步，计算期望得分：

$$E(L(p))=s_{\alpha}\tag{9-18}$$

式中，$\alpha=\sum_{n=1}^{\#L(p)}r^{(n)}p^{(n)}/\sum_{n=1}^{\#L(p)}p^{(n)}$，$r^{(n)}$ 表示语言术语 $L(p)$ 的下标。

第二步，计算偏离度：

$$\sigma(L(p))=(\sum_{n=1}^{\#L(p)}(p^{(n)}(r^{(n)}-\alpha))^2)^{1/2}/\sum_{n=1}^{\#L(p)}p^{(n)}L_2(p)\tag{9-19}$$

第三步，比较概率语言术语集：

对于两个 PLTS$L_1(p)$ 和 $L_2(p)$，当 $E[L_1(p)]>E(L_2(p))$ 时，意味着 $L_1(p)$ 优于 $L_2(p)$，使用 $L_1(p)>L_2(p)$ 来表示，此时无需使用偏离度进行比较；但当 $E(L_1(p))=E(L_2(p))$ 时，进一步通过偏离度比较二者的大小关系。若 $\sigma_1(L(p))>\sigma_2(L(p))$，意味着 $L_2(p)$ 优于 $L_1(p)$，使用 $L_2(p)>L_1(p)$ 来表示。

③概率语言术语集运算

对于给定的两个概率语言术语集 $L_1(p)$ 和 $L_2(p)$，若满足 $\sum_{n=1}^{\#L_1(p)}p_1{}^{(n)}=1$，$\sum_{n=1}^{\#L_2(p)}p_2{}^{(n)}=1$，且均满足基于概率大小降序排列，则可以进行如下的基本运算操作：

加法：$L_1(p)\oplus L_2(p)=\cup_{L_1^{(n)}\in L_1(p),\ L_2^{(n)}\in L_2(p)}\{p_1^{(n)}L_1^{(n)}\oplus p_2^{(n)}L_2^{(n)}\}$

乘法：$L_1(p)\otimes L_2(p)=\cup_{L_1^{(n)}\in L_1(p),\ L_2^{(n)}\in L_2(p)}\{(L_1^{(n)})^{p_1^{(n)}}\otimes(L_2^{(n)})^{p_2^{(n)}}\}$

数乘：$\lambda L(p)=\cup_{L^{(n)}\in L(p)}\lambda p^{(n)}L^{(n)}$，$\lambda\geqslant 0$

幂运算：$(L(p))^{\lambda}=\cup_{L^{(n)}\in L(p)}\{(L^{(n)})^{\lambda p^{(n)}}\}$

其中，$L_1^{(n)}$ 和 $L_2^{(n)}$ 是 $L_1(p)$ 和 $L_2(p)$ 中第 n 个语言术语，$p_1^{(n)}$ 和 $p_2^{(n)}$ 是对应语言术语的概率值。

④概率语言术语集聚合

通过聚合概率语言，我们可以得出综合评价，更准确地评估不同方案的优劣，帮助决策者做出明智的选择。

对于给定的 m 个概率语言术语集，可通过下述方式进行聚合：

$$\begin{aligned}&\mathrm{PLA}\ (L_1\ (p),\ L_2\ (p),\ \cdots,\ L_m\ (p)\ )\\&=\frac{1}{m}\ (L_1\ (p)\ \oplus L_2\ (p)\ \oplus\cdots\oplus L_m\ (p)\ )\\&=\frac{1}{m}\ (\cup_{L_1^{(n)}\in L_1(p),L_2^{(n)}\in L_2(p),\cdots,L_m^{(n)}\in L_m(p)}\ \{p_1^{(n)}L_1^{(n)}\oplus p_2^{(n)}L_2^{(n)}\oplus\cdots\oplus p_m^{(n)}L_m^{(n)}\}\end{aligned}\tag{9-20}$$

式中，PLA 被称为概率语言平均操作。

对于给定的 m 个概率语言术语集，当它们具有不同的权重时，使用下述方法进行聚合。

$$\begin{aligned}&\mathrm{PLWA}(L_1(p),\ L_2(p),\ \cdots,\ L_m(p))=\ \omega_1L_1(p)\oplus\omega_2L_2(p)\oplus\cdots\oplus\omega_mL_m(p)\\&=\ \cup_{L_1^{(n)}\in L_1(p)}\{\omega_1p_1^{(n)}L_1^{(n)}\}\oplus\cup_{L_2^{(n)}\in L_2(p)}\{\omega_2p_2^{(n)}L_2^{(n)}\}\oplus\cdots\oplus\cup_{L_m^{(n)}\in L_m(p)}\{\omega_mp_m^{(n)}L_m^{(n)}\}\end{aligned}\tag{9-21}$$

式中，PLWA 被称为概率语言加权平均操作，$\omega=(\omega_1,\ \omega_2,\ \cdots,\ \omega_m)^T$ 是对应 m 个概率语言术语集的权重，且满足 $\omega_i\geqslant 0$，$i=1,\ 2,\ \cdots,\ m$，$\sum_{i=1}^{m}\omega_i=1$。

概率语言术语集是对犹豫模糊语言术语集的扩展，可以反映决策信息的模糊性和犹豫性，在多属性决策中可以更全面地表达决策者对某事物的偏好，并量化对不同属性的评价。概率语言术语集有助于决策者做出更加合理和可靠的决策。

概率语言术语集能够有效避免原始语言评价信息的损失，使定性评价信息更好地反映出群体决策的不确定性特征，但也存在术语定义不统一、计算复杂度高、理解难度大等问题，需要进一步完善和标准化，以提高其适用性和可操作性。

9.1.1.3 灰色系统理论

解决项目环境中不确定性的另一种方法是使用灰色系统理论。灰色系统理论以部分信息已知，部分信息未知的小样本、贫信息不确定性系统为研究对象，主要通过对部分已知信息的生成、开发，提取有价值的信息，是一种研究不完全信息的有效方法。许多研究基于灰色系统理论研究不确定条件下的投资组合选择问题。例如，Bhattacharyya 开发了一种用于研发项目组合的灰色方法。Balderas、Fernandez、Gomez 和 Cruz-Reyes 提出了一种 TOPSIS—灰色方法来处理项目组合问题。Balderas 等人应用灰色数学方法来解决项目组合优化问题。Zhao、Wu 和 Wen 采用灰色熵方法来进行绿色建筑项目的评估。

9.1.1.4 粗糙集理论

粗糙集理论由波兰科学家帕夫拉克于 1982 年提出，是一种解决不完备性和不确定性的数学方法，可以有效分析各种存在不精确、不一致、不完整等问题的不完备信息，从而揭示基本规律。该理论与其他处理不确定和不精确问题的理论的最大区别在于，它不需要提供问题所要处理的数据集之外的任何先验信息，因此它对问题的不确定性的描述或处理可以说是比较客观的。由于该理论不包含处理不精确或不确定原始数据的机制，因此该理论与概率论、模糊数学和证明理论等其他处理不确定性的理论具有很强的互补性。

9.1.1.5 各种不确定性方法的耦合

除了发展的纵向深化外，多学科交叉和融合也是当今科学发展的重要特征，由此产生了许多交叉学科和边缘学科。不确定性条件下项目投资方法的耦合也是科学发展的必然。虽然不同的方法被应用于不确定条件下的项目投资方法选择，但鉴于问题的复杂多变，没有一种方法能完美地适用于所有问题。因此，不少学者将各种不确定性方法进行耦合来解决此类问题。主要耦合方法有随机模糊耦合、随机灰色耦合、模糊灰色耦合、随机灰色与模糊耦合和模糊粗糙集等。

9.1.2 不确定环境下的多属性评价方法

9.1.2.1 区间 TOPSIS

区间 TOPSIS 是一种用于多属性决策的数学方法。它的主要方法是通过计算各个决策方案与理想解和负理想解之间的距离，来对方案进行排序和选择。与经典 TOPSIS 方法不同，区间 TOPSIS 在处理不确定性和模糊性数据时具有更高的灵活性和准确性。它将决策数据表示为区间数，能够更好地反映现实中的不确定性和变动情况。区间 TOPSIS 被广泛应用于工程、管理和经济等领域，帮助决策者在复杂的多属性决策环境中做出合理的选择。其计算步骤与经典 TOPSIS 方法相似，主要包括以下几个步骤：

第一步，建立区间数标准化决策矩阵。将每个区间数 $[x_{ij}^L, x_{ij}^U]$ 标准化，得到标准化区间数 $[n_{ij}^L, n_{ij}^U]$ 。标准化公式如下：

$$n_{ij}^L = \frac{x_{ij}^L}{\sqrt{\sum_{i=1}^m [(x_{ij}^L)^2 + (x_{ij}^U)^2]}}, \quad n_{ij}^U = \frac{x_{ij}^U}{\sqrt{\sum_{i=1}^m [(x_{ij}^L)^2 + (x_{ij}^U)^2]}} \tag{9-22}$$

第二步，计算区间数加权标准化决策矩阵。将标准化后的区间数乘以相应的权重 (ω_j) ，得到加权标准化区间数 $[v_{ij}^L, v_{ij}^U]$ 。计算公式如下：

$$v_{ij}^L = \omega_j n_{ij}^L, \quad v_{ij}^U = \omega_j n_{ij}^U \tag{9-23}$$

第三步，确定区间形式的理想解和负理想解。根据最大化和最小化原则，确定理想解 (A^+) 和负理想解 (A^-) 。理想解和负理想解的计算公式如下：

$$\begin{aligned} A^+ &= \{v_1^+, v_2^+, \cdots, v_n^+\}, j = 1, \cdots, n \\ A^- &= \{v_1^-, v_2^-, \cdots, v_n^-\}, j = 1, \cdots, n \end{aligned} \tag{9-24}$$

其中，$(v_j^+ = (\max_i v_{ij}^U, \max_i v_{ij}^L))$ 为效益型指标，$(v_j^- = (\min_i v_{ij}^L, \min_i v_{ij}^U))$ 为成本型指标。

第四步，使用欧氏距离公式计算每个方案与理想解和负理想解之间的距离。距离计算公式如下：

$$d_i^+ = \sqrt{\sum_{j\in I} [(v_{ij}^L - v_j^+)^2 + (v_{ij}^U - v_j^+)] + \sum_{j\in J} [(v_j^+ - v_{ij}^L)^2 + (v_j^+ - v_{ij}^U)]} \tag{9-25}$$

$$d_i^- = \sqrt{\sum_{j\in I} [(v_{ij}^L - v_j^-)^2 + (v_{ij}^U - v_j^-)] + \sum_{j\in J} [(v_j^- - v_{ij}^L)^2 + (v_j^- - v_{ij}^U)]} \tag{9-26}$$

第五步，根据各方案与理想解和负理想解的距离，计算相对贴近度 R_i 。计算公式如下：

$$R_i = \frac{d_i^-}{d_i^+ + d_i^-} \tag{9-27}$$

最后，根据相对贴近度进行排序，贴近度越大，方案越优，反之则越劣。

9.1.2.2 概率语言 TOPSIS

概率语言术语集可以用来表达决策属性的模糊性和不确定性，而用 TOPSIS 方法则可以综合考虑这些不确定因素，做出更加合理的决策。使用概率语言术语集的 TOPSIS 方法可以充分发挥两种方法的优势，更好地处理决策中的不确定性，提高决策的合理性和可靠性。

基于概率语言信息的扩展 TOPSIS 方法步骤如下：

第一步，定义标准化概率语言决策矩阵。

给定标准化概率语言决策矩阵 $R=[L_{ij}(p)]_{m\times n}$，其中 m 是备选方案的数量，n 是属性的数量。每个元素 $L_{ij}(p)$ 表示第 i 个方案在第 j 个属性下的概率语言评价，其形式为

$$L_{ij}(p)=\{L_{ij}^{k}(p_{ij}^{k})\mid k=1,\ 2,\ \cdots,\ \#L_{ij}(p)\} \tag{9-28}$$

第二步，确定理想解和负理想解。

设 $L(p)^{+}=(L_{1}(p)^{+},\ L_{2}(p)^{+},\ \cdots,\ L_{n}(p)^{+})$ 为正理想解，其中，$L_{j}(p)^{+}=\{(L_{j}^{k})^{+}\mid k=1,\ 2,\ \cdots,\ \#L_{ij}(p)\}=\{(L_{j}^{1})^{+},\ (L_{j}^{2})^{+},\ \cdots,\ (L_{j}^{\#b_{ij}})^{+}\}$，并且 $(L_{j}^{k})^{+}=s$。设 $L(p)^{-}=(L_{1}(p)^{-},\ L_{2}(p)^{-},\ \cdots,\ L_{n}(p)^{-})$ 为负理想解，其中，$L_{j}(p)^{-}=\{(L_{j}^{k})^{-}\mid k=1,\ 2,\ \cdots,\ \#L_{ij}(p)\}=\{(L_{j}^{1})^{-},\ (L_{j}^{2})^{-},\ \cdots,\ (L_{j}^{\#b_{ij}})^{-}\}$，并且 $(L_{j}^{k})^{-}=s$。

第三步，计算各方案与正理想解和负理想解的距离。

在基于概率语言信息的扩展 TOPSIS 方法中，可以使用偏离度计算各方案到理想解之间的距离。其中，对每个备选方案与正理想解之间的偏离度计算如下：

$$d[x_{i},\ L(p)^{+}]=\sum_{j=1}^{n}\omega_{j}\sqrt{\frac{1}{\#L_{ij}(p)}\sum_{k=1}^{\#L_{ij}(p)}\{p_{ij}^{(k)}r_{ij}^{(k)}-[p_{j}^{(k)}r_{j}^{(k)}]^{+}\}^{2}} \tag{9-29}$$

显然，到正理想解距离越近，该方案越好。使用下述公式计算最小偏离度：

$$d_{\min}[x_{i},\ L(p)^{+}]=\min d[x_{i},\ L(p)^{+}] \quad 1\leqslant i\leqslant m \tag{9-30}$$

类似地，对每个备选方案与负理想解之间的偏离度计算如下：

$$d[x_i, L(p)^-] = \sum_{j=1}^{n} \omega_j \sqrt{\frac{1}{\#L_{ij}(p)} \sum_{k=1}^{\#L_{ij}(p)} [p_{ij}^{(k)} r_{ij}^{(k)} - (p_j^{(k)} r_j^{(k)})^-]^2} \tag{9-31}$$

其中，$w=(w_1, w_2, \cdots, w_n)^T$ 是权重向量。

对最大偏离度计算如下：

$$d_{\max}[x_i, L(p)^-] = \max d[x_i, L(p)^-] \quad 1 \leqslant i \leqslant m \tag{9-32}$$

第四步，计算各方案贴近度系数 $\mathrm{CI}(x_i)$ 。

相对贴近度可以表示各方案的优劣。相对贴近度 $\mathrm{CI}(x_i)$ 的定义为

$$\mathrm{CI}(x_i) = \frac{d[x_i, L(p)^-]}{d_{\max}[x_i, L(p)^-]} - \frac{d[x_i, L(p)^+]}{d_{\min}[x_i, L(p)^+]} \tag{9-33}$$

贴近度系数 $\mathrm{CI}(x_i)$ 在 0 和 1 之间。贴近度系数 $\mathrm{CI}(x_i)$ 越大，方案 x_i 越好。

第五步，选择最佳方案。

根据贴近度系数对所有方案进行排序，选择贴近度系数最大的方案作为最佳方案。

基于概率语言信息的扩展 TOPSIS 方法能够有效处理不确定和模糊信息，提供更灵活和准确的决策支持。通过引入概率语言术语，该方法能够更精细地表达和处理决策者的偏好信息。同时，基于概率语言信息的扩展 TOPSIS 方法保留了传统 TOPSIS 方法易于理解和实施、计算简单、综合考虑多属性和权重等优势，为多属性群体决策提供强有力的支持。

9.1.2.3 *区间层次分析法*

区间数可以用来表达模糊判断，下面将讨论基于区间数判断矩阵的层次分析法（AHP），这种方法能够更好地处理决策过程中存在的不确定性和模糊性，提高决策结果的科学性和可靠性。

（1）区间数特征向量法

区间数特征向量法是一种用于处理区间数判断矩阵的决策分析方法。该方法通过计算区间数判断矩阵的特征向量来确定各决策要素的权重，更好地处理决策过程中存在的不确定性和模糊性。其具体过程如下：

第一步，构造区间数判断矩阵 $A=(a_{ij})_{n\times n}$ 。矩阵中的每个元素 a_{ij} 是一个区间数，表示第 i 个要素相对于第 j 个要素的重要性。在一致的情况下，应该有 $a_{ij}=w_i/w_j$ ，其中 $w=(w_1, w_2, \cdots, w_n)^T$ 是权向量，且 w 为属于 λ

$=\mathrm{tr}(A)$ 的一个特征向量。

第二步，求解权重向量。根据定义，区间数判断矩阵 A 可以分为上下界矩阵 A^L 和 A^U，分别表示区间数的下界和上界。假定 $w=[\alpha A^L,\beta A^U]=(w_1,w_2,\cdots,w_n)^T$，其中 α 和 β 为常数，满足以下条件：

$$\alpha/\beta=\sum_{j=1}^{n}\frac{1}{\sum_{i=1}^{n}a_{ij}^{U}}\bigg/\sum_{j=1}^{n}\frac{1}{\sum_{i=1}^{n}a_{ij}^{L}}$$

计算 α 和 β 的具体公式如下：

$$\alpha=\left(\sum_{j=1}^{n}\frac{1}{\sum_{i=1}^{n}a_{ij}^{U}}\right)^{1/2} \tag{9-34}$$

$$\beta=\left(\sum_{j=1}^{n}\frac{1}{\sum_{i=1}^{n}a_{ij}^{L}}\right)^{1/2} \tag{9-35}$$

最后，求解特征向量。对于给定的区间数，判断矩阵 $A=[A^L,A^U]$，利用特征向量法分别求 A^L、A^U 的最大特征值所对应的归一化特征向量 x^L、x^U；由 $A^L=(a_{ij}^L)_{n\times n}$、$A^U=(a_{ij}^U)_{n\times n}$，按公式计算 α 和 β；权重向量 $w=[\alpha x^L,\beta x^U]$。

（2）计算层次的组合区间数排序

在区间数特征向量法中，计算层次的组合区间数及排序是为了在不同层次之间综合各因素的权重并进行整体排序以达到决策的目的。假定在递阶层次中，区间数不仅用于最低层方案相对于中间层子准则重要性的两两比较判断，也用于子准则相对于最高层准则重要性的两两比较判断。此时判断的不确定性在整个递阶层次中表现出来。

设某层次 (L_k) $2\leqslant k\leqslant m$，m 为总层次数 的全部元素，$L_k=\{e_1^k,e_2^k,\cdots,e_{n_k}^k\}$，$(L_k)$ 层各元素对于上一层 $(L_{k-1}=\{e_1^{k-1},e_2^{k-1},\cdots,e_{n_{k-1}}^{k-1}\})$ 中各单个准则 $e_l^{k-1}(l=1,2,\cdots,n_{k-1})$ 的区间数排序权数为 $w_{il}(i=1,2,\cdots,n_k)$。如果 $(e_1^{k-1},e_2^{k-1},\cdots,e_{n_{k-1}}^{k-1})$ 关于最高层的总权重组合已完成，得到的区间数组合权数分别为 $(g_1^{k-1},g_2^{k-1},\cdots,g_{n_{k-1}}^{k-1})$，则 L_k 层上元素的总组合权重可由下式给出：

$$g_i^k=\sum_{j=1}^{n_{k-1}}g_j^{k-1}w_{ij},\quad i=1,2,\cdots,n_k \tag{9-36}$$

一旦获得了最低层各元素关于最高层准则的总组合权重 $(g_1^m,g_2^m,\cdots,g_{n_m}^m)$，并将其简记为 $(g_1,g_2,\cdots,g_{nm})$，剩下的工作就是对区间数的排序问题了。

区间数是特殊的梯形模糊数，因此利用概率分布平均分布情形下对梯形模糊数的排序指数计算方法，则区间数 $g_i = \{g_i^L, g_i^U\}$ 的排序指数为

$$m_u(g_i) = (g_i^L + g_i^U)/2, \quad i = 1, 2, \cdots, n_m \tag{9-37}$$

$$\sigma_u(g_i) = (g_i^U - g_i^L)/2\sqrt{3}, \quad i = 1, 2, \cdots, n_m \tag{9-38}$$

通过上述方法，能够有效地综合不同层次的区间数权重，并对最终的决策方案进行排序，从而达到科学合理的决策结果。

9.2　不确定多属性决策策略

9.2.1　项目背景

页岩气开发是近年来能源领域的一个重要方向。页岩气是一种存在于页岩地层中的天然气资源，具有储量丰富、分布广泛等特点。随着水力压裂和水平钻井等技术的进步，页岩气开发已经成为许多国家解决能源问题的重要手段。页岩气不仅能够缓解能源紧张，还能够减少对传统化石燃料的依赖，降低环境污染。然而，页岩气开发也面临着环境影响、经济效益和技术可行性等多方面的挑战。因此，综合评估不同页岩气开发方案的优劣、选择最优方案对于实现可持续发展具有重要意义。

9.2.2　指标解释

在页岩气开发项目中，环境影响、经济效益和技术可行性是评估不同方案的重要指标。

（1）环境影响 (C_1)

环境影响包括水资源消耗、废水排放、空气污染、地表扰动等。页岩气开发需要大量的水资源进行水力压裂，这可能对当地水资源造成负面影响。若废水处理不当，还可能污染地下水和地表水。此外，页岩气开采过程中的设备运行和运输活动会产生噪声污染和空气污染，对周围环境和居民生活造成负面影响。

（2）经济效益 (C_2)

经济效益主要有开发成本、收益、投资回报率等经济指标。页岩气开发的经济效益取决于资源的丰富程度、开采技术的先进性和市场需求。经

济效益高的方案能够在较低的开发成本下获得较高的收益，并且具有较高的投资回报率。该指标反映了各方案在经济上的可行性和竞争力。

（3）技术可行性（C_3）

技术可行性用于评估各方案在技术上的可操作性和可靠性，其指标包括开采技术的成熟度、设备的先进性、技术人员的专业水平等。技术可行性高的方案不仅能够确保项目顺利进行，还能有效降低开发过程中的风险和不确定性。技术可行性指标衡量各方案在技术上实现的难易程度和稳定性。

9.2.3 分析过程

本书应用区间 TOPSIS 方法对页岩气开发项目的三种方案进行综合评价和决策。假设有三个页岩气开发方案 A_1、A_2、A_3，需要从环境影响、经济效益、技术可行性等多个指标 C_1、C_2、C_3 进行综合评估。每个指标权重分别为 w_1、w_2、w_3，且 $w_1 + w_2 + w_3 = 1$。通过专家评估得到各方案在不同指标下的区间数值，构建区间数决策矩阵。

假设页岩气开发项目的区间数决策矩阵如下：

	C_1	C_2	C_3
A_1	[2, 4]	[3, 5]	[4, 6]
A_2	[1, 3]	[4, 6]	[2, 4]
A_3	[3, 5]	[2, 4]	[3, 5]

权重向量为 $\omega = [0.3, 0.5, 0.2]$。

第一步，建立区间数标准化决策矩阵。

需要对区间数决策矩阵进行标准化处理。标准化处理的目的是消除各指标之间的量纲差异，使不同指标的数值具有可比性。

通过计算，得到标准化后的决策矩阵如下：

	C_1	C_2	C_3
A_1	[0.250, 0.500]	[0.291, 0.486]	[0.389, 0.583]
A_2	[0.125, 0.375]	[0.389, 0.583]	[0.194, 0.389]
A_3	[0.375, 0.625]	[0.194, 0.389]	[0.291, 0.486]

第二步，计算区间数加权标准化决策矩阵。

将标准化后的决策矩阵乘以相应的权重，得到加权标准化决策矩阵如下：

	C_1	C_2	C_3
A_1	[0.075, 0.150]	[0.146, 0.243]	[0.078, 0.117]
A_2	[0.038, 0.113]	[0.194, 0.291]	[0.039, 0.078]
A_3	[0.113, 0.188]	[0.097, 0.194]	[0.058, 0.097]

第三步，确定区间形式的理想解和负理想解。

根据加权标准化决策矩阵，确定各指标的理想解和负理想解。理想解表示每个指标的最优值，负理想解表示每个指标的最差值。理想解和负理想解如下：

理想解：$v^+ = [0.188, 0.291, 0.117]$

负理想解：$v^- = [0.038, 0.097, 0.039]$

第四步，计算各方案到理想解和负理想解的距离。

$d^+ = [0.061, 0.084, 0.099]$

$d^- = [0.073, 0.097, 0.077]$

第五步，计算各方案的相对贴近度。

$R = [0.542, 0.535, 0.439]$

第六步，根据相对贴近度值的大小对各方案进行排序，值越大表示方案越优。最终的排序结果如下：

[1, 2, 3]

这表示第一个方案 A_1 是最优方案，第二个方案 A_2 次之，第三个方案 A_3 排名最末。

根据区间 TOPSIS 方法的分析结果，第一个方案 A_1 具有最高的相对贴近度，因此被评为最优方案。具体而言：

（1）环境影响：方案 A_1 在环境影响方面表现较优。标准化后的数值显示，方案 A_1 对环境的负面影响相对较小，特别是在水资源消耗和废水处理方面具有较好的管理措施。对比其他方案，A_1 采用了更为环保的技术，减少了对生态系统的破坏。

（2）经济效益：在经济效益方面，方案 A_1 的投资回报率较高，开发成本相对较低，能够在市场竞争中获得更大的利润。标准化后的数值和加权标准化决策矩阵的结果表明，A_1 具有较好的经济收益，适合在当前市场环境下实施。

（3）技术可行性：方案 A_1 的技术可行性高，采用了成熟的开采技术和先进的设备，确保了项目的顺利进行。技术人员的专业水平和项目管理能力也为方案 A_1 的成功实施提供了有力保障。技术可行性指标显示，A_1 在技术操作性和可靠性方面表现突出。

参考文献

［1］常娟，杜迎雪，刘卫锋．基于累积前景理论和 VIKOR 的毕达哥拉斯犹豫模糊风险型多属性决策方法［J］．运筹与管理，2022，31（3）：50-56.

［2］陈国栋．基于蒙特卡罗模拟的投资项目风险敏感性分析［J］．财会月刊（上·财富），2012：59-61.

［3］陈楷宜．基于全生命周期管理的工程项目管理研究［J］．建材与装饰．2018（11）：152-153.

［4］陈强，杨晓华．基于熵权的 TOPSIS 法及其在水环境质量综合评价中的应用［J］．环境工程，2007（4）：75-77，5.

［5］陈雪，徐剑良，黎菁，等．威远区块页岩气水平井产量主控因素分析［J］．西南石油大学学报（自然科学版），2020，42（5）：63-74.

［6］董大忠，王玉满，李登华．全球页岩气发展启示与中国未来发展前景展望［J］．中国工程科学，2012（14）：69-76.

［7］董华，郭瑞桐．大型酒店设计项目的全生命周期管理［J］．项目管理技术，2013，11（11）：46-50.

［8］杜学平，吴江涛，柳梦琳．中国天然气市场重心迁移定量分析［J］．天然气技术与经济，2021（15）：45-51.

［9］傅丛，丁华，陈文敏．我国长江经济带页岩气勘探开发布局与政策探析［J］．煤质技术，2021（12）：14-21.

［10］干卫星，董翠．海外油气勘探项目风险价值评估模型［J］．风险管理，2014（1）：175-177.

［11］高武，洪开荣，潘彬．大型 PPP 项目平稳演化风险非线性回归测度模型及实证分析［J］．科技管理研究，2017（8）：7.

［12］高芸，蒋雪梅，赵国洪，等．2020 年中国天然气发展述评及 2021 年展望［J］．天然气技术与经济，2021（15）：1-11.

[13] 韩晓达. 充电桩项目全生命周期风险管理研究 [D]. 广州：华南理工大学，2020.

[14] 洪燕平. 功效系数法在企业财务预警模型中的应用 [J]. 财会月刊，2010 (5)：12-13.

[15] 侯旭华，彭娟. 基于熵值法和功效系数法的互联网保险公司财务风险预警研究 [J]. 财经理论与实践，2019，40 (5)：40-46.

[16] 黄张萍. 基于工程全生命周期的项目管理过程创新研究 [J]. 经济研究导刊，2019 (9)：186-187.

[17] 霍伟东，陈若愚，李行云. 制度质量、多边金融机构支持与 PPP 项目成效：来自非洲 PPP 项目数据的经验证据 [J]. 经济与管理研究，2018，39 (3)：13.

[18] 贾爱林，何东博，位云生. 未来十五年中国天然气发展趋势预测 [J]. 天然气地球科学，2021 (1)：17-27.

[19] 江丽，刘春艳，王红娟. 国内外页岩气开发环境管理现状及对比 [J]. 天然气工业，2021 (9)：146-155.

[20] 李海东，张少阳. 功效系数法在企业财务风险预警中的应用：以 A 零部件制造企业为例 [J]. 财务与会计，2018 (11)：44-45.

[21] 李凯风，丁宁. 低碳经济视角下基于功效系数法的财务风险预警：以 W 企业为例 [J]. 会计之友，2017 (23)：53-57.

[22] 李霞，干胜道. 基于功效系数法的非营利组织财务风险评价 [J]. 财经问题研究，2016 (4)：88-94.

[23] 李小刚，张博宁，陈更生. 基于生命周期理论的美国页岩气产业发展启示 [J]. 天然气地球科学，2021 (12)：81-89.

[24] 廖仕孟，桑宇，李杰，等. 南方海相典型区块页岩气开发技术与实践 [M]. 北京：石油工业出版社，2018.

[25] 刘飞，龚婷. 基于熵权 Topsis 模型的湖北省高质量发展综合评价 [J]. 统计与决策，2021，37 (11)：85-88.

[26] 刘继斌，曲成毅，王瑞花. 基于属性 AHM 的 Topsis 综合评价及其应用 [J]. 现代预防医学，2006 (10)：1862-1863.

[27] 刘强，陈丽萍. 基于项目全生命周期的风险管理过程研究 [J]. 工程管理学报，2017，31 (6)：124-129.

[28] 刘亚臣，常春光，刘宁，等. 基于层次分析法的城镇化水平模糊

综合评价 [J]. 沈阳建筑大学学报 (自然科学版), 2008 (1): 132-136.

[29] 刘忠宝. 四川盆地自流井组页岩油气地质特征及富集规律 [J]. 世界石油工业, 2024 (3): 35-47.

[30] 罗晓秋, 刘伟东, 王放. 核电小堆发展现状及前景展望 [J]. 东方电气评论, 2021 (35): 85-88.

[31] 吕志鹏, 吴鸣, 宋振浩, 等. 电能质量 CRITIC-TOPSIS 综合评价方法 [J]. 电机与控制学报, 2020, 24 (1): 137-144.

[32] 马新华, 张晓伟, 熊伟, 等. 中国页岩气发展前景及挑战 [J]. 石油科学通报, 2023 (4): 491-501.

[33] 盛积良, 陈兰兮, 温润林. 基于 CVaR 的风险平价投资策略及其应用 [J]. 系统科学与数学, 2024 (8): 2257-2277.

[34] 舒卫萍, 崔远来. 层次分析法在灌区综合评价中的应用 [J]. 中国农村水利水电, 2005 (6): 109-111.

[35] 田慧芳. 全球核能发展的现状与趋势 [J]. 世界知识, 2022 (4): 48-50.

[36] 万莹. 军工企业预研项目全生命周期评价研究 [D]. 南昌: 南昌大学, 2020.

[37] 汪汝根, 李为民, 罗骁, 等. 基于新距离测度的直觉模糊 VIKOR 多属性决策方法 [J]. 系统工程与电子技术, 2019, 41 (11): 2524-2532.

[38] 王坚浩, 王龙, 张亮, 等. 灰色群组聚类和改进 CRITIC 赋权的供应商选择 VIKOR 多属性决策 [J]. 系统工程与电子技术, 2023, 45 (1): 155-164.

[39] 王钦, 文福拴, 刘敏, 等. 基于模糊集理论和层次分析法的电力市场综合评价 [J]. 电力系统自动化, 2009, 33 (7): 32-37.

[40] 王社教, 杨涛, 张国生, 等. 页岩气主要富集因素与一类区选择及评价 [J]. 中国工程科学, 2012 (6): 94-100.

[41] 王学强, 庄宇. 基于蒙特卡罗模拟模型的投资项目风险分析 [J]. 工业工程, 2007, 10 (5): 4.

[42] 文卓, 康永尚, 康刘旭. 页岩气工业建产区选区地质评价指标及其下限标准: 以蜀南地区 X 区块为例 [J]. 天然气地球科学, 2021 (7): 950-960.

[43] 武琛昊, 孙启宏, 段华波. 基于生命周期评价的光伏产业技术进

步与经济成本分析［J］. 环境工程技术学报，2021（12）：1-14.

［44］姚若军，高啸天. 氢能产业链及氢能发电利用技术现状及展望［J］. 南方能源建设，2021（8）：9-14.

［45］张成林，张鉴，李武广，等. 渝西大足区块五峰组—龙马溪组深层页岩储层特征与勘探前景［J］. 天然气地球科学，2019，30（12）：1794-1804.

［46］张恒枫. “智慧校园”项目全生命周期风险管理研究［D］. 徐州：中国矿业大学，2023.

［47］张宏亮，王其文. 投资项目风险模拟分析中样本量的决定方法［J］. 系统工程理论与实践，2004，24（2）：6.

［48］章海波，骆永明，赵其国，等. 香港土壤研究Ⅵ. 基于改进层次分析法的土壤肥力质量综合评价［J］. 土壤学报，2006（4）：577-583.

［49］赵大萍，房勇. 基于 VaR 的风险平价投资策略及应用［J］. 系统工程学报，2020，35（5）：10.

［50］赵辉，马胜彬，卜泽慧，等. 基于前景理论的 VIKOR 犹豫模糊多属性决策方法研究［J］. 数学的实践与认识，2020，50（4）：124-136.

［51］赵书强，汤善发. 基于改进层次分析法、CRITIC 法与逼近理想解排序法的输电网规划方案综合评价［J］. 电力自动化设备，2019，39（3）：143-148，162.

［52］中国矿业权评估师协会. 矿业权评估参数确定指导意见［M］. 北京：中国大地出版社，2008.

［53］中国矿业权评估师协会. 中国矿业权评估准则［M］. 北京：中国大地出版社，2008.

［54］钟登华，赵江浩，任炳昱，等. 基于动态 VIKOR 扩展方法的混凝土重力坝施工方案多属性决策研究［J］. 水力发电学报，2017，36（4）：1-10.

［55］邹才能，赵群，丛连铸，等. 中国页岩气开发进展、潜力及前景［J］. 天然气工业，2021（1）：1-14.

［56］JAAFAR A. The need for life cycle integration of project processes［J］. Engineeimg，construciton and architectural management，1999，6（3）：235-255.

［57］AI GHAMDI S G，BILEC M M. Green building rating systems and whole-building life cycle assessment：comparative study of the existing assessment tools [J]. Journal of architectural engineering, 2017, 23 (1): 1-9.

[58] ABDOLRASOL M G, HUSSAIN S S, USTUN T S, et al. Artificial neural networks based optimization techniques: a review [J]. Electronics, 2021, 10 (21): 2689.

[59] ACHKAR V G, CAFARO V G, MÉNDEZ C A, et al. Optimal planning of artificial lift operations in a shale gas multiwell pad [J]. AIChE journal, 2021, 67 (4): e17149.

[60] ALBADR M A, TIUN S, AYOB M, et al. Genetic algorithm based on natural selection theory for optimization problems [J]. Symmetry, 2020, 12 (11): 1758.

[61] ARCHER N, GHASEMZADEH F. An integrated framework for project portfolio selection [J]. International journal of project management, 1999 (17): 207-216.

[62] BAKER N R. R & D project selection models: an assessment [J]. IEEE transactions on engineering management, 1974, EM-21 (4): 165-171.

[63] BALDERAS F, FERNANDEZ E, GOMEZ C, et al. TOPSIS-grey method applied to project portfolio problem [J]. Nature-inspired design of hybrid intelligent systems, 2017: 767-774.

[64] BALDERAS F, FERNANDEZ E, GOMEZ-SANTILLAN C, et al. A grey mathematics approach for evolutionary multi-objective metaheuristic of project portfolio selection [J]. Fuzzy logic augmentation of neural and optimization algorithms: theoretical aspects and real applications, 2018: 379-388.

[65] BELHOCINE A, SHINDE D, PATIL R. Thermo-mechanical coupled analysis based design of ventilated brake disc using genetic algorithm and particle swarm optimization [J]. JMST advances, 2021 (3): 41-54.

[66] BHATTACHARYYA R. A grey theory based multiple attribute approach for R&D project portfolio selection [J]. Fuzzy information and engineering, 2015, 7 (2): 211-225.

[67] BRAIK M, SHETA A, AL HIARY H. A novel meta-heuristic search algorithm for solving optimization problems: capuchin search algorithm [J]. Neural computing and applications, 2021, 33 (7): 2515-2547.

[68] CHEN Y, XU J, WANG P. Shale gas potential in China: A produc-

tion forecast of theWufeng-Longmaxi Formation and implications for future development [J]. Energy policy, 2020 (147): 111868.

[69] DAVOUDABADI R, MOUSAVI S M, ŠAPARAUSKAS J, et al. Solving construction project selection problem by a new uncertain weighting and ranking based on compromise solution with linear assignment approach [J]. Journal of civil engineering and management, 2019, 25 (3): 241-251.

[70] DESALE S, RASOOL A, ANDHALE S, et al. Heuristic and meta-heuristic algorithms and their relevance to the real world: a survey [J]. Int. J. Comput. Eng. Res. Trends, 2015, 351 (5): 2349-7084.

[71] DORFESHAN Y, MOUSAVI S M, MOHAGHEGHI V, et al. Selecting project-critical path by a new interval type-2 fuzzy decision methodology based on MULTIMOORA, MOOSRA and TPOP methods [J]. Computers & industrial engineering, 2018 (120): 160-178.

[72] FARSHI T R, DRAKE J H, ÖZCAN E. A multimodal particle swarm optimization-based approach for image segmentation [J]. Expert systems with applications, 2020 (149): 113233.

[73] FENG Y, DEB S, WANG GG, et al. Monarch butterfly optimization: a comprehensive review [J]. Expert systems with applications, 2021 (168): 114418.

[74] FENG Z K, NIU W J, CHENG C T, et al. Optimization of large-scale hydropower system peak operation with hybrid dynamic programming and domain knowledge [J]. Journal of cleaner production, 2018 (171): 390-402.

[75] FERNANDO B F, WELLINGTON C, BRAGA M B, et al. Hydraulics and geomechanics parameters for hydraulic fracturing optimization in production's developments of shale gas/shale oil in north america [J]. Journal of petroleum & environmental biotechnology, 2020, 11: 399.

[76] GEN M, LIN L. Genetic algorithms and their applications [M] // Springer handbook of engineering statistics. London: Springer London, 2023.

[77] GONG W, LIAO Z, MI X, et al. Nonlinear equations solving with intelligent optimization algorithms: a survey [J]. Complex system modeling and simulation, 2021, 1 (1): 15-32.

[78] GUO J, LU Q, HE Y. Key issues and explorations in shale gas fracturing [J]. Natural gas industry, 2023, 10 (2): 183-197.

[79] GUO L, LIANG J, WANG R, et al. Cloud-based monitoring system for foam content at the wellhead of foam drainage gas production [J]. IEEE Sensors Journal, 2023, 23 (9): 9952-9958.

[80] HA Q M, DEVILLE Y, PHAM Q D, et al. A hybrid genetic algorithm for the traveling salesman problem with drone [J]. Journal of heuristics, 2020 (26): 219-247.

[81] HAGHIGHI M H, MOUSAVI S M, ANTUCHEVIČIENĖ J, et al. A new analytical methodology to handle time-cost trade-off problem with considering quality loss cost under interval-valued fuzzy uncertainty [J]. Technological and economic development of economy, 2019, 25 (2): 277-299.

[82] HANNAH L A. Stochastic optimization [J]. International encyclopedia of the social & behavioral sciences, 2015 (2): 473-481.

[83] HASHEMI H, MOUSAVI S M, TAVAKKOLI-MOGHADDAM R, et al. Compromise ranking approach with bootstrap confidence intervals for risk assessment in port management projects [J]. Journal of management in engineering, 2013, 29 (4): 334-344.

[84] HOU L, REN J, FANG Y, et al. Data-driven optimization of brittleness index for hydraulic fracturing [J]. International journal of rock mechanics and mining sciences, 2022 (159): 105207.

[85] HOUSSEIN E H, GAD A G, HUSSAIN K, et al. Major advances in particle swarm optimization: theory, analysis, and application [J]. Swarm and evolutionary computation, 2021 (63): 100868.

[86] JAIN M, SAIHJPAL V, SINGH N, et al. An overview of variants and advancements of PSO algorithm [J]. Applied sciences, 2022, 12 (17): 8392.

[87] JULONG D. Introduction to grey system theory [J]. The journal of grey system, 1989, 1 (1): 1-24.

[88] KATOCH S, CHAUHAN S S, KUMAR V. A review on genetic algorithm: past, present, and future [J]. Multimedia tools and applications, 2021 (80): 8091-8126.

[89] KHAN M S A, ABDULLAH S, ALI A, et al. Pythagorean hesitant fuzzy sets and their application to group decision making with incomplete weight information [J]. Journal of intelligent & fuzzy systems, 2017, 33 (6): 3971-3985.

[90] LI W, WANG GG, GANDOMI A H. A survey of learning-based intelligent optimization algorithms [J]. Archives of computational methods in engineering, 2021, 28 (5): 3781-3799.

[91] LI Y, ZHOU D H, WANG W H, et al. Development of unconventional gas and technologies adopted in China [J]. Energy geoscience, 2020, 1 (1-2): 55-68.

[92] LIEW M S, DANYARO K U, ZAWAWI N A. A comprehensive guide to different fracturing technologies: a review [J]. Energies, 2020, 13 (13): 3326.

[93] LIN H, ZHOU F, XIAO C, et al. Data-driven inversion-free workflow of well performance forecast under uncertainty for fractured shale gas reservoirs [J]. Journal of energy resources technology, 2023, 145 (7): 072603.

[94] LIN R, YU Z, ZHAO J, et al. Cluster spacing optimization of deep shale gas fracturing with non-uniformgeostress [J]. Petroleum science and technology, 2024, 42 (13): 1603-1620. .

[95] LIU Q, TANG J, KE W, et al. Case study: successful application of a novel gas lift valve in low pressure wells in fuling shale gas Field [J]. Processes, 2022, 11 (1): 19.

[96] LIU W, LU L, WEI Z, et al. Microstructure characteristics of Wufeng-Longmaxi shale gas reservoirs with different depth, southeastern Sichuan Basin [J]. Petroleum geology & experiment, 2020, 42 (3): 378-386.

[97] LIU Y Y, MA X H, ZHANG X W, et al. A deep-learning-based prediction method of the estimated ultimate recovery (EUR) of shale gas wells [J]. Petroleum science, 2021, 18 (5): 1450-1464.

[98] LIU Y, DU Y, LI Z, et al. A rapid and accurate direct measurement method of underground coal seam gas content based on dynamic diffusion theory [J]. International journal of mining science and technology, 2020, 30 (6): 799-810.

[99] MARICHELVAM M K, GEETHA M, TOSUN Ö. An improved particle swarm optimization algorithm to solve hybrid flowshop scheduling problems with the effect of human factors: a case study [J]. Computers & operations research, 2020 (114): 104812.

[100] MIAO C, CHEN G, YAN C, et al. Path planning optimization of indoor mobile robot based on adaptive ant colony algorithm [J]. Computers & industrial engineering, 2021 (156): 107230.

[101] MOHAGHEGHI V, MOUSAVI S M, VAHDANI B, et al. A mathematical modeling approach for high and new technology-project portfolio selection under uncertain environments [J]. Journal of intelligent & fuzzy systems, 2017, 32 (6): 4069-4079.

[102] MOHAGHEGHI V, MOUSAVI S M, VAHDANI B. A new multi-objective optimization approach for sustainable project portfolio selection: areal-world application under interval-valued fuzzy environment [J]. Iranian journal of fuzzy systems, 2016, 13 (6): 41-68.

[103] MOHAGHEGHI V, MOUSAVI S M, VAHDANI B. A new optimization model for project portfolio selection under interval-valued fuzzy environment [J]. Arabian journal for science and engineering, 2015 (40): 3351-3361.

[104] MOHAJERANI A, GHARAVIAN D. An ant colony optimization based routing algorithm for extending network lifetime in wireless sensor networks [J]. Wireless networks, 2016 (22): 2637-2647.

[105] PATINO RAMIREZ F, LAYHEE C, ARSON C. Horizontal directional drilling (HDD) alignment optimization using ant colony optimization [J]. Tunnelling and underground space technology, 2020 (103): 103450.

[106] PAWLAK Z. Rough set approach to knowledge-based decision support [J]. European journal of operational research, 1997, 99 (1): 48-57.

[107] PAWLAK Z. Rough sets [J/OL]. International journal of computer & information sciences, 1982, 11 (5): 341-356. DOI: 10.1007/BF01001956.

[108] PECK W D, AZZOLINA N A, GE J, et al. Quantifying CO_2 storage efficiency factors in hydrocarbon reservoirs: a detailed look at CO_2 enhanced

oil recovery [J]. International journal of greenhouse gas control, 2018 (69): 41-51.

[109] PENG X D, YANG Y, SONG J, et al. Pythagorean fuzzy soft set and its application [J]. Computer engineering, 2015, 41 (7): 224-229.

[110] RICE M P, O'CONNOR G C, PIERANTOZZI R. Implementing a learning plan to counter project uncertainty [J]. MIT sloan management review, 2008, 49 (2): 54-62.

[111] ROKBANI N, KUMAR R, ABRAHAM A, et al. Bi-heuristic ant colony optimization-based approaches for traveling salesman problem [J]. Soft Computing, 2021 (25): 3775-3794.

[112] SALHI S. Heuristic search: the emerging science of problem solving [M]. s. l.: Springer International Publishing, 2017.

[113] SCHÖN J. Basic well logging and formation evaluation [M]. s. l.: Book Boom The E-Book Company, 2015.

[114] SHAMI T M, ELSALEH A A, ALSWAITTI M, et al. Particle swarm optimization: a comprehensive survey [J]. IEEE Access, 2022 (10): 10031-10061.

[115] SHARMA S, KUMAR V. Application of genetic algorithms in healthcare: a review [M]. [s. l.]: Next Generation Healthcare Informatics. 2022: 75-86.

[116] SHENG M, WANG Z, LIU W, et al. A particle swarm optimizer with multi-level population sampling and dynamic p-learning mechanisms for large-scale optimization [J]. Knowledge-based systems, 2022 (242): 108382.

[117] SYED F I, ALNAQBI S, MUTHER T, et al. Smart shale gas production performance analysis using machine learning applications [J]. Petroleum research, 2022, 7 (1): 21-31.

[118] TORRA V. Hesitant fuzzy sets [J]. International journal of intelligent systems, 2010, 25 (6): 529-539.

[119] WANG D, TAN D, LIU L. Particle swarm optimization algorithm: an overview [J]. Soft computing, 2018, 22 (2): 387-408.

[120] WANG H, QIAO L, LU S, et al. A novel shale gas production

prediction model based on machine learning and its application in optimization of multistage fractured horizontal wells [J]. Frontiers in earth science, 2021 (9): 726537.

[121] WANG L, YAO Y, LUO X, et al. A critical review on intelligent optimization algorithms and surrogate models for conventional and unconventional reservoir production optimization [J]. Fuel, 2023 (350): 128826.

[122] WANG Z, SOBEY A. A comparative review between genetic algorithm use in composite optimisation and the state-of-the-art in evolutionary computation [J]. Composite structures, 2020 (233): 111739.

[123] WILLIAM E H, WANG Y, Economics of unconventional shale gas development [M]. Bei Jing: Springer International Publishing AG, 2015.

[124] WU L, TIAN X, WANG H, et al. Improved ant colony optimization algorithm and its application to solve pipe routing design [J]. Assembly automation, 2019, 39 (1): 45-57.

[125] YAGER RR, ABBASOV A M. Pythagorean membership grades, complex numbers, and decision making: pythagorean membership grades and fuzzy subsets [J]. International journal of intelligent systems, 2013, 28 (5): 436-452.

[126] ZEYNALIAN M, TRIGUNARSYAH B. Modification of advanced programmatic risk analysis and management model for the whole project life cycle's risks [J]. Journal of construction engineering & management, 2013, 139 (1): 51-59.

[127] ZHANG G, HU Y, SUN J, et al. An improved genetic algorithm for the flexible job shop scheduling problem with multiple time constraints [J]. Swarm and evolutionary computation, 2020 (54): 100664.

[128] ZHANG H, ZHANG Q, MA L, et al. A hybrid ant colony optimization algorithm for a multi-objective vehicle routing problem with flexible time windows [J]. Information sciences, 2019, 490: 166-190.

[129] ZHANG S, LI X, ZHANG B, et al. Multi-objective optimisation in flexible assembly job shop scheduling using a distributed ant colony system [J]. European journal of operational research, 2020, 283 (2): 441-460.

[130] ZHAO W, WU Q, WEN X. Research on the evaluation method of

green construction project based on grey entropy correlation [C] //IOP Conference Series: Materials Science and Engineering. IOP Publishing, 2018.

[131] ZHENG Y, FAN Y, YONG R, et al. A new fracturing technology of intensive stage+ high-intensity proppant injection for shale gas reservoirs [J]. Natural gas industry B, 2020, 7 (3): 292-297.

[132] ZHOU X, MA H, GU J, et al. Parameter adaptation-based ant colony optimization with dynamic hybrid mechanism [J]. Engineering applications of Artificial Intelligence, 2022 (114): 105139.

[133] ZHOU X, RAN Q. Optimization of fracturing parameters by modified genetic algorithm in shale gas reservoir [J]. Energies, 2023, 16 (6): 2868.

[134] ZHU L, ZHANG C, ZHANG Z, et al. High-precision calculation of gas saturation in organic shale pores using an intelligent fusion algorithm and a multi-mineral model [J]. Advances in geo-energy research, 2020, 4 (2): 135-151.

后　记

随着全球能源需求的不断增长和能源结构的持续变化，页岩气作为一种清洁、高效的非常规天然气资源，其重要性愈加凸显。在应对气候变化、优化能源结构的过程中，页岩气被认为是从传统化石能源向可再生能源过渡的重要桥梁。然而，页岩气开采的复杂性和不确定性对整个项目的管理和决策提出了巨大挑战。如何在实现经济效益的同时，降低对环境和社会的负面影响，成为页岩气开采的核心目标。本书对页岩气开采全生命周期的业财一体化评价与决策进行了深入探讨，为这一问题的解决提供了全新的思路和方法。

基于全生命周期的视角，本书构建了页岩气开采的系统评价框架，从资源勘探、钻井、压裂到最终的生产和销售，全方位覆盖了项目的每一个环节。这一评价框架的核心是将业绩管理和财务管理进行有机结合，通过多属性决策分析、智能优化和机器学习等多种工具的应用，实现了页岩气开采项目的科学决策与动态管理。业财一体化的评价方法不仅考虑了技术的可行性和经济的可行性，还深入分析了项目的环境和社会影响，确保了项目的可持续性与综合价值最大化。

智能优化方法和机器学习技术的结合，使得本书提出的评价与决策体系在应对复杂的、不确定的市场环境时具备了更高的灵活性和准确性。例如，通过遗传算法、粒子群优化等智能算法，页岩气开采项目可以在高维度、多约束的条件下找到更优的解决方案，从而在提升经济效益的同时，减少对环境的影响。此外，应用机器学习技术，能够对历史数据和实时数据进行分析，帮助决策者进行精确的产能预测和风险预警，提升项目管理的科学性与前瞻性。

尽管本书在页岩气开采全生命周期业财一体化评价与决策研究方面取得了一定的进展，但依然存在一些需要进一步研究和探讨的问题。首先，页岩气开采项目本身具有高度的不确定性，市场、技术和政策的变化都可能对项目的评估结果产生重大影响。因此，未来的研究可以在不确定性分析和敏感性分析方面进一步深入，开发更加鲁棒的决策模型，以应对复杂多变的外部环境。其次，大数据和人工智能技术在不断发展，如何更好地将这些新兴技术与页岩气开采的管理和优化结合起来，仍然是一个值得探讨的方向。

总之，页岩气作为全球能源结构的重要组成部分，未来的发展潜力巨大。通过对页岩气开采项目的全生命周期管理，尤其是基于业财一体化的科学评价与决策方法，企业和决策者可以更加有效地应对开采过程中的各类挑战，实现项目的顺利实施。希望本书的研究成果能够为行业内的从业者和研究人员提供有价值的参考，帮助他们在复杂的市场和技术环境中做出更加科学合理的决策。

展望未来，页岩气行业将继续面临技术进步和政策变化带来的机遇和挑战。只有通过持续的技术创新和采用科学的管理方法，才能在日益激烈的市场竞争中保持竞争力，实现页岩气开采的高效、绿色与可持续。本书的研究和方法仅仅是一个起点，期待更多的研究者和实践者能够在这一基础上不断探索和创新，共同推动页岩气行业迈向更加光明的未来。

何怀银
2024 年 9 月